제2판

심해석유 탐사 및 생산

DEEPWATER PETROLEUM
EXPLORATION & PRODUCTION

A NONTECHNICAL GUIDE | *2nd Edition*

William L. Leffler · Richard Pattarozzi · Gordon Sterling 지음 / **홍사영 · 조철희 · 장성형** 옮김

청문각

저자 서문

> 미리 경고하는 것이 미리 대비하는 것이다.
> —미구엘 세르반테스(1547~1616), 돈키호테

초판 발행 이후 우리는 제 2판을 서둘러 집필해야만 했다. 왜냐하면 초판 이후에도 새로운 선구자적 사업이 생겼으며, 거의 매일 역사가 이루어지고 혁신이 등장했기 때문이다.

초판에서와 같이 처음 2장은 100년 이전에 캘리포니아 연안에서 출발하여 브라질 원양 캄포스 해저분지(Capmpos Basin)는 물론 수천 피트 멕시코만 외양 대륙사면으로 진출하기까지에 대한 긴 여행에 여러분을 안내할 것이다. 이러한 여행은 단지 현재뿐 아니라 미래의 심해작업을 이해하기 위한 전주곡일 뿐이다.

심해석유 개발에 대한 완벽한 이해를 위해 이번 출판에서는 지질과 토질역학에 대한 새로운 장을 추가하였다. 이를 위해 우리는 이 분야에서 저명한 네 분의 과학자를 초빙하였다. Stephen Sears, Fred Keller, Tim Garfield와 Mike Forest, 모두 대규모 탐사와 채굴(E&P: Exploration and Production) 프로젝트에 수십 년의 경험이 있으며 3장의 집필을 도왔다.

심해에서의 석유 탐사, 개발과 생산의 프로세스는 대륙붕 또는 연안에서의 그것과 아주 동일하다. 외양적으로는 단지 탐사, 평가, 개발과 생산 네 단계가 있지만, 내부로 들어가 보면 우리가 얼마나 가까이 들여다보느냐에 따라 이러한 각 프로세스에는 더 많은 세부 스텝이 들어있다. 우리는 4장부터 13장에 걸쳐 초판에서보다 좀 더 자세히 들여다 볼 것이다. 회사가 심해에서 사용하는 엔지니어링과 과학적 계획, 특별히 그것들이 대륙붕 및 연안과 어떻게 다른가에 대해 상세하게 살펴볼 것이다. 그리고 심해에서 사용되는 시추 리그와 작업선에 대한 새로운 장을 추가하였다.

이 책의 기초가 되는 테마로서 처음 두 개 장에서는 어떻게 상

류부문 산업과 회사가 심해로 진출하는 방법을 배웠는가에 대해 강조할 것이다. 4장, 5장, 10장, 11장 그리고 13장의 말미에는, 저명한 회사의 사례 연구를 통해 그들이 성공을 위해 어떻게 학습곡선에 오르는가를 보여 줄 것이다. 14장은 심해에서의 제3의 파도를 살피면서 매듭을 짓기로 하겠다.

우리는 독자가 가지고 있는 연안과 원양의 E&P[1]에 대한 지식에 대해 다음과 같은 가정을 했다. 독자가 '비기술적인'이란 제목을 가진 이 책을 샀기 때문에 우리는 각 주제를 독자가 배경에 대한 이해가 그리 많지 않다고 가정하여 취급했다. 따라서 독자는 모든 주제가 이해하기 쉬울 것이다. 보다 더 깊은 지식을 원하는 경우 PennWell사가 출간한 다음의 도서를 추천한다. Raymond와 Leffler의 Oil and Gas Production in Nontechnical Language와 Norm Hyne의 Nontechnincal Guide to Petroleum Geology, Exploration, Drilling and Production이 도움을 줄 것이다.

이 책은 125년의 경험을 가진 서로 다른 세 산업의 협력 작업으로 이루어졌다. 그와 같이 총망라한 기록에도 불구하고 타산업의 많은 전문가와 전 동료로부터 소중한 자료와 도움이 필요했다. 우리가 충고를 구한 많은 분들 중 다음의 몇 분들께 특별한 감사를 표한다. Howard Shatto, Bruce Collipp, Mike Forres, Jim Day, Dick Frisbie, John Huff, Ken Arnold, Doug Pert, George Rodenbush, Alex van den Berg, Don Jacobsen, Harold Bross, Susan Lorimer, Jim Seaver, Bob Helmkamp, Franz Kopp, Dean Tayor, Mike Talbot, Joe Netherland, Bradely Beitler, Ken Dupal, Rich Smith, Paul Wieg, 이분들의 도움이 없었다면 우리 스스로의 기준을 만족시키지 못했을 것이다. 하지만 그분들이 말한 모든 것은 우리들이 판단을 한 것이므로 그에 대한 책임은 전적으로 우리에게 있음을 밝힌다.

역자 주 1) Exploration and Production: 원유, 천연가스의 탐사 및 개발 사업

역자 서문

'세상은 아는 만큼 보인다'라는 말은 여러 사람들이 설파한 이야기지만, '인간의 한계와 가능성은 같다'는 통찰력을 동시에 일깨워주는 명구란 생각이 든다. 아는 만큼의 한계를 넓히는 만큼 보이는 것의 가능성이 커지기 때문이다. 교육의 목적이 학생들이 세상을 보는 능력을 키워주는 것인데, 아는 만큼이란 단순히 학습한 것의 반복이 아니라 결국 자신의 체화된 지식의 창을 통해서 본다는 것이다. 그 정도의 교육이라면 가르치는 사람은 지식의 깊이뿐만 아니라 오랜 기간 실전을 통해 쌓아둔 내공이 꽤 되어야 할 것이란 생각이 든다. 좋은 비유는 아니지만 역자는 '세상은 질량−스피링−댐퍼 시스템이다'라는 하나의 창을 가지고 있다(http://www.ksoe.or.kr/newsletter/KSOE%20Vol.3%20No.1/EBook.htm).

역서 '심해석유 탐사 및 생산'은 역자가 2011년 OTC 참석차 휴스턴에 방문했을 때 PennWell의 부스에서 발견하였다. 원제는 'DeepWater Petroleum, Exploration & Production'이었지만 눈길을 끈 것은 부제 'A Nontechnical Guide'였다. 저자 또한 눈에 띄었는데, William Leffler, Rich Pattarozzi, Gordon Sterling 등은 쉘에서 전략담당이사, 수석이사, 기술담당 실무경험을 갖춘 이 분야 최고의 전문가 그룹이었다. 그들의 실무경험과 경영능력은 기술의 내용을 보다 함축적이고 통찰력 있게 구체화할 수 있었을 거란 믿음이 생겼다. 귀국하여 주마간산격으로 일독하는 동안 역자의 이러한 예측은 믿음으로 굳어져서, 인하대 조철희 교수님과 함께 의기투합하여 이 책의 번역서를 출간하게 되었다.

막상 번역을 하려고 달려드니 번역자의 지적 수준이 원저자를 따라가지 못하고, 실무경험도 전무할뿐더러 영어표현도 원어민의 유머와 위트까지 쫓아가기에는 턱없이 부족함을 느끼면서, 처음에 고백한대로 세상은 아는 만큼 보인다는 진리를 다시 한 번 절

감하였다. 결국 UST 한국지질자원연구원 캠퍼스의 장성형 교수의 도움으로 3장과 4장을 번역할 수 있었다.

이 책은 앞서 설명한대로 비기술적 가이드로서 텍스트를 통틀어 수식이 하나도 없고 순전히 말과 그림, 사진으로만 구성된 책이다. 경우에 따라서는 수식이 개념을 더 깔끔하게 정리할 수도 있으나, 이 책은 '엔지니어는 상대방을 말로써 설득시켜야 한다'는 생각을 실천했다는데 그 의의가 있을 것으로 생각된다. 책의 순서는 1장 석유개발의 역사로부터 시작하여 지질구조의 이해, 해양에서의 석유탐사, 시추 및 유정완결, 개발시스템의 선정, 고정식 플랫폼부터 부유식 플랫폼, 해저생산시스템에 이르는 개발시스템 개념, 탑사이드 및 파이프라인, 이송관, 라이저, 해양작업선 그리고 미래기술 등에 이르는 심해석유 탐사에서 생산까지의 전 과정이 잘 기술되어 있다. 우리가 직접 심해 해양석유를 개발한 경험이 없기 때문에 이 책을 통해 간접경험을 함으로써 완벽하지는 않지만, 상당한 수준의 진짜 석유개발자의 진짜 이야기를 들을 수 있을 것이라 기대한다. 조선해양공학의 기초가 닦인 학부 4학년 또는 대학원 1학년 수준의 해양플랜트 엔지니어의 입문서로 이 책을 추천하고 싶다.

여러 번 강조했지만 '세상은 아는 만큼 보인다'라는 말이 이 책을 번역하면서 정말 많이 공감하였다. 출판을 앞두니 역자들도 전문서적을 비롯한 논문, 규정, 엔지니어링 사례연구 등의 간접경험을 통해 얻은 지식의 한계로, 여러 군데 오역이 많을 것이란 걱정이 앞선다. 더욱이 이 책은 한국해양공학회 30주년을 기념하여 해양공학회 이름으로 출판되는 도서이기 때문에 그 걱정이 더욱 배가되지만, 30주년이란 구속조건이 부족하나마 출판을 강행하게 된 원동력이 되었다. 이 책이 출판되기까지 물심양면으로 격려해주신 한국해양공학회 조효제 회장님께 감사드린다. 또한 이 책이 나오기까지 수고하신 청문각 관계자 여러분께 감사드린다.

무엇보다도 공저자인 조철희 교수와 장성형 교수의 도움이 없었으면 이 책의 역자 서문을 쓸 수 없었을 것이다. 다시 한 번 감사드린다. 두 분의 도움에도 불구하고 이 책에서 발견되는 어떤 오역이나 오탈자는 순전히 대표역자의 책임임을 밝혀둔다. 우리나라에도 많지는 않으나 석유개발 경험을 가진 분들이 있는 것으로 알고 있다. 출판 일정에 쫓기어 그분들의 감수를 받을 시간이 없었다. 나중에라도 이 책을 보시고 잘못된 곳을 지적해 주시면 감사하겠다.

2016년 11월
대덕연구단지에서 대표역자 홍사영

머리말

Rich Pattarochi가 내게 심해석유와 천연가스 개발과 생산에 대한 비기술적인 책에 관한 일을 한다는 말을 했을 때 나의 반응은 변하지 않았다: "결국. 아무 의심 없이 이 책이 우리 산업계에 필요하다는 것을, 그리고 이 책의 내용보다 더 나를 고무시키는 것은 없을 거라고."

심해로 나아가는 것은 요구하는 것이 너무도 많기 때문에 극복해야 할 얽히고설킨 세세한 사항과 기술적 난제를 개인이 한 번에 모두 파악하기는 어렵다. 나는 이 세 명의 저자가 하는 이야기를 처음부터 끝까지 이해하기 쉬운 문체로 풀어나가는데 탁월하다고 생각한다.

Rich Pattarochi는 우리의 심해 조직을 창설하였으며, 재능이 뛰어난 쉘의 탐사 및 생산부서의 중역으로서 석유와 가스 부문이 없었던 쉘(Shell)[2]을 이끄는 역동적인 리더십을 보여 주었다. Rich에게는 기술적이든 경제적이든 그에게 닥친 어떤 난관도 결코 그를 멈추게 하지 못했다. 그에게 난관이란 쉘의 임원에게 최선의 결과를 가져다 주는 혁신과 기회였을 뿐이다. Gordon Sterling은 우리 회사를 믿을 수 없는 여행으로 이끄는데 필요한 수많은 기술적 돌파구를 선도해왔다. 전통적 공학의 패러다임에 질문하기를 주저하지 않고, 문제 해결 과정에서 마주칠 수밖에 없는 기술적 장벽을 해결하는데 필요한 새롭고 때로는 과격한 접근을 장려하고 용기를 북돋웠다. 마지막으로 Bill Leffler는 오랫동안 쉘에서 기획가와 전략가로 일했으며, 글로써 소통하는 재능을 지녔다. 그의 비전문적 배경에도 불구하고 Bill은 복잡한 개념을 전문가는 물론 문외한에게도 이해가 되는 명확하고 간결한 단어로 바꿀 수 있는 능력을 지녔다.

역자 주 2) Shell: 에너지와 석유화학 글로벌 기업

이 책은 석유가스 회사의 심해개발에 관한 모든 것이기는 하지만, 많은 비석유회사 사람의 집 책상이나 책꽂이에서도 발견될 것이라는데 의심의 여지가 없다. 우리의 산업은 다행히도 수천의 서비스와 공급인력을 가지고 있으며, 그들의 전문분야에서의 도움과 혁신이 오늘의 심해석유 스토리를 가능케 했다. 그동안 혁혁한 기여를 해온 분야를 꼽자면 기자재와 건조, 해상운송, 심해굴착, 생산시스템 그리고 석유가스 파이프라인 등이다. 석유가스 산업의 150년이 넘는 역사에서 증명되듯이 이 믿을 수 없는 여행을 통해, 석유가스 운영사와 서비스와 공급업자간의 활발한 파트너십이 꾸준히 발전해왔다.

나는 단지 읽기 좋다는 이유만이 아니라 그 안의 이야기 때문에 여러분께 이 책을 권하고 싶다. 이것은 5,000~10,000피트 수심에서 석유가스를 안전하고 경제적이며, 친환경적으로 생산하기 위해 시스템을 만들어낸, 홀로 또는 같이 일하는 기술자 및 영업전문가 수천 명의 무용담이다.

Jack E. Little
전 쉘 석유회사 회장, CEO
2010.10.18

차례

차례

> *변치 않는 우주에서 시간의 시작은 우주 밖의 존재에 의해 부과되어야만 하는 그 무엇이다.*
>
> —스티븐 호킹(1942~), 간단한 시간의 역사

기름의 시초

대부분의 석유사학자들은 캘리포니아 서머랜드(Summerland)에서 해저석유 탐사와 생산의 기원을 찾는다. 1897년 산타바바라(Santa Barbara) 바로 남쪽 지점의 이 목가적인 장소에서 서머랜드의 설립자, 강신론자이며 종종 석유를 쫓아다니던 윌리엄스(H.L. Williams)는 대담하게도 파도를 향해 해안을 파내려갔다. 물가로부터 수백 야드 떨어진 곳에서 기름이 스며 나오는 것을 보고 윌리엄스는 해안으로부터 450야드 떨어진 바다에서 탐사단계를 건너뛰고 바로 세 개의 목재 잔교(pier)를 건설하였다. 수심은 35피트(그림 1-1)에 달했다. 그 후 3년이 넘도록 그는 교각 위로 20개의 유정탑(derrick)을 세웠다. 발전기와 기타 보조 기기들이 해변에 설치되었다. 그 당시 윌리엄스의 동료들은 다른 굴착인부들처럼 아직 회전식 시추리그(drilling rig)를 쓰지 않았다. 대신에 시추 플랫폼으로부터 모래바닥을 통해 **캐스팅**(*casting*)이라 하는 강관을 설

그림 1-1. 캘리포니아 서머랜드에 설치된 잔교와 시추탑(USGS 제공)

치하고 445피트 아래 두 개의 오일샌드(oil sands)까지 구멍을 뚫기 위해 케이블 드릴링공구(cable tool drilling)를 사용하였다.

무모한 시도였기 때문에 당시 텍사스 버몬트(Beaumont) 인근 육상에서 하루 8만 배럴을 생산했던 스핀들탑(spindetop) 기술과 비교했을 때 그 노력의 결과는 미미하였다. 서머랜드에서 가장 생산이 좋은 유정은 평균 2개 유정에서 하루 생산량이 75배럴에 불과했다. 1902년에 생산량이 최고조에 달했지만 그 후 급격히 감소하였다. 수년 후 유전과 그의 자취는 흉물스런 잔교의 폐허와 기름에 오염된 해변을 남겨놓고, 윌리엄스는 서머랜드를 버리고 떠났다. 그 잔교는 서서히 붕괴되었는데 1942년 맹렬한 해일로 인해 자취를 감추었다.

스무 명 이상의 다른 모험가들이 캘리포니아 해변을 따라 10년 넘게 윌리엄스의 잔교와 데릭 기술을 모방하였다. 엘우드(Elwood) 유전 한 곳은 해안에서 1,800피트(540미터)까지 잔교가 뻗어갔지만 수심은 고작 30피트에 불과하였다. 1932년 캘리포니아 린콘(Rincon)에서 떨어진 태평양 천해에 인디언 석유회사(Indian Oil Company)가 대담하게 단독 플랫폼을 건설하기 전까지는.

오프쇼어(먼바다: *Offshore*)란 단어는 보통 파도가 밀려와 깨지는 해변을 훨씬 넘어선 광활한 바다를 생각하게 한다. 하지만 오프쇼어 역사에서 다음으로 중요한 한 조각은 보다 좁은 지역에서 일어났다. 텍사스 동쪽 카도(Caddo)호수 주변에서 1900년 이후 수 년 동안 석유를 찾아나섰던 업자들이 안타깝게도 빈번히 천연가스 포켓에 발목을 잡히곤 하였다. 시장성을 갖기에는 가스의 생산과 수송비용이 너무 높았기 때문에 매장량이 풍부하며, 농도가 높은 가스전이 필요했다. 동부 텍사스 채굴업자들에게는 발견된 가스전 중 3개 중 하나 꼴로 이 조건이 만족되었다. 1907년 걸프석유회사(Gulf Oil Corporation)의 맥캔(J.B. McCann)은 카도 호수 지역의 지도를 살피다가 호수 밑으로 펼쳐진 가스로 가득 찬 지형을 생각해냈다. 늦은 밤 그는 자신의 이론을 증명하려고 새로운 도구를 사용하였다. 그는 호수를 가로질러 노를 저어가면서 조심스레 불켜진 성냥을 물에서 올라오는 기포에 대어보았다. 다행히도 아무 사고 없이 일을 마친 그는 자신의 이론을 확신하고 마침내 피츠버그(Pittsburg)에 있는 걸프석유회사 본사의 멜론(W.L. Melon)으로 하여금 호수 밑을 가로질러 대형 석유·가스 유전이 있음을 믿게 하였다.

걸프석유회사는 호수 바닥 8,000에이커를 시추하기 위해 영업권을 획득하고 그 지역과 산업에 신기술을 도입하였다. 1910년을 시작으로 미시시피강과 레드리버(Red river)3)를 통해 부유식 파일 드라이버, 보급선대, 데릭바지(derrick barge), 보일러와 발전기 등을 예인해 갔다. 호숫가를 따라 풍부한 삼나무를 벌채하고 그를 이용하여 호수 안에서의 파일링 공사를 하였다. 그들은 파일의 꼭대기에다 데릭과 파이프랙을 위한 플랫폼을 건조하였다(그림 1-2). 각 플랫폼에서 생산된 원유는 펌프로 3인치 스틸 파이프 송유관을 통해 호수 바닥을 따라 다른 플랫폼 위에 설치된 분리 및 집유 스테이션으로 모아졌다.

그 후 40여 년이 넘도록 걸프사는 278개의 유정을 시추하여 1,300만 배럴의 석유를 카도호수에서 생산하였는데, 이는 파일 위에 플랫폼을 짓고 상업적으로 성공한 수상작업의 모범을 보인 것이다.

그림 1-2. 텍사스 카도호수의 목재 파일 플랫폼에서의 시추(루이지애나 주립도서관 제공)

역자 주 3) Red river: 텍사스와 오클라호마 주를 경계로 흐르는 강으로 미시시피강의 지류

콘크리트의 진보

미국적 사고를 벗어나서 보면 모든 혁신과 진보가 미국에서만 일어난 것은 아니었다. 1920년대 중반 베네주엘라 마라카이보(Maracaibo) 호수에서의 석유생산은 공포스러운 좀조개(shipworm)의 존재 한 가지를 제외하고는 카도호수(Lake Caddo)의 재판이었다. 이러한 좀조개의 침입은 예로부터 뱃사람들에게 골칫거리였다. 8개월도 지나지 않아 이 성가신 기생충은 마라카보 호수 시추 플랫폼을 떠받치는 나무기둥을 관통하여 못쓰게 만듦으로써 이익이 발생하기에 충분한 시간을 허락하지 않았다. 크레오소트 처리한 미국산 소나무가 기술적으로 효과적인 방책을 제공했지만 비용으로 인해 경제적인 해결책이 되지는 못하였다.

운 좋게 발견한 것의 한 예로서, 베네주엘라 정부는 레이몬드 콘크리트 파일 주식회사와 유전 근처 호안에 방벽을 건설하는 계약을 맺었는데, 그것으로 플랫폼 콘크리트 파일을 만드는데 필요한 모든 기간시설의 비용을 충당하게 되었다. 라고석유(Lago Petroleum, 후일 Creole Petroleum, 그 이후 베네주엘라 정부가 국유화하기 전까지 Esso)는 나무기둥 대신에 콘크리트 기둥을 사용하는 시도를 하였고, 곧 콘크리트 기둥의 상단부는 보다 빠른 설치를 위해 강철로 씌워졌으며 구조적으로 견고하도록 강철 와이어 로프로 묶여 결합되었다. 그 후 30년 동안 마라카이보 호수에는 900개의 콘크리트 플랫폼이 세워졌다. 1950년대까지 사람들은 길이 61미터, 직경 1.37미터, 두께 12.7센티미터의 중공(hollow) 압축응력 콘크리트 파일을 사용하였다.

결국 자유로워지다

라고석유가 마라카이보 호수를 개발하는 시기에 텍사스석유회사(the Texas Company, 후일 Texaco)는 루이지애나 습지에서 더 좋은 아이디어를 찾고 있었다. 습지 바닥에 박힌 나무기둥 위에 설치된 플랫폼이 효과는 있었지만 비용을 생각하면 개선의 여지가 있었다. 바지를 가라앉혀 시추플랫폼으로 쓰는 아이디어가 텍사스석유회사의 흥미를 끌었다. 그들은 빈틈없는 방법으로 미국 특허청을 방문하여 마라카이보 호수 유전에서 근무한 적 있는 상선 선장인 루이 길리아소(Louis Giliasso)가 이미 같은 아이디어를 출원했음을 알아냈다. 각고의 수소문 끝에 1933년 믿기지 않게 파나마에서 살롱을 운영 중인 그를 찾아내었다. 곧바로 텍사스석유회사는 루이지애나 펠토(Pelto) 호수 늪지역에 두 개의 표준 바지를 병렬방식으로 가라앉혔다. 수심이 수 피트에 지나지 않았기 때문에 상부에서 플랫폼을 용접하고 데릭을 설치하기에 충분한 건현을 확보했다.

그들은 최초의 잠수식 플랫폼에 대해 발명자를 따라 길리아소(Giliasso)라 명명했다. 그들은 전원공급을 위한 보일러를 장착한 또 다른 바지를 바로 곁에 설치하고 5,700피트 깊이의 유정을 시추하였다. 그들은 석유를 못 찾아서 유정을 폐쇄할 걱정 없이 바로 케이싱을 들어내고 바지를 띄워서 호수의 이곳저곳을 돌아다니며 1년 동안 5개 이상의 시추를 하였다. 혁신과 효율의 승리! 길리아소는 하나의 유정완결로부터 다음 유정의 시추까지 걸리던 17일의 대기시간을 2일로 단축하였다. 이동식 해상시추의 시대가 시작된 것이다.

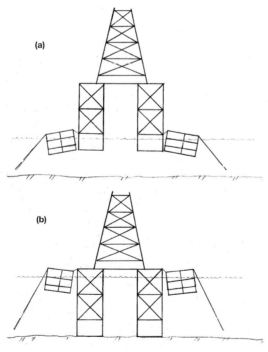

그림 1-3. 미국 특허 원본에서 가져온 길리아소
잠수식 플랫폼: (a) 부상 상태, (b) 착저 상태

험블오일의 또 다른 시작

1930년경에 퓨어석유회사(the Pure Oil Company)는 루이지애나 크리올(Creole)의 연안 마을 인근에서 지질학적 탄성파 탐사를 수행하였다. 그들은 오일샌드가 먼바다까지 뻗어있다고 결론지었다. 1937년 그들은 슈페리어석유회사(the Superior Oil Company)와 손잡고 루이지애나 주로부터 매입한 33,000에이커의 석유채굴권을 행사하였다. 브라운 앤 루트(Brown & Root)는 해변에서 1마일 떨어진 수심 14피트 지역에 그들을 위해 전례 없는 3만 평방피트 갑판을 갖는 플랫폼을 목재 기둥 위에 짓는 기록을 세웠다. 갑판은 수면 15피트 높이 위에 위치하도록 하였다. 갤베스턴(Galveston)섬에서 수십년 전 6,000명의 생명을 앗아간 허리케인에 대한 생생한 기억으로 인해 그들은 강철띠로 묶은 그룹 갱목을 사용하여 플랫폼 구조를 강화했다. 새로운 해양산업에 충분히 준비가 되어 있지 않은 무방비 상태에서 운영자는 현장으로 장비를 예인하기 위해 새우보트에 의지해서 선원들로 하여금 여러 장소로 힘들여 끌게 했으며, 그 배는 종종 보급선으로 이용하기도 했다.

첫 번째 유정에서, 9,400피트까지 성공적으로 시추구멍을 뚫었다. 곧바로 그 플랫폼을 확장하여 10개의 유정을 더 시추하고, 마침내 크리올 유전에서 거의 400만 배럴의 석유를 생산하였다.

이러한 선구적인 개척 단계 직후 석유생산 퍼레이드는 지속적인 동력을 갖게 되었다. 험블 오일회사(Humble Oil)는 1938년 북부 텍사스 해안 맥패든(McFadden) 해안에서 똑같은 시도를 했지만 성공하지 못하였다. 그럼에도 험블오일은 육상방식을 버리지 못하고 해안에서 수천 피트 떨어진 곳까지 교각을 세웠으나, 무슨 이유 때문인지 그 플랫폼에서 거의 100피트 떨어진 곳에서 멈추고 말았다. 그 교각 위에 그들은 철도를 깔고 장비와 물품들을 옮기는 데 사용하였다. 1938년 허리케인이 교각을 휩쓸었다. 그래도 흔들리지 않고 교각을 다시 세웠으나 소용이 없었다. 왜냐하면 그들은 결국 상업적인 석유 매장이 없음을 발견하고 모든 계획을 포기했던 것이다.

1946년에 매그놀리아 석유회사(Magnolia Petroleum Company)가 루이지애나 모건시티(Mogan city) 해안 6마일 위치까지 진출하였다. 해양 지질학적 조사 결과 석유밀집지역이 육상 유전과 관계없이 멕시코만으로 뻗어있다는 확신을 갖게 되었다. 그럼에도 그들은 고작 수심 16피트까지만 작업 중이었다. 그들은 혹독한 기상 조건에서 안정성을 제공하기 위해 시추탑을 지지하는 플랫폼의 하부 파일을 제외하고는 전통적인 설비를 고수하였다. 하지만 그들의 노력도 오일을 만들어 내지는 못하였다.

슈페리어가 접근하다

그 다음해에 슈페리어(Superior)사는 기술적, 경제적, 지리적으로 한 단계 도약한다. 그들은 루이지애나 해안에서 18마일까지 진출했지만 수심은 아직도 20피트에서 머물렀다. 슈페리어는 파일 지지 방식 플랫폼은 그들의 소유인 크리올 필드 안의 더 깊고 더 먼 지역에 설치하기에는 너무 비싸다고 결론지었다. 대신 그들은 제이 레이 맥더모트(J. Ray McDermott)회사로 하여금 육상에서 강관 구조를 짓고 바지를 이용하여 현장으로 이송하도록 했다. 대각선 및 수평 구조부재가 강관을 연결하여 거대한 팅커벨 장난감 같은 구조를 만들었다(그림 1-4 참조). 이러한 혁신적인 접근을 통해 슈페리어는 설치 시간을 줄이고, 개선된 구조 건전성, 저비용, 설치 동안 개선된 환경조건을 성취함으로써 고객에게 즐거움을 주고 새로운 산업 부문, 즉 선건조(prefabrication) 분

그림 1-4. 슈페리어의 선건조 템플릿 플랫폼(McDermott International, Inc. 제공)

야를 창출하였다.

슈페리어는 그들의 첫 번째 유정이 드라이홀이 아니었다면 더 큰 명예를 받을 수도 있었다. 중서부의 작은 독립회사가 그들이 두 번째의 성공적인 유정을 성취하기 전에 그 명예를 먼저 차지하게 된다.

그 명예는 멕시코만에서 지속적이고 대규모의 석유 노다지를 창출한 공으로 커맥기 (Kerr-McGee Corporation) 기업에게 돌아간다. 1945년에서 1947년까지 재정적 및 기술적 문제를 겪고 있던 K-M은 2개의 소형 플랫폼(하나는 2,700평방피트, 다른 하나는 3,600평방피트)을 짓게 되는데, 1947년 10월 14일 루이지애나 해안에서 10마일 떨어진 Ship Shoal 지역에서 K-M은 대규모 자금력을 가진 슈페리어에 8달 앞서 바다에서 첫 번째 석유를 생산함으로써 큰 돈벌이의 기회를 잡게 된다.

디자인과 설치를 위해 K-M은 해양석유개발에서 입지를 다지려는 맥더모트의 라이벌인 브라운앤루트(Brown & Root)와 손잡았다. 아이러니하게도 설계, 강관과 나무파일로 지지된 플랫폼은 슈페리어보다 앞선 것이다. 그렇지만 빈틈없고 검소한 노력으로 전쟁 후 남아도는 바지선, 해양 구조선, 상륙용 주정을 지원선으로 사용할 수 있었으며, 그들은 367피트 상륙용주정(LST)에 숙소, 35톤 크레인, 계류용 밧줄을 추가하여 굴착 보급선으로 개조하였다(그림 1-5 참조).

자켓과 템플릿

조금은 어색한 용어, **자켓**(jacket)은 플랫폼 제작자가 갑판을 지지하기 위한 목재 파일을 강관으로 교체하면서 생겨났다. 먼저 육상 야드에서 프레임을 제조하고, 시추 위치로 예인해 가서 유정위치에 그 구조물을 내려놓는다. 그곳에 위치한 프레임에 고정시키기 위해 설치자는 프레임의 다리기둥을 통해 파일을 해저지반에 박아 넣는다. 종종 목재 파일도 사용됐으나 나중에는 강재파일로 바뀌었다. 그 용어는 빠르게 플랫폼을 뒷받침하는 전체 구조를 의미하는 것으로 확대되었다. 나중에 프레임이 단순히 크레인으로 들어올리기에는 너무 큰 크기가 되자 바지선 밖으로 구조물을 띄우기 위해 다리 기둥에 밸러스팅(ballasting) 탱크를 설치하기도 하였다. **템플릿**(templates)은 다리기둥을 가이드 삼아 파일을 박는 재킷의 동의어가 되었다

K-M이 하루 평균 500배럴을 생산하는 첫 번째 유정을 완성했을 때, 그들의 복합 플랫폼과 시추용 지원선으로 슈페리어의 기술적 우수성을 뛰어넘는 20배나 더 큰 플

랫폼 디자인으로 업계의 상상력을 사로잡았다. K-M은 최소 크기의 고정식 플랫폼과 모바일 시추선을 도입함으로써 탐사 위험을 크게 줄인 새로운 패러다임을 만들었다. 드라이홀(dry hole)의 경우라도 투자의 대부분을 차지했던 지원선과 탑사이드(topside)를 또 다른 유전에서 재사용할 수 있게 되었다. 그 결과 LST가 기업들의 소망 목록의 맨 위를 차지하게 되었다. 심지어 통상 결정에 있어 신중하기로 알려진 험블오일 조차도 그 다음해 시추지원선 개조를 위해 19척의 LST를 구매하였다.

석유 호황이 시작되었으며 많은 기업들은 K-M을 쫓아 걸프만으로 플랫폼과 시추선을 투입하였다. 하지만 그들이 더 깊은 물로 옮겨감에 따라 하나 또는 두 개의 탐사 유정을 뚫기 위한 작은 플랫폼 하나를 건조하는데 너무 많은 돈이 든다는 것을 알게 되었다. 분명히 그들은 새로운 개념이 필요했고, 결국에는 루이지애나 늪에서 차세대 해법을 발견하게 된다.

그림 1-5. 미해군 잉여 LST를 개조한 시추 보조선 Frank Phillips와 함께 있는 멕시코 만 Ship Shoal에 정박된 K-M 플랫폼(Kerr-McGee Corporation 제공)

잠수식 플랫폼

1929년 루마니아에서 최초의 로타리 방식 시추 유정 감독 자격 증명을 가진 조선기사 헤이워드(John T. Hayward)가 미국으로 왔다. 시보드 석유회사(Seaboard Oil Company)가 포함된 한 합자회사가 탐사에 필요한 6개 유정의 시추비용에 대한 아무런 정보도 없이 걸프만에서 시추권을 구입하였으나, 곧 절망에 빠진 그들은 1948년 헤이워드에게 도움을 청하게 된다. 그는 예전에 본 적이 있는 루이지애나 늪지대의 바닥 위에 놓인 갑판 위에 시추 플랫폼이 용접된 바지를 떠올리게 된다. 단순한 셈법으로만 생각해 봐도 30~40피트 수심에서는 최소 50피트 높이의 배가 필요할 것인데, 그정도 크기라면 통상의 조류에서도 떠내려 갈 것이었다. 대신에 완전히 잠수하는 바지를 설계하는데 수면 위로 충분한 건현을 갖고 플랫폼을 떠받칠 수 있는 기둥이 탑재돼있고, 폰툰(pontoon)이 깊이 잠겨있어 떠내려가지 않으면서 배수량을 조절하고 안정성을 확보할 수 있도록 하였다.

초기엔 고객들의 회의적인 반응에도 불구하고 헤이워드는 그들이 프로토타입 리그, **브레튼 리그 20**(*Breton Rig* 20, 그림1-6a)을 짓도록 설득했다. 1949년 초 이 리그는 멕시코만에 각 10마일에서 15마일이나 떨어져 있는 6기의 탐사 유정을 뚫는 작업에 사용되었는데, 하루나 이틀 이내에 이전 사이트를 떠나 새로운 시추 작업을 할 수 있었다.

브레튼 리그 20을 사용하는데 있어 가장 위험스런 단계는 바지가 가라앉음에 따라

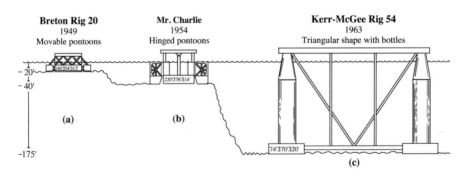

그림 1-6. 잠수식 리그: a) 브레튼 리그 20, 해양에서 작업한 최초의 잠수식 리그, 1994년; b) ODEC의 미스터 찰리; c) K-M 리그 54, 병모양 기둥을 가진 3각다리 플랫폼(Rendering after Richard J Howe.)

파도나 조류에 의해 뒤집힐 수 있다는 것인데, 특히 수심이 깊을수록 그 위험은 더했다. 다행히도 그러한 사고는 일어나지 않았으며 K-M은 그 합자회사로부터 그 리그를 구매하게 된다. 그들의 해사 감독관인 라보드(A. J. Laborde)는 아직도 안정성에 대해 의구심을 가졌지만 K-M이 개량된 설계를 사용하도록 설득하는데는 실패하여 회사를 관두고 헤이워드와 함께 새로운 회사를 설립하게 되는데 그 회사가 ODECO이다. 거기서 그들은 안정성 문제를 해결하도록 설계된 잠수식 리그 미스터 찰리(Mr. Charlie)를 건조한다(그림 1-6b). 바지의 양 끝단에 폰툰을 설치하였다. 그것은 노인이 머리를 먼저 넣고 차에 타는 것처럼 작동하였다. 그들은 바지의 한쪽 끝이 바닥에 닿을 때까지 폰툰에 물을 채웠다(하지만 아직도 수심 20에서 40피트가 작업의 한계였다). 안정성 문제가 해결된 상태에서 나머지 폰툰에 물을 채워 항상 상부갑판이 수직이 되도록 바닥을 안착시켰다. ODECO는 쉘석유와 계약을 맺고 미스터 찰리가 미시시피강 하구에서 시추를 시작하는데 그 이후 30년 동안 멕시코만에서 시추작업을 하게 된다. 현재 미스터 찰리는 루이지애나 주의 모건 시티에 정박해 있으며, 미술관이자 요리사, 잠수부와 시추공을 위한 훈련센터로 해양서비스를 제공하고 있다.

한편 회사들은 이러한 잠수식 시추선의 설계변형을 시도하여 200피트 수심까지 시추기록을 세우게 된다. 어떤 것은 플랫폼 귀퉁이에 커다란 실린더를 갖는 등 현외장치를 갖추게 되었다. 잠수식 시추선의 선두주자인 K-M은 1963년 가장 큰 규모이지만 최후의 잠수식 시추선인 Rig 54(그림 1-6c)를 건조하게 된다. 비범한 외관의 리그는 삼각형 플랫폼, 각 388피트 떨어진 정점에 설치된 밸러스트 탱크를 뽐내며 수심 175피트에서 시추할 수 있는 용량을 갖추고 있었다. 산업계에서는 1990년대까지 건조된 30여기의 잠수식 시추선을 사용하게 된다. 한편 새로운 도전을 통해 바지, 폰툰 및 밸러스트 탱크 등 건조에 드는 철강재 절감으로 탐사비용을 줄이기 위한 새로운 혁신을 이루어냈다.

자립하기

상습적이며 독단적인 방식에 젖은 석유산업은 해사산업에서 오랫동안 사용해 온 개념을 훔쳤는데 그것이 **잭업**(*jack-up*)이다. 조선기술자와 토목 엔지니어들이 전 세계의 바다 먼 곳에 수십 년간 잭업 부두를 설치해 왔었고, 심지어 노르망디 상륙작전에도 사용하였다. 1950년대에 레온 B들롱(Leon B. DeLong) 대령은 가장 유명한 잭업을 짓는다. 케이프코드(Cape Cod)에서 100마일 떨어진 수심 60피트에 레이더탑들을 위한 플랫폼이다. 그 당시에는 상당히 주목할 만한 이 공학적 걸작은 역사를 통해 들롱 디자인이란 이름으로 영원히 남게 된다. 아이디어는 간단했다. 바지나 다른 부체 주위에 긴 기둥을 설치한다. 바지를 띄워서 시추위치로 예인한 후 기둥을 다리발처럼 바닥으로 내린다. 그런 후 유압잭을 이용하여 기둥의 남은 길이가 물 위에 필요한 만큼 되도록 플랫폼을 띄워 올린다.

1950년 매그놀리아 석유회사는 걸프만에 첫 번째 들롱 디자인 플랫폼을 설치했다. 여섯 개의 기둥으로 수심 30피트 위에 세워졌다. 아이러니하게도 그들은 영구적인 생산 플랫폼으로 사용했지만, 맥더모트사는 잭업 플랫폼을 이동식 시추선으로 그 다음해에 투입하는데 그것이 들롱 맥더모트(Delong-McDermott) 1호이다(그림 1-7 참조).

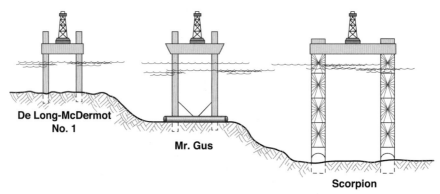

그림 1-7. 초기 잭업 리그: the DeLong-McDermott No.1, Mr. Gus, and the Scorpion

모든 노력에 의해 한 단계 진전이 만들어지는 것은 아니다. 1954년에 베들레헴(Bethlehem) 철강 회사가 설계한 미스터 거스(Mr. Gus)에 의해 당황스런 두 걸음의 후퇴가 있게 된다. 미스터 거스는 바지, 그 위에 얹힌 플랫폼, 4개의 다리로 구성되어 있으며, 모두 수심 100피트에서 작동하도록 설계되었다. 플랫폼은 바지선이 다리를 미끄려져 내려가 바닥에 닿음으로써 자리를 잡게 되어 있었는데, 그것은 잭업(jack-up)이 아닌 일종의 잭다운(jack-down)으로써 플랫폼에 대한 기지 역할을 하도록 되었다.

수심 50피트에서 초기 설치 때 바지선이 기울어져 말뚝을 파괴하고 두 다리를 손상시키게 된다. 베들레헴 철강회사는 이에 굴하지 않고 야드까지 끌고 가서 설계 문제를 고친 후 걸프만으로 재투입했으나 미스터 거스는 거친 해상상태로 인해 뒤집어진 후 텍사스 파드레섬(Padre Island) 인근에 가라앉게 된다. 이 사건 이후 업계에서 잭다운(jack-downs)에 대한 어떤 관심도 사라지게 되었다.

1953년 현대 토목장비 발명으로 돈을 모은 레터노(R.G. LeTourneau)는 보다 튼튼하게 확장한 성공적인 들롱 디자인을 가지고 해양산업에 진출한다. 레터노는 케이슨 기둥을 트러스 강구조 다리로 전환했다. 그의 토목 중장비 경험으로부터 랙크 피니언 식의 드라이브와 전기 모터를 이용한 승강 메커니즘을 디자인하게 된다.

이미 자리를 잡은 석유회사들은 레터노가 제안한 설계에 관심을 보이지 않았다. 신흥 재벌, 사파타(Zapata) 석유회사가 레터노에 투자함으로써, 1956년 3월 20일에 레터노는 사파타의 사장이자 창립자인 조지 부시(George H.W. Bush)에게 잭업, 스콜피온을 납품한다(그림 1-8 참조). 이 잭업은 두 개의 삼각형 세트 안에 6개의 152피트 길이

그림 1-8. 최초로 래크 앤 피니언 방식을 사용한 잭업 스콜피언의 선상 장면(조지 부시 대통령 도서관 제공)

의 다리와 800만 파운드 무게의 플랫폼으로 되어 있었다. 하나 이상의 비난을 내포한 이 덤벨 모양의 플랫폼은 산업계로부터 환영을 받지는 못했으나, 그 후에 지어진 모든 잭업 플랫폼은 전기 드라이브를 장착한 래크 앤 피니언 리프트 설계를 사용하게 된다.

부체

창의력을 자극하기에 역경보다 더 좋은 것이 무엇인가? 석유회사는 오랫동안 잠재적 수익을 기대할 수 있는 남부 캘리포니아 해안 밖의 지역을 임대할 수 있기를 갈망해왔다. 동시에 캘리포니아 사람들은 서머랜드(Summerland)에서 경험한 보기 흉한 늪과 수많은 다른 인근의 환경 재난을 잊지 않았다. 그들은 영구적인 해양 석유 생산 플랫폼이 추가적으로 설치되는 것에 대해 강력한 반대를 제기했다.

컨티넨탈, 유니온, 쉘, 슈페리어 등의 석유회사들은 불손한 의미를 담은 CUSS 그룹으로 명명된 컨소시엄을 구성한 후 시추선 서브마렉스(Submarex)를 발주한다. 그들은 캔티레버 구조의 시추장비를 배의 선체 중앙부 좌현에 설치하였고, 또 다른 전쟁 잉여 선박인 초계정을 개조했다. 1953년 그 시추선은 30~400피트의 깊은 곳에서 작업을 하였는데, 공학 문제로 인해 CUSS 그룹은 그들의 시추선 서브마렉스호가 아직 본격적인 시추준비가 되지 못했다는 것을 깨닫고는 유정 코어샘플링으로 작업을 제한하였다.

그럼에도 불구하고 CUSS 그룹은 그들이 설계를 시작한 CUSS Ⅰ에 대해 안정성, 계류 및 시추 작업에 대해 충분히 학습했으며, 시추 목적 전용선이 1961년에 진수되었다.

CUSS Ⅰ은 자항기능이 없었다. 예인선이 시추공으로 끌고 가면 계류시스템으로 그 위치에 자리를 잡았다. 갑판 위에는 데릭(시추탑)이 바지선의 중심에 있는 액세스 구멍 위에 놓여있다. 그 아래는 해저면에 착저 위치로 안내하는 가이드 와이어 위의 새장(birdcage[4])과 같은 주요 혁신적인 메커니즘이 앉혀졌다(그림 1-9c 참조).

먼저 갑판 위에 놓여진 새장(birdcage)으로 굴착 작업을 시작한다. 그 다음 중심을 통해 해저면 바닥에 거의 끝까지 파이프를 내린다(그림 1-9a 참조). 시추파이프가 해저면 내부 시추공을 연결하는 라이저 파이프(surface pipe)를 따라 내려간다. 라이저

역자 주 4) 와이어의 가닥을 펼치고 평평하게 하는 장치

파이프는 수 피트 바닥 밑으로 관통한다. 블로우아우트 프리벤터(blowout preventer)가 새장에 더해지고 바닥까지 내려간다. 파이프는 그 자리에서 시멘팅된다(그림 1-9b 참조). 새장 위에 설치된 Registry cone과 가이드 와이어(그림 1-9c)가 착저 후 이어지는 시추 및 완결을 용이하게 한다. 이 설계는 한 세기보다 더 오래 지속될 것이다.

CUSS Ⅰ은 수심 350피트까지, 시추코어는 6,200피트까지 굴착에 성공한다. 동시에 캘리포니아의 스탠더드 석유회사(Socal), 브라운앤루트는 각각 서브마렉스와 CUSS Ⅰ과 유사하게 바지 위에 설치된 시추탑을 시험하였으며 기본적으로 지질학적 조사를 주로 하였다. 해양 석유회사는 트리니다드(Trinidad)의 해안가에 있는 데릭과 바지선에서 1958년에 조금은 애매한 석유를 발견했다. 그래도 대부분의 역사학자들은 CUSS Ⅰ에게 부유식 플랫폼을 가지고 새로운 클래스의 탐사 시추를 시작한 최초의 영광을 돌린다.

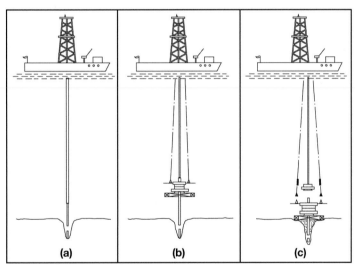

그림 1-9. CUSS Ⅰ갑판에서 사용된 시추 절차

클라스 구별

무명의 뉴올리언스 정부 사무관이 예상 밖의 용어 반잠수식 시추선(semi-submersible platform)을 작명했다. 쉘은 항해하기 전에 Bluewater Ⅰ의 운영 허가증을 받기 위해 해안 경비대에 신고해야 했다. 쉘은 신고서류에 "배"라는 용어를 피하고 싶었다. 해상 노조의 관할권 소송을 피하고 싶었기 때문이다. 설계 엔지니어 브루스 콜립(Bruce Collipp)은 지역 해안 경비대 사령관에게 어떻게 블루 워터(Bluewater) 1이 몰수체 시추선처럼 작업하는지 설명했다. 단지 부분적으로만 침몰한 상태라고 덧붙이면서. 그 사령관이 허가증에 "선박 형식 :Semi-submersible"라고 기재함으로써 시추 굴착 설비의 새로운 클래스 이름이 탄생한다.

부유식 플랫폼과 관련한 많은 난제는 안정성에 집중되고 있다. 조선기사이자 석유회사의 직원 브루스 콜립(Bruce Collipp)은 시추작업 동안 부유체로부터 야기되는 어떤 6자유도 운동(선수동요, 좌우동요, 상하동요, 횡동요, 종동요, 선수동요)도 해결하기 위해 모든 움직임을 관절로 이었다. 그의 초기 도표가 표시된 그림 1-10은 전설에 속한

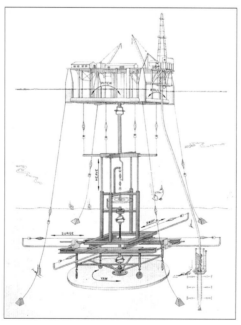

그림 1-10. 선구자 브루스 콜립이 해양시추선이 작업 시 대처해야 하는 6자 유도 운동을 설명하는데 사용된 다빈치 스타일 다이아그램. 이 그림과 그의 CUSS Ⅰ 경험이 나중에 반잠수식 시추선 발명으로 이루어진다(Bruce Collipp 제공).

다.

한편 그가 쉘에서 일할 때 그의 Odeco 잠수식 시추선 탑승은 콜립에게 영감을 주게 된다. 바다의 거친 기상상태가 지속되는 동안 새로운 위치로 견인 중인 잠수식 시추선의 전복을 막기 위해 부분적으로 선박을 침수시켰다. 콜립은 안정성에 즉각적인 향상이 있음을 발견하게 된다. 그는 설계에 착수하여 최초로 대형 반잠수식 시추선 Bluewater Ⅰ의 특허를 출원한다. Bluewater Ⅰ은 병모양(bottle-type) 잠수식 시추선으로 출발하지만 쉘이 추가로 밸러스트 탱크를 설치하여 4개의 병모양 기둥이 부분적으로 잠긴 모양이 된다. 병 모양 기둥의 대부분은 수면 바로 밑에 위치하였고 수면에서 작은 수선면은 파의 영향을 줄여 Bluewater Ⅰ에게 그 당시 선박이 가질 수 없었던 안정성을 갖게 하였다.

탐사유정 굴착업자들은 깊은 바다에서 다양한 크기와 모양의 반잠수식 시추선에 매료되었다. 몇몇 특이한 디자인으로 Odeco의 오션드릴러(Ocean Driller)는 여러 케이슨 (caissons)과 V자 플랫폼을, Sedco 135는 각 꼭지점에서 병모양 기둥을 갖는 삼각형 플랫폼 형태를 띠고 있다.

자항 선박으로 시추하려는 열정을 잃은 회사에 대해 말하고자 하는 것은 아니었다.

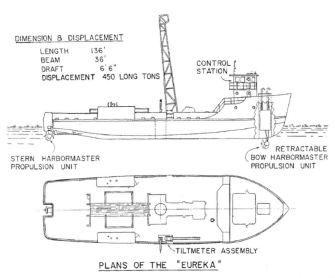

그림 1-11. 샤토와 도지어가 그린 시추선 유레카의 도면 원본. 배의 위치 유지를 위해 선수와 선미 추진기가 360도 회전한 다(Howard Shatto and Shell Oil Company 제공).

동시에 특수 시추목적 선박이 개발되어 유정개발 서비스에 투입되기 시작하였다. 1962년 Sedco는 쉘을 위해 유레카(Eureka)를 건조하였다(그림 1-11 참조). 유레카는 위치 확보를 위해 선수와 선미에 추진기를 장착하였다. 장착된 프로펠러는 원하는 방향으로 배를 움직이기 위해 360도 회전할 수 있었다.

샤토 이야기

시추선 안정성의 선구자인 하워드 샤토(Howard Shatto)가 멕시코만의 유정으로 15,000톤 플랫폼을 배치하기 위해 선박을 조종하는 계획을 이야기하고자 한다. 1975년 그의 사업주는 계류된 바지를 이용하여 인양을 하기 위해 한 회사를 고용하게 된다. 샤토는 선장에게 플랫폼이 바지 사이에 떠 있는 상태에서 50피트 정도를 움직여 정해진 유정 위 가운데 위치시키기 위해 얼마나 걸리는지를 물어보았다. 선장은 각자의 윈치를 통해 12개의 앵커라인을 조작하는데 12시간 정도 걸릴 것으로 추산했다.

샤토는 조석으로 인한 흐름이 플랫폼에 요구되는 50피트보다 더 많이 움직이게 할 것이라는 것을 알고 있었다. 약간의 해석을 통해 그는 측면으로 50피트 움직이기 위해서는 선장은 단지 하나의 구속된 앵커라인을 반대방향으로 50피트 움직인 후 다른 8개의 라인들을 코사인 각이 이루는 성분에 따라 조정하기만 된다는 사실을 지적하였다.

선장과 샤토의 동료들조차 철저하지는 않더라도 현수선 형상(catenary-shaped) 앵커라인의 복잡한 수학과 20세기 해양지식에 근거하여 이 제안을 맹렬히 반대하였지만 결국 그들은 그것을 시도하기로 동의하였고, 약 3분 만에 확실히 수 피트의 앵커라인 움직임으로 플랫폼의 움직임을 제어할 수 있음을 알았다. 샤토는 포켓 계산기용 마그네틱 테입에 담긴 계산결과를 건당 10,000달러에 여러 기업들에게 판매한 뒤에야 그의 통찰력에 담긴 논리를 공개하였다.

(Shatto의 아하!: 계선 라인의 바닥에는 배를 향해 현수선 형상이 시작되는 지점과 닻의 고정위치 사이에는 수백 피트의 계류라인이 놓여있다. 따라서 1피트를 감아올리면 현수선 형상은 변하지 않은 채 1피트 라인이 바닥에서 올라오므로 결국 1피트만 움직이게 된다.)

그때까지는 바지에서 굴착을 위해서는 대략적인 위치를 파악하기 위해 유정 주위에 부표를 설치해야만 했다. 바지선은 4방향으로 정박해서 유정 위에 정확히 위치하기 위해 앵커라인을 지속적으로 감고 풀고 하였다. 유레카는 앵커가 필요 없었지만 바다 바닥과 연결된 줄을 갑판 위에 설치된 경사계를 이용한 위치계측장치 경사계(tiltmeter)가 있었다. 이 기계적 장치로 와이어의 각도를 측정해 유정과 배의 상대위치를 계산했다. 운영자는 그 위치를 가지고 조이스틱으로 배를 조종하였다.

경험상 조이스틱은 아케이드 도로 레이싱 게임 수준의 안정성을 보였으며 거의 같은 수준의 결과를 보였다. 따라서 설계자들은 이를 훨씬 더 우수한 성능을 갖춘 자동제어장치(진공관을 사용하다!)로 재빨리 바꿨다.

유레카 사업자인 쉘은 서브마렉스와 CUSS Ⅰ과 같은 시추선의 사용을 코어샘플을 채취하는 목적으로 제한하였는데, 이는 탐사유정을 시추하기에는 너무 모험적이었기 때문이다. 1971년 10년이 지나서야 특별히 제작되어 동적 위치유지장치가 장착되어 탐사시추능력을 갖춘 SEDCO 445가 출현하였다. 유레카 설계에서는 전후방으로 회전을 하는 추진기가 제법 영리해 보였지만 바다에서 자세를 유지하기 위해서는 운영자가 빈번히 방향을 바꾸는 바람에 연료를 많이 쓰고 기계 마모가 심하였다. SEDCO 445는 11개의 고정식 추진기를, 포트와 우현을 따라 설치하여 측면 위치와 선수각을 제어하였다. 주추진기는 전방과 후방 위치를 제어했다. 결국 이보다 단순하면서 더 튼튼한 디자인이 드릴쉽(drillships)의 표준이 되었다.

무역의 연마도구

시추 데릭이 반잠수식 시추선이나 자동위치유지 시추선 갑판 위에 설치된 것과 무관하게 굴착업자는 계속해서 "우리는 유정 위에 있는 것인가?"에 의문을 품게 된다. 한동안 몇몇 기업들은 천수심에서는 시추선을 정박하고 위치 계측을 위해 지속적으로 유레카의 가이드 와이어의 변형을 사용했다. 더 많은 움직임을 허용할 수 있는 깊은 수심에서는 안내용 부이를 동그랗게 설치하고 때때로 경사계를 병행하여 사용했다. 그 다음에 앵커라인을 작동시켜 선박을 움직였다. Bluewater Ⅰ은 윈치를 이용하여 위치유지를 쉽게 하기 위해 앵커체인을 와이어 로프로 대체했는데, 이것이 1961년에 이마를 치며 환영받는 기술적 혁신을 가져온다.

훨씬 더 깊은 수심에서는 긴 계류용 밧줄로 인해 지금까지의 방식이 현실적이지 못하게 된다. SEDCO 445는 음향 위치파악시스템을 사용했다. 유정에 위치한 핑거(Pingers)들이 그 배의 하이드로폰(hydrophones)에 신호를 보냈다. 비록 고르지 못한 유속으로 인해 수심의 1~2% 오차를 주기는 했지만 삼각법을 사용하여 위치를 계산했다(3,000피트 깊이는 60피트 오차를 줄 수 있다!). 나중에 굴착업자는 유정에서 좀 더 떨어진 곳으로 4개의 트랜스폰더(transponder)를 옮겼다. 그 배는 신호를 보냈고 트랜스폰더는 다시 응답신호를 보내 주었다. 선상 컴퓨터가 삼각법을 이용한 계산결과보다 개선된 1/2%로 오차로 줄이는 데 성공한다.

위치 결정에서 가장 큰 도약은 1980년대 지구상에 지속적인 시정 범위를 줄 수 있을 만큼 충분한 위성이 공급되면서 나타나게 된다. 글로벌 포지셔닝시스템(GPS)이 결국 몇 피트 이내로 배들의 위치 정보를 알려 주게 된 것이다.

챈스의 위치정보

1986년까지 미국 정부는 멕시코만 안에서 연속 신호를 제공하기에 충분한 위성을 보유하게 된다. 하지만 석유산업이 GPS 신호를 시추선의 동적 위치유지장치에 쉽게 사용하듯이 외국의 적대국가들도 미국에 로브 미사일을 발사하기 위해 쉽게 GPS를 사용할 수도 있었다. 국가 안보의 이름으로 미국 정부는 적들이 부정확한 발사 위치를 갖도록 신호와 함께 노이즈를 섞어 보냈다. 또한 그것은 굴착업자에게도 쓸모없는 신호를 보내게 된다.

우연히 자기의 정확한 위치 정보를 알게 된 챈스(John Chance)는 연속적으로 GPS 신호로부터 자기 위치를 수정하는 계산을 할 수 있게 된다. 그는 시추선 회사들과 계약하고 지속적으로 수정된 GPS 신호를 제공함으로써 그 회사들이 정확한 GPS 사용을 할 수 있게 하였다.

나중에 챈스의 회사인 Starfix는 상업위성회사로 전환하여 급성장하는 동적위치유지 시추선 선단에게 10 cm 정확도의 위치추적정보 서비스를 한다(아직도 일부 보정이 필요했다). 결국 GPS 기술이 성숙됨에 따라 챈스의 회사는 GPS 응용사업에 집중하여 플랫폼과 파이프라인 설치, 장비설치 및 검사지원에 필요한 해저면 지형정보업계의 선두가 되는데, Fugro에 인수합병된 후에도 그 자리를 고수하고 있다.

다이버와 ROV

초기부터 바다에서 시추를 하기 위해서는 해저면에 유정을 위치시키기 위해, 연결작업을 위해 그리고 검사 등 많은 작업을 위해 다이버의 도움이 필요했다. 초기에는 효율적으로 100피트까지 작업이 가능했던 잠수부들을 고용했다. 그 압력을 초과하면 질소 환각 증세 때문에 다이버들은 위험할 정도로 바보 같이 변할 수 있었다.

미 해군은 공기 대신에 산소와 헬륨을 혼합한 기체를 사용하면 200피트까지 잠수 한계를 확장시킬 수 있다는 것을 발견했다. 공기의 질소 함량을 교체한 헬륨은 뇌 조직을 쉽게 관통하여 잠수부들을 두살박이처럼 행동하게 만드는 질소환각증상을 없앴고, 그들의 목소리가 도날드덕처럼 들리지만, 적어도 자신들이 무엇을 하고 있는지를 알고 있게끔 하였다. 1960년 멕시코만에서 셸에 의해 해양탐사에서 산소/헬륨(oxygen/helium)

혼합기체의 첫 번째 사용이 이루어졌다.

심지어 헬륨을 사용하고도 다이버는 여전히 감압의 길고 비싼 기간을 필요로 했다. 산업계는 숨쉬지 않는 수중 조수가 필요했고 로봇을 가지고 실험을 시작했다. 원격으로 작동되는 첫 번째 수중로봇(ROV) Mobot이 1962년 1월 셀의 해저 유정 완결작업을 위해 투입되었다. 조지 루카스(George Lucas)가 R2D2와 C3PO를 상상하기 훨씬 전에 이 우아한 작은 로봇(그림 1-12)은 네 가지 뚜렷한 특징들을 가지고 있었다:

- 자유 수영 자항추진
- 유정을 찾아내는 수중 음파 탐지기 장착
- 앞을 볼 수 있는 텔레비전 카메라
- 크리스마스 트리나 BOP 장치를 연결할 수 있는 소켓 렌치

Mobot는 10년 넘게 캘리포니아 몰리노필드(Molino Field)에서 6개의 해저 유정을 완결하고, 미국 알래스카 쿡만(Cook Inlet)에서 유정발견 그리고 미국 서부해안에서 추가적으로 18개의 유정탐사를 잠수부들의 지원 없이 성공적으로 완수하게 된다.

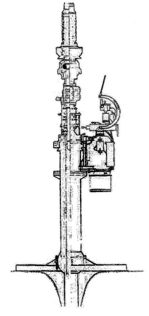

그림 1-12. 유정헤드에 매달려 작업 중인 1962년 Mobot의 고유 모델 테더, TV 카메라, 소나 장치, 랫쳇 렌치와 유정헤드를 빙돌아 작업이 가능하도록 바퀴가 장착되어 있다(H. L. Shatto and Shell Oil Company 제공).

같은 기간 동안 로봇팔, 그립장치, 흡입 컵, 고압 세척기, 그밖의 다른 도구를 장착하고 다양한 능력을 구비한 여러 ROV들이 서비스 시장에 진출하였다. 운영자는 시추선 갑판에서 조이스틱, 텔레비전 수신기 그리고 심지어 초기 버전 가상현실장치를 이용하여 이들을 원격으로 조종하였다.

동시에 테일러 다이빙(Taylor Diving)과 해난구조회사에 의해 주도된 다이빙산업은, "포화 다이빙"을 통달하게 되고, 다이버들이 가압 잠수지원기지에서 머물며 신중한 모니터링을 통한 감압절차 덕에 수백 피트 수심 작업 현장에서 장기간 작업을 할 수 있게 된다. 1970년 실험에서 5명의 테일러 잠수부들이 1,000피트 모의 깊이로 가압된 용기에서 18일 동안 일했다. 이어지는 10년간 테일러의 잠수팀은 연속적인 상업적인 기록을 경신하며 1978년에 노스크 히드로 파이프라인 프로젝트(Norsk Hydro Pipeline Project)에서 대미를 장식하게 된다. 테일러 다이버들은 서부 스코틀랜드에서 수심 1,036피트에서 36인치 직경 파이프의 단면 두 곳을 용접했다.

그 후로는 ROV와 다이버가 협동작업을 하게 되는데, 다이버는 섬세한 기술을 요하는 미세 모터작업을, 다소 서투르고 동작이 둔한 ROV는 헤비 듀티 작업, 감시 그리고 일부 특수작업을 맡아 하게 되었다.

인양력

조립된 생산 플랫폼을 진수하고 운송하기 위해서는 새롭게 설계된 운송 바지가 필요했고, 물속에서 정확한 위치에 설치하기 위해서는 이동식 크레인이 필요했다(그림 1-13 참조). 20세기의 지난 반세기 동안 업계가 심해로 진출하여 자켓플랫폼 규모가 커지고 무거워지면서 부유식 크레인 용량은 폭발적으로(표 1-1) 증가했다. 혁신적 기업 히레마(P.S.Heerema)의 선도로 다른 회사들도 기중기 용량을 업그레이드하거나 표 1-1에 나타낸 것처럼 새로운 크레인 선박을 건조하였다.

그림 1-13. 2개의 크레인이 자켓을 현장에 설치하고 있다(Shell Oil Company 제공)

표 1-1. 대용량 인양작업 역사

1948	75-ton crane lift of Superior's jacket at the Creole Field
1962	300-ton crane on Heerema's Global Adventurer into service
1968	800-ton crane on Santa Fe's Choctaw, a column stabilized catamaran
1972	2,000-ton crane on Heerema's Champion into Amoco's service in Suez
1973	2,000-ton crane on Heerema's Thor into BP's service at the Forties field in the North Sea
1976	3,000-ton crane on Heerema's Odin installs a platform on Shell's Brent Alpha jacket
1977	2,000- and 3,000-ton cranes installed on Heerema's Balder and Hermod
1985	Balder and Hermod crane capacities increased to 4,000 and 6,000 tonsTwin 6,000-ton cranes installed on McDermott's DB-102Twin 7,000-ton cranes installed on Microperi's semi-submersible, which eventually became the Saipem 7000
2000	Heerema upgrades its Thialf, formerly McDermott's DB-102, to 14,200 tons of capacity

지질학, 지구물리학, 그리고 다른 모호한 과학들

지질학자에게 오프쇼어(Offshore: 근해, 원양, 해상)란 단어의 역사에 대해 물어보면 수백 년이 아니라 수억 년에 걸친 이야기를 들을 것이다. 예를 들어, 멕시코만은 미시시피의 조상인 고대의 강들이 현재의 걸프해안으로 유기물과 셰일, 모래를 대륙에 맞먹는 규모로 쏟아부은 결과 풍부한 석유매장량을 갖게 되었다. 그 모래층의 깊이와 셰일의 무게로 인한 충분한 압력과 온도는 유기물을 요리하여 일부는 석유를 일부는 가스를 만들어 냈다. 해안선을 따라 땅덩어리가 움직이면서 여러 층으로 바닷물을 가두었고 바닷물이 증발하면서 거대한 소금층과 기둥을 남겼다. 그 셰일은 석유의 원료가 되는 기반암을 형성했고, 모래는 석유의 저장 공간을, 바위 또는 암염은 석유를 가두고 밀봉하는 역할을 했다.

이야기를 다시 거슬러 올라가면 약 1920년 지질학자들은 멕시코만 육상과 대륙붕의 유사성을 깨닫기 시작했다. 결국 1912년경이 돼서야 탐사회사들이 지질학자들을 고용하기 시작했으며, 그 해에 최초로 직접적인 지질학적 조사 결과로부터 오클라호마에서 쿠싱(Cushing)유전을 발견하는 기록을 세운다.

그러나 시추가 심해로 진출함에 따라 지질학자들의 심해에 대한 관심은 1920년 악명 높은 은행 강도, 윌리 서튼(Willie Sutton)의 단순한 문장으로 대변된다: "왜냐하면 그곳에 석유가 있기 때문이다." 심해 탐사는 항상 지금까지 축적된 기술의 연장이었고 보다 위험한 환경으로의 행진이었다. 지금까지 개발과 생산을 담당하는 생산부서의 동시능력에 의존한 적은 거의 없었던 것이다. 지질학자들 사이에서 회자되는 다른 유명한 구절로 말하자면 "발견하라, 그러면 얻을 것이다." 그들이 추구하는 속도는 그들이 10년 전 또는 더 이전에 발견한 것의 생산에 필요한 자금력에 의해 결정되었다.

지질학자(*geophysicist*)들에게 같은 질문을 해보면 이 역사는 100년 전 이전에 시작했을 것이다. 1924년 아메라다 오일(Amerada Oil)은 텍사스 브라조리아 카운티(Brazoria County)에서 비틀림 저울을 이용한 초기 맵핑도구를 이용해서 내쉬(Nash) 소금 돔(salt dome)을 발견한다. 2년 후 아메라다는 거기에서 내쉬 유전 개발을 성공하여 지구물리학적 방법으로 개발한 첫 번째 사례가 되었다.

수입!

1차 세계대전의 참호의 양옆에서 수학자, 물리학자, 엔지니어 그룹은 적 포병의 위치를 지도에 표시하기 위해 음향 장비를 사용하였다. 그들은 3곳 이상의 위치를 읽어 적의 포대위치를 삼각 측량하였다. 1920년대에 이 사람들 중 일부가 미국으로 건너가 탄성파 굴절이론을 개발하고, 나중에 초기 지질물리탐사회사를 설립하였다. 한 프랑스인이 있었는데, 그의 이름이 선장 콘래드 슐럼버저(Conrad Schlumberger)이고 사이스모스 유한회사(Seismos, Limited)를 설립한 루트거 민트롭(Ludger Mintrop)이란 이름의 또 다른 독일인이 있었는데, 그의 기업은 결국 슐럼버저에 흡수되어 그들의 탄성파 서비스 자회사의 핵심을 형성하게 된다.

탄성파 관측술이 동시에 개발되었다. 초기 단계에는 얕은 내륙 호수, 늪지와 근해에서 사람들이 땅에서 계측한 위치에다 손으로 직접 지중수신기(geophones)를 심었다. 녹음 장치는 뗏목과 같은 선박에 앉혔다(그림 1-14 참조). 텔레다인 소속 지질물리학자들은 슈페리어의 크리올 필드의 발견을 1934년에 그들이 행한 해양 조사 덕이라고 말하고 있다.

10년이 지나지 않아 자급식 60피트 보트가 유전에 투입되어 수중 청음기 케이블을 견인하여 설치 장소에 정착시킨 후 원격으로 발사보트가 다이나마이트를 투하하고 물러나도록 했다. 다행히도 계측된 다이나마이트 수중폭발에 따른 탄성파는 수십, 수백, 결국 물속에서 수천 피트를 진행했음에도 육지에서 계측한 것과 다름이 없었다.

그림 1-14. 초기 해상 탄성파 계측(Western Geco 제공)

곧이어 하이드로폰(hydrophones)을 장착한 중성 부력 튜브가 출현하여 항행 중인 보트에서도 탄성파의 기록이 가능하게 되었다. 하지만 결국에는 지질서비스(geo-services) 회사들은 수중 폭발 후 죽은 물고기가 떠오른 바다 전경에 화가 난 환경보호론자들과 낚시산업계에 고개를 숙이게 되는데, 이로 인해 1970년대까지는 대부분의 탄성파 탐사 보트는 압축 공기로 충전된 강철 실린더를 예인했으며, 수중 폭발만큼 좋은 효과를 가진 압력파 신호를 보냈다. 이후 어떤 죽은 수중 생물에 대한 보도도 나타나지 않게 되었다.

숲을 보다

1967년 젊은 지구물리학자는 탄성파 자료 임대 판매에 대한 준비를 하는 중에 루이지애나 근해에서 갑작스러운 저속 반사를 보이는 기이한 패턴을 발견했다. 같은 현상이 1년 후에 마찬드(Marchand)만 전방에서 나타났다. 그의 회사가 그 지역을 따라 시추한 직후, 그들은 각 지역에 상용 가능한 가스 매장을 확인했다

또 다른 1년 동안 그는 보다 많은 증거 자료를 모았으며, 회의적인 동료들과 논쟁을 벌이고 결국에는 부사장이 그를 만나 그의 자료를 검토하는데 동의할 때까지 관리팀을 계속 졸라댔다. 지구물리학자, 마이크 포레스트(Mike Forrest)는 관리팀에게 논쟁 중에 발견된 명점(bright spot)들의 주목할 만한 가능성을 설득했다. 그들은 단지 지질학적 지도를 만들 때보다 더 많은 탄성파 데이터를 사용할 수 있었으며 직접적으로 천연가스 매장량을 식별할 수 있었다.

다음 몇 년 동안 그는 지질학자, 석유물리학자, 지구물리학자 그리고 컴퓨터 과학자 팀에 합류하여 그들이 확보할 수 있는 모든 다른 증거와 밝은 점들의 상관관계를 밝혔다. 자신감이 커짐에 따라 포레스트는 끈질기게 그의 회사 쉘에 박차를 가해 임대차 계약을 따냈고, 결국 멕시코만에서 수백만 배럴의 탄화수소를 시추함으로써 자기의 확신을 증명하였다. 1975년 명점들을 이용해 코냑 광구(Prospect Cognac)에서 3억 배럴의 매장량을 발견한 것은 단지 다음 10년 동안 멕시코만 더 깊은 바다에서 거대한 심해유전을 발견하기 위한 서곡에 불과했다.

탄성파 데이터 분석은 현대 컴퓨팅 성능을 제대로 활용한 첫 번째 분야 중 하나로 꼽힌다. 1958년 지구물리서비스주식회사(GSI: Geopysical Services, Inc.)는 탄성파 데이터 처리를 위해 최초로 디지털 컴퓨터를 사용했다. 그것으로 종이 기록은 아날로그 테이프에 자리를 내주었고 결국에는 디지털 레코딩이 그 자릴 차지하게 된다.

1970년 탐사지구물리탐사학회 연례 총회에서 Exxon Production Research는 7년의 노력의 결과인 획기적인 3-D 탄성파 탐사 결과를 발표했다. 그 후 20년 동안 지구물리학자들은 컴퓨터 워크스테이션 앞에 앉아 데이터를 분석하여 스필버그풍의 디스플레이룸에서 시간을 보냈으며, 그곳에서는 지질학자들이 해저지형이 눈부시게 반짝이는

화면에 둘러싸여 앉아있었다. 이러한 모든 절차가 해저유전의 발견과 평가절차를 발전시켜 속이 빈 유정을 시추하는 위험을 줄이게 됐다.

또 다른 차원을 소개하자면, 1990년대 초반, 석유기업들과 탐사기업은 북해와 멕시코에서 동시에 시간경과를 고려한 4D 기술의 상용화를 시작한다. 그들은 같은 유전에서 5년 간격으로 두 번 행한 탐사를 비교했다. 보다 많은 해석적 노력으로 그들은 아직 남아있는 석유와 가스를 포함하는 지역을 확인할 수 있었다.

영속성

지질학자와 지구물리학자가 해저면 아래 구조에 대해 잘 알게 됨에 따라 이동형 굴착기는 해안으로부터 멀리까지 진출하여 탐사유정을 시추하였고, 지금까지 유래 없이 깊은 바다에서 영구적이면서 내구성 있는 생산 시설의 수요가 높아지게 되었다. 해상 유전 현장에서 건조하는 것은 의문의 여지가 없었으며 멕시코만 해안을 따라 조립 야드가 급격히 생겼다.

슈페리어의 1947년 성공의 재발견으로 유전 운영사들은 조립식 자켓을 선호하게 되

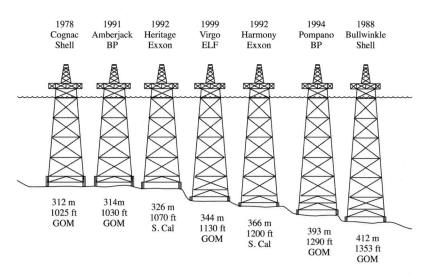

그림 1-15. 20년 동안 고정식 플랫폼의 수심변화 및 운영사

그림 1-16. 바다로 예인 중인 불윙크 플랫폼(Shell International, Ltd. 제공)

었다. 그것을 간단한 개념으로 표현하면 육상에서 조립, 자켓을 현장으로 이송(바지 또는 자체 부력이용), 현장에서 바지선으로부터 자켓을 하역한 후, 목표지점에 하강하는 일련의 과정을 수반하게 된다. 나중에는 지름 8피트까지 커진 강관에 말뚝을 박아

그림 1-17. 현장에 설치된 불윙클 플랫폼(Shell International, Ltd. 제공)

서 현장에 고정시키면 전체 또는 부분 구조로 만들어진 탑사이드가 운송 바지를 통해 운반된 후 수면 위로 솟아나 기둥에 얹히게 된다.

1970년대와 1980년대에 와서 자켓은 드라마틱한 기술적 진보를 하게 된다. 30년 동안 엔지니어들은 무게와 항력을 줄이고 강도를 높여, 북해와 같이 보다 험한 기후환경과 계속 깊어지는 수심에서도 자켓 설치비용이 수익이 나도록 매진했다(그림 1-15). 설치된 자켓과 플랫폼의 수는 꾸준히 증가했다. 멕시코만의 대륙붕에 가장 많이 설치되었는데 1,000기 이상의 플랫폼이 1963년까지 설치되었고, 1996년까지 4,000기, 2000년대까지 전 세계적으로 6,000기가 넘게 설치되었다.

1978년 쉘은 멕시코만에 코냑 플랫폼을 수심 1,023피트에 설치하는 기록을 세웠지만 여전히 대륙붕에 위치하였다. 10년 후 1,354피트의 대륙붕 사면 밖에 위치하는 불윙클(Bullwinkle)을 설치함으로써 자신의 기록을 앞지르게 된다(그림 1-16과 1-17).

불윙클 건조에는 44,500톤의 강철 구조와 9,500톤의 파일이 소요되었다. 건조와 설치 비용은 거의 2억 5,000만 달러에 달했다. 놀랍게도 불윙클에는 이전에 건조된 더 작은 크기의 코냑 비용보다도 적은 비용이 들었다. 그 시절의 엔지니어링과 건조기술의 진보와 지식의 발전은 66.5%의 누적 인플레와 30%의 크기 증가를 상쇄할 정도로 가빠르게 성장하였다. 하지만 쉘과 다른 회사들은 수평선 니머에 더 깊은 비디로 진출할수록 전통적인 자켓 플랫폼에 쏟아붓게 되는 돈과 강재로 인해 경제성을 걱정하였다.

학습곡선이 둔화되다

불윙클에 이르러 석유기업들은 해양 학습곡선(offshore learning curve)의 정점을 찍었다. 육지에서의 학습곡선은 정점에 다다르기까지 수천 년 동안보다 오랫동안 정체되었었다. 수백억 년 동안 사람들은 자연적으로 지표면에 분출되는(seeps) 석유 연못에서 석유와 가스를 조금씩 얻어 썼다. 기원전 3000년경에 이집트인들은 바위에서 스며나오는 타르를 발견하고 그것을 가지고 미이라를 보존했다. 영리한 중국인들은 기원전 800년경 지하로부터 천연가스가 새어 나오는 것을 모아 황궁의 불을 밝히는 데 사용했다. 고고학자들은 서기 1300년경에 미국 인디언들이 그들의 카누와 바구니들을 밀봉하기 위해 흘러나온 석유를 사용했음을 밝혀냈다.

옛날 사람들의 이런 노력이 현명하기는 했지만, 그들은 어느 누구도 선구자적인 오일맨5)과 같은 선각자를 떠올리지는 못했다. 또한 그들 중 어느 누구의 노력도 학습곡선을 가속화하지 못했다. 마침내 1859년 드레이크(Colonel Edwin L. Drake)가 펜실베이니아 주 티투스빌(Titusville) 근처에 석유가 흘러나와 가득 찬 지역에서 시추를 함으로써 상승 국면을 타기 시작했다. 참을성 있는 드레이크는 눈깜짝 안하고 전체 금융파멸의 얼굴을 응시해 승리를 성취한 처음이자 마지막 오일맨은 아니었다. 그러나 그는 최초로 케이싱 파이프를 박아서 시추 중에 시추공의 붕괴를 막았으며, 그 작은 기술이 그의 유정에서 생산이 가능하게 했으며 그의 명성을 영원하게 했다.

그 다음 해 멀지 않은 곳에서 래스본(J.C. Rathbone)은 미국 버지니아 서부의 버닝스프링스(Burning Springs)의 작은 언덕에서 시추를 하여 경제적으로 드레이크 유정의 10배 생산량을 내는 유전을 갖게 되었다. 그 후 일군의 석유채굴업자들이 늘어나면서 나중에 **배사구조**(*anticlines*)로 알려진 자연적으로 불룩한 구릉에서 석유가 흘러나오는 것이 종종 있는 일이란 것을 알게 되었다. 스핀들탑(Spindletop)6)에 있는 것과 같은 이 자연적인 지반구조는 석유와 가스가 모여 흘러들어오기에 좋은 지질학적 구조를 제공했다. 이 지식이 알려짐에 따라 기업가들, 엔지니어, 과학자, 자본가들 그리고 횡재를 꿈꾸는 사람들의 파도가 대대적으로 실용적이면서 지적인 돌파구를 만들었으며, 한세기 동안 육상에서의 학습곡선을 쌓아올렸다. 그림 1-18은 단지 몇 개의 이정표만 나타내고 있는데 그 이후 해양으로의 탐험이 계속 이어졌다.

육상의 탐사 및 생산 기술의 역동적인 개발은 단지 필요한 배경을 제공했을 뿐이지만, 20세기에 바다로의 진출은 그림 1-18에 보여진 제 2의 파도, 서머랜드부터 불윙클까지를 얻기 위해서는 새로운 패러다임과 새로운 품종의 오일맨이 필요했다. 20세기가 끝나가면서 어느 정도 이러한 학습곡선이 나름 이루어졌지만, 해양산업은 새로운 도약의 시작이 필요했다.

역자 주 5) Oilman: 석유기업가
역자 주 6) 텍사스 버몬트에 있는 암염층 유전

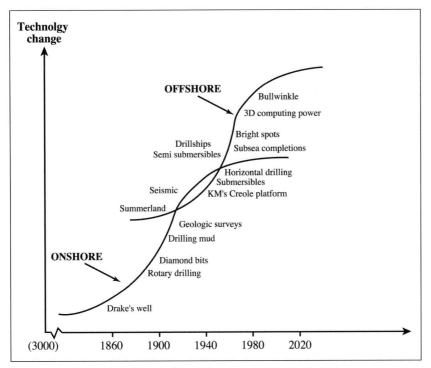

그림 1-18. 탐사와 생산—제1 그리고 제2의 파도

과거로부터 떠나기, 과거를 보내기 02 _{Chapter}

손에 잡히지 않는 이미지... 이것이 모든 것의 열쇠이다.

−허먼 멜빌(1819~1891) 모비딕

혼돈의 80년대

1980년대 초 오일맨에게는 아무런 희망이 보이지 않았다. OPEC은 현기증 나게 배럴당 1달러 50센트에서 40달러 이상으로 높은 석유 가격을 제시했다. 멕시코만에서 운영 중인 시추선이 1981년에 231기로 증가했는데, 그것은 1975년의 2배, 1970년대의 3배에 달했다(그림 2-1 참조).

에너지 안보를 우려한 미국 정부는 1983년에 처음으로 멕시코만에서 광구의 소규모 임대를 중지하고 대규모 임대 경매를 열었다. 그들은 광구지역을 바깥쪽 대륙붕 사면과 수심 600미터에서 2,250미터에 이르는 광활한 광구지역을 포함하여 양쪽으로 구역을 확장하였다.

시추 기술의 발전, 특히 동적 위치유지 드릴쉽, 계류된 반잠수식 시추선, 해저유정

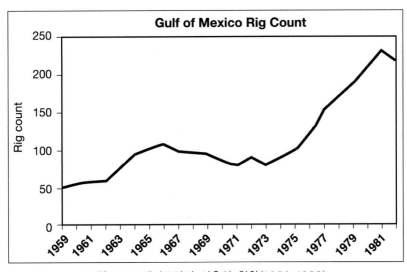

그림 2-1. 멕시코만의 시추선 현황(1959–1982)

표 2-1. 1980년대 주요 심해유전 발견

Field	Volume Million barrels	Depth in feet	Company	Year
Joliet	65	1724	Conoco	1981
Pompano	163	1436	BP	1981
Tahoe	71	1391	Shell	1984
Popeye	85	2065	Shell/BP/Mobil	1985
Ram-Powell	379	3243	Shell/Amoco/Exxon	1985
Mensa	116	5276	Shell	1986
Auger	386	2260	Shell	1986
Neptune/Thor	108	1864	Oryx/Exxon	1987
Mars	538	2960	Shell/BP	1988

완결, 그리고 2-D 기술에 비해 비용은 들지만 성능이 우수한 3-D 탄성파 탐사기술의 사용은 굴착업자들로 하여금 이렇게 깊은 수심에 대한 탐사를 가능하게 했다. 연속되는 대규모 유전 발견의 소문이 넘쳐났으며, 크기 면에서는 대륙붕 사면에서 발견되는 것에 비해 막대한 것이었다(표 2-1). 코노코(Conoco), 쉘(Shell), 브리티시 페트롤륨(BP: British Petroleum), 엑손(Exxon) 그리고 오릭스(Oryx)(결국 Kerr-McGee에 합병, 다시 애너다코(Anadarko)에게 합병) 등이 새로운 지역에서 탐사 성공의 개척자가 되었다.

1980년대 중반 불길한 먹구름이 멕시코만 상공에 드리워졌다. 석유수출국기구(OPEC)는 34달러로 유가를 매김으로써 많은 시장으로부터 거부당하게 되었다. 소비자들은 전례 없는 가격으로 자동차, 산업 공장과 건물에서 오일을 사용할 수 없었다. 유가는 1983년에 28달러에서 1986년 10달러로 무너져 내렸다.

공교롭게도 대륙붕 수심 1,000피트 미만 지역의 멕시코만에서 탐사 성공은 정체의 징후를 보여 주기 시작했다. 발견된 유전의 평균 크기는 약 2억 4,000만 배럴로 지난 10년 동안 절반으로 감소했다(그림 2-2). 25년 동안 시추장비의 활동이 두 자릿수 증가율로 크게 증가했음에도 불구하고(단지 1970년대에 짧은 일시 정지) 멕시코만에서의 석유와 가스 생산은 컴벌랜드 고원처럼 평탄했다(그림 2-3).

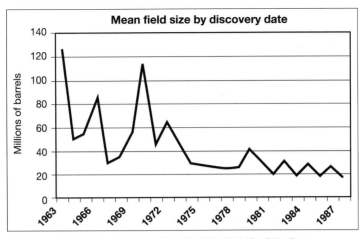

그림 2-2. 멕시코만에서 발견된 유전의 평균 규모

석유개발업자들은 그들의 파일에서 이미 10년 전 기본적으로 600피트 수심 이하의 생산성 있는 유정은 1985년까지 이미 모두 다 불하되어 개발이 완료될 것이라 예측한 미 국무성 보고서를 찾아냈다. 더욱이 비관적인 것은 미국 정부에서는 멕시코만을 사해라고 지칭하기 시작한 것이다.

알래스카 프루도 베이(Prudhoe Bay)를 제외하면 북아메리카 다른 지역은 10년간의 오일 메이저의 노력에도 불구하고 주목할 만한 성공이 나타나지 않아 그들을 낙담시켰다.

알래스카 근해인 노톤(Norton)과 나바린 분지(Navarin Basin), 동부 해안 근해인 조

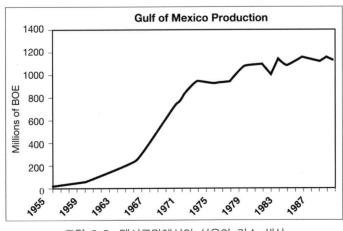

그림 2-3. 멕시코만에서의 석유와 가스 생산

오지 뱅크스(Georges Banks)에서의 대규모 탐사비용지출도 아무런 상업적 성과가 없었으며 미국 전역에서의 발견 또한 미미했다. 더욱이 환경규제로 인해 서부 해안에서의 새로운 탐사는 전면 취소되었다. 1986년까지 오일 메이저의 연간 보고서는 새로운 탐사 전략을 발표했는데, 미국에서 아시아, 아프리카, 호주 및 남아메리카와 같은 다른 대륙의 육상과 해상유전 탐사로 전환을 시작한 것이다.

그러한 모멘텀으로 인해 멕시코만에서 일부나마 진전이 전혀 없었던 것은 아니었다. 1984년 헌트(H.L. Hunts)의 독립회사인 플래시드 오일(Placid Oil)은 수심 1,554피트에서 대규모 유전을 발견했다고 발표했다. 그들은 곧바로 해저 유정에서 생산하여 플랫폼으로 보내는 해저생산 방식(subsea production)을 개발하는데, 그것은 멕시코만에서 첫 번째 시도였다. 동시에 코노코(Conoco)는 수심 1,760피트 졸리엣(Joliet)에서 1981년 발견한 유전 개발 착수를 조심스레 준비했다.

코노코는 북해의 허튼 필드(Hutton field)를 개발하기 위해 부유식 인장각식 플랫폼(TLP: Tension Leg Platform)을 채용함으로써 북해에서 중요한 기술의 진보를 이루었다. 그 성공에 용기를 얻어 멕시코만에서 1989년에 첫 TLP를 설치했다.

불안한 신호

그 후 그 꽃잎이 시들어 기술의 꽃봉오리로부터 떨어졌다. 1988년 수심 1,354피트에 고정식 플랫폼인 불윙클을 설치한 셸은 그와 같은 구조물의 경제적 한계치에 도달했다. 54,000톤 이상의 강철 구조와 강재 말뚝을 사용해 더 깊은 수심에서 수익성을 기대할 수 있는 프로젝트는 없었다. 게다가 피라미드 기초의 장변이 480피트, 단변이 400피트인 치수는 거의 다룰 수 있는 크기가 아니었다.

한편 플래시드와 코노코(Conoco)의 접근은 덜 자본집약적이면서 공학적인 성공을 거두었지만, 그들이 자신들의 유전의 지반 특성을 잘못 판단한 것이 명백한 것으로 밝혀졌다. 그들 유정의 보잘 것 없는 성능은 플래시드로 하여금 투자를 중지하게 했다. 코노코의 졸리엣은 가까스로 현금 유동성은 긍정적이었지만 투자 등급 이하의 성능으로 인해 불안한 행보를 이어갔다.

이 시점에서 미국의 해양산업은 혼란의 위기에 직면했다:

- 불안하고 시세 이하의 석유와 가스 가격
- 멕시코만 대륙붕의 불투명한 가능성
- 외국 유전 투자에 대한 명백한 호기
- 수십억 배럴 탄화수소가 이미 발견되었지만, 심해 개발의 미지수
- 불확실한 심해 유전 성능에 따른 개발 투자 리스크
- 그러나 앞으로 더 예정된 연방리스 계획

석유개발업자는 곰곰이 생각했다. 무엇을 해야 하나?

열쇠를 돌리다

단지 서로 막연하게 관련된 우연과 행운의 상황이 그 시기에 발생했다. 1974년 브라질의 국영석유회사 페트로브라스(Petrobras)는 브라질 북동 해안 캄포스(Campos) 분지에서 탐사를 시작하여 대단찮은 성공을 거두었다. 많은 다른 나라처럼. 브라질은 에너지 안보를 걱정했다. 1980년대 초 이들의 석유 수입은 소비의 70 ~ 80%에 달했다. 브라질 정부는 페트로브라스로 하여금 근본적으로 외국 석유에 대한 의존도를 줄이기 위해 과감한 도전을 독려했다.

1977년 페트로브라스는 최초로 상업적으로 중요한 발견인 수심 402피트의 가루파(Garoupa) 유전(그림 2-4)에서 재래식 고정식 플랫폼을 사용했으나 그 후에 많은 생산이 이루어짐에 따라 독창성도 나타나게 된다. 그들은 보니타(Bonita), 엔초바(Enchova), 피라우나(Piraúna), 마림바(Marimbá), 알바코라(Albacorá) 그리고 바라쿠다(Barracuda) 유전을 발견하여 처음으로 해저유정에서 생산을 시작했으며, 부유식 생산플랫폼(FPS: Floating Production System)을 사용하게 된다. 필드 위에 정박시킨 이 FPS는 원유를 하역하기 위한 셔틀탱커의 중계점을 제공했다. FPS를 사용하면서 고정식 플랫폼과 해안까지 이어진 원유운송 파이프라인 건설기간을 단축시킴으로써 통상 9년이 걸리는 발견 후 첫 원유생산(discovery-to-production-of-first-oil) 시간을 5~7년으로 단축시켰다.

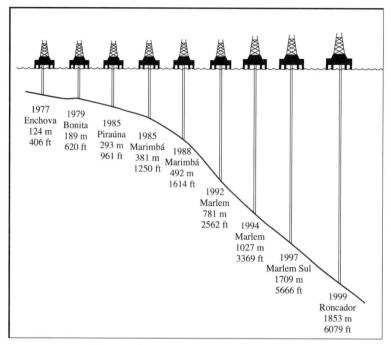

그림 2-4. 페트로브라스 유전 발견과 시추 기록

    1985년에 그들은 말림(Marlim)유전, 1987년에는 말림 술(Marlim Sul)유전을 발견했다. 2개 모두 멕시코만의 대규모 유전보다 2~3배 큰 것이었다. 말림유전은 수심 2,500피트지만 말림 술유전은 대륙붕 사면을 넘어 수심 2,500~6,300피트에 걸쳐 있었다. 그들이 탐사한 유전에 여러 번 조기생산시스템을 적용하여 경험한 것을 바탕으로, 페트로브라스는 1994년 해저생산시스템과 개조 유조선인 FPSO II를 이용하여 말림 술 유전을 개발했다.

    페트로브라스 직원들이 기쁘게도 그 유전들은 하루에 12,000배럴 이상을 생산함으로써 그들이 말림과 말림 술 개발을 부유식 생산저장설비(FPSO: Floating Production, Storage and Offloading)와 해저생산시스템을 채용하여 가속화할 수 있었다. 2000년까지 캄포스 분지에 29기의 FPS와 FPSO를 투입하였다.

    한편 미국에서도 또 다른 회사가 비슷한 경쟁적 제약조건에 놓여있었다. 미국 셸은 영국과 네덜란드 거인 로얄더치 셸(Royal/Dutch Shell)의 자회사지만 그 당시에는 자율적으로 활동하였다. 그러나 모회사가 이미 미국 밖의 매력적인 유전 대부분을 차지하였기 때문에 미국 셸은 외국 유전개발에 대규모 지출을 하지 않기로 결정했다.

페트로브라스처럼 그들은 연안으로 방향을 틀어 수억 달러의 개발비를 보상할 만큼의 대규모 유전 탐사개발에 착수했다. 쉘은 알래스카와 미국 동부 해안 멀리까지 연이은 실망스런 탐사 실패 이후에 멕시코만 대륙붕 사면 너머 지역의 풍부한 성공사례로부터 그들의 첫 번째 목표로 아거(Auger) 유전을 택했다. 수심 2,860피트에 위치한 유전에 TLP가 투입되었다. TLP 개념은 이미 코노코에 의해 북해와 멕시코만에서 입증되었다. 하지만 코노코와 플래시드의 심해의 경험에도 불구하고 지반에서의 리스크, 즉 유정 생산성 문제가 남아있었다.

세 개의 기민한 움직임이 그들의 성공을 더욱 기분 좋게 했다. 첫째, 전례 없는 비용으로 쉘은 아거 광구의 생산 전망을 예측하기 위해 3-D 탄성탐사 연구를 전후방으로 수행했다. 그러한 노력은 유전 내에 얼마나 많은 탄화수소가 포함되어 있는가에 대한 그들의 예측에 대한 신뢰성을 높여주었다.

두 번째 움직임은 아거에서가 아니라 불윙클에서 일어났다. 그곳에서 쉘의 생산/저류지 엔지니어들이 여느 유사한 천해 생산 유전보다 높은 생산율을 낼 수 있다고 확신하고 해저유전을 개발하도록 경영진을 설득했다. 그들은 전 세계의 심해 퇴적물 저류지를 공부했다. 그들은 이러한 사암층이 가는 모래를 씻어낸 퇴적물의 탁류에 의해 현재의 위치에 침전되었음에 유의했다. 이것이 사암보다 더 공극률과 투과성을 가진 고품질 배사구조로 형성되도록 했으며 해저유전 엔지니어의 소원 목록에 높은 칸을 차지하게 된다. 엔지니어들은 불윙클은 아래 퇴적된 모래들은 인접한 멕시코만 대륙붕의 통상적인 삼각주의 모래와는 다르다는 것을 확신했다.

만약 그들이 잘못 판단했다면 유정 내 액체의 급격한 흐름으로 인해 모래가 유정의 입구를 막아 돌이킬 수 없는 피해를 주고, 아울러 그들의 경력에 커다란 흠을 남겼을 것이다. 그들이 긴장한 몇 시간 후에 밸브를 열었더니 그 생산량이 하루에 약 3,500~7,000배럴에 다다랐다. 유정 파이프 바닥 압력은 일정하게 유지되었는데, 이는 매우 중요한 징조이다. 또 다른 어떤 나쁜 징후도 유정에서 나타나지 않았다. 그 실험은 심해 퇴적물 모래 속의 유전이 그동안 산업계에서 예상해왔던 생산량의 수배로 생산할 수 있다는 것을 확인시켜 주었다. 그들은 즉시 각 유정마다 하루에 8,000에서 10,000배럴 생산량 기준으로 아거 유전 개발계획을 바꾸었으며 행복한 결과를 가져다주었다. 초기 계획된 유정의 절반만 시추함으로써 그들은 수억 달러의 경비를 절감하였으며,

최소한 반으로 유가가 떨어지는 것에 대한 우려를 낮추었다.

셋째, 페트로브라스처럼 그들은 개발을 가속화하여 최초의 원유생산시기 간격을 줄였다. 다만 이 경우 미리 사용 가능한 반잠수식 시추선을 사용하여 시추를 하였으며, 그 당시 이 형식은 보통 탐사에 널리 사용되었다. 일단 TLP가 설치장소에 정박되면 그들은 미리 시추된 시추공을 완결하여 생산을 시작했다.

여전히 아거가 완전한 생산을 하기까지는 초기 발견 후 10년이 걸렸다. 석유회사는 그들의 관련사와의 협력을 통해 최초 석유생산시기를 5년 이하로 줄이는 목표를 두었다.

문을 닫으며

이런 거친 이야기로 과거로부터의 문을 닫겠다. 업계에서는 현재 심해 개발을 열어 줄 열쇠를 손에 쥐고 있다.

- 그들은 퇴적 모래층의 높은 생산성을 깨달았다. 유전에서의 높은 생산량과 거의 완벽한 회수 두 관점에서.
- 그들은 3D 탄성파 기술을 통해 해저유전의 구성과 석유매장량에 대한 불확실성을 줄일 수 있었다.
- 그들은 낮은 가격, 혁신적인 개발시스템 −TLP, FPS, FPSO 그리고 후에 유연타워, 스파 플랫폼(spars) 그리고 기존 시설에 연결하는 타이백(tiebacks)− 을 사용할 수 있었다.
- 그들은 발견에서 최초 원유생산이 빠른 승인, 사전 시추 그리고 다른 병렬 활동과 간단한 설비의 신속한 건설을 통해 시간을 압축할 수 있었다.

세 번째 파동이 시작되었던 것이다(그림 2-5 참조).

때로는 쉘과 페트로브라스가 그들이 수행한 심해유정에서의 선구적 역할을 통해 승리를 나눠가졌다. 하지만 모든 회사를 열거할 수는 없지만 시추회사, 머드공급회사, 시멘팅 서비스사, 제작사, 지질−탐사회사, 해사서비스회사 등 여러 다른 기업들이 심해에서 석유를 생산하는 기술개발에 기여했다. 그들의 활동에 대해서는 앞으로 10장에 걸쳐 다룰 것이다.

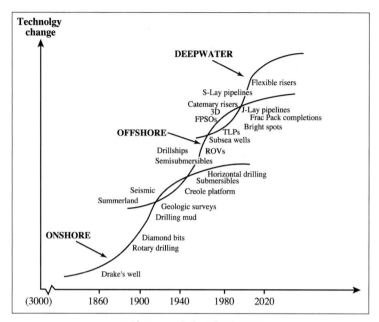

그림 2-5. 심해－제3의 파도

지질학 및 지구물리학 03 Chapter

너의 다음 걸음을 내딛기 전에는 결코 땅을 시험하기 위해 내려다 보지 말라. 오직 먼 지평선을 응시하는 자만이 올바른 길을 찾을 것이다.

— 다그 할마르셀드(Dag Hammarskjold, 1905~1961)
제2대 유엔 사무총장

심해 지질학

많은 사람들이 석유나 가스는 대규모의 지하 동굴 같은 곳에 있다고 생각하나 실제로는 그렇지 않다. 이런 생각은 전자주사현미경으로 촬영한 사암 저류암 사진을 보면 달라진다(그림 3-1 참조).

그림 3-1에서 보면 공극이라고 불리는 구멍이 있으며, 그 크기는 직경이 0.1 mm 정도로 약 2배 크기인 모래입자 사이에 분포한다. 이곳에 물이나 석유/가스가 채워져 있다. 공극이 없는 암석도 있으며, 이 경우 암석은 모두 고체인 광물로 이루어져 있다. 지질학자의 주 임무는 탄화수소를 저장할 수 있는 충분한 공극을 가지는 암석이 어디에 있는지 알아내는 것이다.

그림 3-1. 저류사암의 전자주사현미경 사진

기초 지질(Geology fundamentals)

심해유전에서의 석유 부존을 파악하기 위해서는 몇 가지의 지질개념과 지질작용에 대한 이해가 필요하다. 퇴적층의 형성, 암석이 구부러지거나 찢어지는 현상(구조지질) 그리고 온도와 압력의 증가로 인한 유기물의 화학적 변화에 대한 이해가 가장 중요하다.

지질시대: 지구는 45억 년 전에 형성되었으며 지질학자들은 서로 다른 기간을 가지는 지질연대라는 시대로 구분하였다. 즉, 현재 홀로세(Holocene)라는 지질연대에 살고 있으며 이 시기는 인간이 지구에 최초로 나타난 시기에 해당되며, 플라이스토세(Pleistocene)라는 지질연대 이후의 시기에 해당된다. 플라이스토세는 약 200만 년 전에 시작되었다. 홀로세와 플라이스토세는 신생대로 불리는 시기 이후의 지질연대로 신생대는 약 6,500만 년 전부터 시작되었다. 이 시기는 대규모의 운석이 지구와 충돌하여 공룡이 멸망한 시기로 알려져 왔다. 신생대 이전 시기는 백악기이며, 그 이전은 쥬라기 및 트라이아스기로 불린다. 지질학자들과 이들이 활동하는 학술지에서는 심해 환경에서 퇴적물이 형성된 시기를 하부 신생대 혹은 암염층 하부 백악기 등으로 표현한다.

암석: 지질학자들은 암석을 화성암, 변성암 및 퇴적암으로 구분한다. 석유지질학자들은 그중 석유의 근원암과 저류암 역할을 하는 퇴적암에 대해서만 관심이 있다. 퇴적암은 크게 사암, 탄산염암, 셰일 등으로 구분할 수 있으며, 이 퇴적암들은 모두 심해에서의 석유 형성에 중요한 역할을 한다.

사암은 암석이 풍화되어 형성된 모래입자들로 구성되어 있으며, 강이나 해변 등의 환경에서 퇴적된 것이다. 심해 지역을 연구하는 석유지질학자들에게 관심이 있는 것은 저탁류로 불리는 해저면 아래로 흐르는 유수에 의해 퇴적된 사암이다. 저탁류는 물과 퇴적물이 섞여 있으면 밀도가 주변의 물보다 크므로 중력에 의해 경사진 사면을 따라 흘러내려 심해에 도달하는 유수이다. 유속은 초속 수 미터에 이르며 엄청난 양의 모래를 심해로 운반한다. 그림 3-2는 산이 침식되어 모래가 형성되고 최종적으로 이 모래가 저탁류를 통해 심해로 이동되는 양상을 보여 주는 것이다.

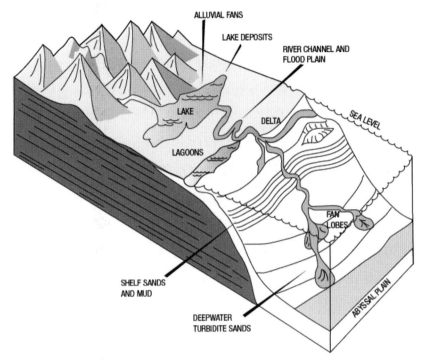

그림 3-2. 산맥에서부터 모래가 이동되어 심해에 저탁류로 이동되는 과정을 보여
준다.

탄산염암은 석회암과 돌로마이트로 구성되어 있다. 이 암석은 산호초, 조류, 조개, 성게 등과 같이 해수에서 탄산칼슘을 추출하여 껍질을 형성하는 생물에 의해 만들어진다. 이들은 탄산칼슘(석회암) 혹은 탄산마그네슘칼슘(돌로마이트)으로 구성되어 있어 탄산염암이라고 한다. 이 암석은 맑은 천해환경에서 퇴적된 것이다.

셰일은 매우 세립의 진흙으로 이루어진 암석이다. 일부는 석회질 광물로 구성되어 있다. 셰일은 소량의 미세식물 혹은 미세동물로 구성된 유기물을 포함하고 있다. 셰일은 매우 천천히 움직이는 유수에 의해 퇴적된 것이다. 셰일은 모든 석유와 가스의 근원암이며 투수율이 매우 낮아 석유와 가스 저류층의 덮개암 역할을 한다.

구조: 지층이 비틀어지거나 끊어지는 현상에 대한 연구를 구조지질이라고 한다. 지층이 끊어지는 것은 단층 그리고 구부러지는 것을 습곡이라고 한다. 이런 현상은 매우 다양한 이유로 일어나지만 심해석유탐사에서 가장 중요한 것은 암염의 존재이다. 예를 들어, 멕시코만에서는 오래 전에 암염이 퇴적되었고 그 상부에 다른 퇴적암이 두껍게

퇴적되었다. 암염은 다른 암석에 비해 밀도가 낮아 상승하면서 위에 놓인 지층을 들어 올린다. 이로 인해 단층과 습곡이 형성되며 석유가 집적될 수 있는 트랩이 만들어져 석유가 더 이상 다른 곳으로 이동하지 못하게 된다. 그러나 암염은 저류층 내에서 격 막을 형성하여 하나의 시추공으로 트랩 내의 모든 석유를 추출할 수 없도록 하는 부정 적인 역할도 한다.

단층과 습곡을 형성하는 요인 중 다른 하나는 지각이 대규모로 이동하는 것으로 이 를 판구조운동이라 한다. 지각은 몇 개의 판으로 구성되어 있으며, 각각은 대륙지각 또는 해양지각으로 구성되어 있다. 판은 지구의 맨틀 최상부에서 떠다니며 판의 경계 부분에서 부딪히기도 한다. 두 개의 판이 서로 부딪혀서 밀어주는 경우(지질학자들은 이를 충돌이라고 함) 한 판이 다른 판을 올라타며 이로 인해 산맥이 형성되거나 지진, 화산활동이 일어난다. 이런 지역을 지질학자들은 활성대륙주변부라고 한다. 만약 판들 이 서로 벌어지면 새로운 지각이 형성되고 이런 지역을 비활성대륙주변부라고 한다. 캘리포니아 해안 인근 지역은 북미판과 태평양판이 부딪히므로 활성대륙주변부에 해 당되고, 브라질 해안 인근은 대서양이 열리면서 형성된 비활성대륙주변부에 해당된다. 비활성대륙주변부는 두꺼운 사암 및 셰일이 퇴적되기 좋은 조건이 형성되므로 대규모 의 유전 및 가스전이 발견될 수 있으며, 이에 따라 심해석유가 탐사/개발되고 있는 지 역은 대부분이 멕시코만, 브라질, 서아프리카와 같은 비활성대륙주변부에 해당된다.

이 책에서는 언급되지 않은 다양한 규모의 구조운동에 의한 트랩의 형성도 가능하 다.

속성작용: 퇴적물이 강이나 바다와 같은 곳에 퇴적되면 표층의 온도와 압력을 지닌 다. 지구의 내부 온도는 표층보다 높기 때문에 퇴적물이 묻히면 압력과 온도는 상승하 게 된다. 압력과 온도 그리고 시간이 경과하면서 지질학자들이 말하는 속성작용이 일 어나는데, 이 작용은 여러 가지 긍정적인 영향과 부정적인 영향을 준다. 긍정적인 효과 로는 매몰이 진행됨에 따라 온도 및 압력이 증가하면서 셰일 내에 분포하는 유기물이 석유나 가스로 변하는 점이다. 그러나 매몰이 진행됨에 따라 화학적 작용 또는 기계적 인 압축작용에 의해 공극률과 투수율이 감소하게 된다. 최근에 퇴적되어 매몰심도가 얕은 퇴적물은 온도 및 압력 상승이 약했기 때문에 양호한 저류암이 된다.

유전 및 가스전의 기원(The origin of an oil or gas field)

유전 및 가스전은 지구의 어느 곳에 분포하든 −육상에 분포하거나 해양에 분포하거나, 지표면에서 얕은 곳에 분포하거나 깊은 곳에 분포하거나− 근원암, 저류암, 트랩으로 구성된 세 가지의 중요한 요소가 필요하다(그림 3-3 참조).

근원암: 유기물(대부분이 조류)이 60~100℃에 이르는 심도에 도달하면 석유나 가스로 변하므로 이 지역 인근에 석유나 가스가 분포한다. 석유는 가스보다 낮은 온도에서 형성된다. 유기물이 석유나 가스로 변하면 부피가 증가하면서 암석이 쪼개진다. 공극은 일반적으로 물로 채워져 있다. 탄화수소는 물보다 가벼우므로 생성된 석유는 균열면 혹은 공극을 통해 지표로 이동한다.

저류암: 이 암석의 공극은 물, 석유, 가스로 채워져 있다. 가끔 이 세 종류의 유체가 동시에 채워져 있기도 한다. 공극의 부피는 일반적으로 전체 저류암의 10~30% 정도이며 더 높거나 낮은 경우도 있다. 공극이 서로 잘 연결되어 있으면 탄화수소는 이 공극에서 저 공극으로 이동이 가능하며 결국 시추공까지 이동되어 생산된다. 공극이 서로 연결된 정도를 투수율이라고 하며, 19세기 엔지니어인 다시(Darcy)의 이름을 딴 단위로 표현한다. 양호한 저류암의 투수율은 1/10에서 1/2 Darcy(100~500밀리다시)에 이른다. 저류암의 투수율을 간단히 시험해 보려면 1인치 정도의 직육면체 암석을 입으로 불어서 바람이 통하면 매우 양호한 투수율을 가지는 암석으로 판단하면 된다. 이 경우 투수율은 1 Darcy 이상이다.

트랩: 만약 형성된 석유가 상부로 이동하는 것을 멈출 수 없다면 결국 육지나 해저면과 같은 지표면으로 빠져나가 버릴 것이다. 이 경우 휘발 성분이 대기 중으로 빠져나가면 타르와 같은 비휘발성 석유만 남아 로스엔젤레스에 있는 라브레아(La Brea) 타르전과 같은 것이 형성된다. 전 세계의 바다에서도 이와 같이 석유와 가스가 적은 양이지만 지속적으로 유출되고 있다. 그러나 투수율이 낮은 암석과 적절한 구조의 조합으로 석유나 가스가 더 이상 상부로 이동하지 못하게 되면 저류암에 집적되고, 이 경우 시추를 통하여 석유와 가스를 생산할 수 있다.

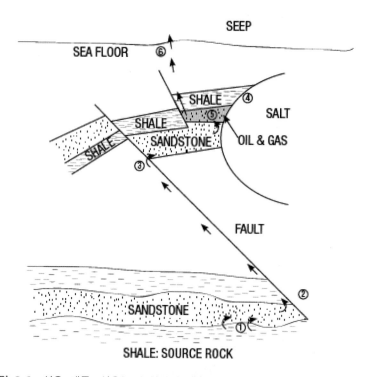

그림 3-3. 석유 계통. 석유는 근원암이 매몰되어 지중온도가 60~100℃되는 심도에서 형성되며(1), 암석 내에 소규모의 균열을 형성한다. 석유는 이 균열을 통해 공극이 있는 사암으로 이동되며 이후 수평으로 이동하여 단층까지 이동되고(2), 그 후 단층을 따라 이동하여 그 상부의 다른 사암으로 이동된다(3). 이때 석유의 일부는 트랩되어(5) 석유저류층이 되며, 일부는 다른 단층을 통해 해저면 혹은 지표면으로 유출된다(6).

멕시코만

앞서 언급한 수많은 지질작용이 조합되어 멕시코만의 심해에서 최초(브라질 해상과 더불어)로 경제성 있는 대규모의 유전 및 가스전이 발견되어 생산되었다. 지질학자는 탄화수소가 발견되고, 개발되어 생산될 수 있다고 추정되는 새로운 지역에 대해 **플레이**(*play*)라는 용어를 사용한다.

상부 신생대(Upper Tertiary)

멕시코만 심해의 플레이에서 저류암은 저탁류에 의해 퇴적된 사암으로 구성되어 있다. 이에 반해 멕시코만의 천해지역(대륙붕 지역)에서 확인되는 유전의 저류암은 삼각주 혹은 삼각주 내부의 강에서 퇴적된 것이다. 삼각주 환경에서 퇴적된 사암은 일반적으로 매우 양호한 공극률과 투수율을 가진다(공극률 : 25~30%, 투수율 : 100-500 밀리다시). 그러나 삼각주 지역의 사암은 삼각주 내의 강 혹은 강어귀 사주환경에서 퇴적되었기 때문에 수평적 연장성이 불량한 것이 특징이다. 멕시코만에서는 단일 시추공으로 생산이 가능한 유역면적은 일반적으로 40에이커로서 이를 기준으로 시추공 간격을 결정한다.

멕시코만의 심해지역에 저탁류로 이동된 사암이 존재한다는 것은 1968~1983년 동안 이 지역에서 수행된 심해시추프로그램(DSDP)을 통해 확인되었다. 저탁류 사암에 석유나 가스가 부존할 가능성이 있다는 플레이 개념은 1970년대에 들어와 도입되어 양질의 저탁류 사암 저류층을 발견하였다. 이 사암의 공극률 및 투수율은 대륙붕 지역의 삼각주 사암과 유사하다는 것이 확인되었다. 그러나 심해 저탁류 사암의 연장성은 매우 중요한 문제이다. 즉, 단일 시추공으로 얼마나 많은 면적에 분포하는 석유를 생산할 수 있는가 하는 것이 매우 중요하다. 심해지역에서는 막대한 개발비용이 필요하므로 유역면적이 40에이커일 경우에는 경제성 확보가 불가능하다.

육상 노두에 대한 심도있는 연구, 시추 코아 분석, 현생 심해환경에서의 저탁류 퇴적물에 대한 천부 탄성파 탐사 연구, 시추공 시험 분석 등을 통해 멕시코만 심해 저탁류 사암 저류층에서는 단일 시추공으로 생산할 수 있는 유역면적이 1,000에이커에 이를 것으로 예측되었다. 이로 인해 1장에서 언급한 바와 같이 1,354피트 수심에 위치한 저탁류 사암 저류층에 석유가 부존하는 불윙클 유전을 1980년에 개발하게 되었다. 저탁류 사암의 유역면적이 넓은 이유는 다음과 같다.

1. 저탁류는 해저면 혹은 소분지라 하는 대규모 침강지에 사암을 퇴적시킨다. 즉, 저탁류 사암은 수천 피트 길이로 퇴적되며, 이는 삼각주 내부의 강이나 강어귀 사주에 비해 수평적 연장성이 매우 양호하다.

2. 멕시코만에서는 대륙붕과 심해지역에서 암염의 형태가 다르게 나타난다. 멕시코만에 퇴적된 암염은 사암층 아래에 분포한다. 대륙붕에서는 융기하는 암염에 의해 암염돔이라 하는 수직으로 놓이는 기둥 형태의 암염이 분포하며, 이 암염의 이동에 의해 인근의 석유 저류층은 여러 개로 찢겨져 단층에 의해 분리된 여러 개의 칸으로 분리된다. 반면 심해 환경의 암염은 불규칙한 표면이 적으며 암염의 상승으로 소분지가 형성된다(그림 3-4 참조). 심해 소분지에서는 단층이 적게 형성되며 이로 인해 유역면적이 넓어진다.

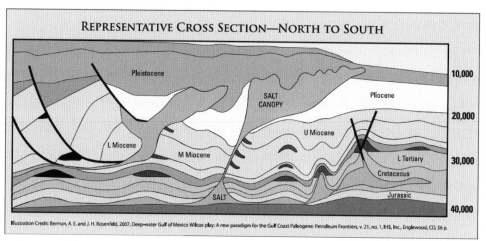

그림 3-4. 멕시코만의 구조와 지질시대를 나타내는 단면도. 저류암의 형태는 오른쪽에서 왼쪽으로 가면서 단층 또는 암염에 의해 혹은 움직이는 암염에 의해 교란되어 다양한 형태로 변한다.)

사암 퇴적층의 지질연대는 상대적으로 젊어 높은 온도나 압력에 의한 속성작용을 받지 않아 공극률과 투수율이 매우 높다. 이와 같은 특성과 수평적 연장성이 양호한 이유로 저류층의 유역면적은 매우 넓어 생산성이 양호하며(하루 40,000배럴 이상), 단일 시추공당 궁극 생산량은 석유의 경우 3,000만 배럴, 가스의 경우 3억 입방피트에 달한다.

멕시코만 대륙붕의 근원암에서는 충분한 양의 석유나 가스가 생성되어 저류층을 충분히 채울 수 있다는 사실이 수년 전에 확인되었으며, 심해지역 근원암에서도 같은 특성을 갖는다는 것이 밝혀졌다. 트랩은 상부에 분포하는 셰일, 단층, 암염 구조에 의해 형성된다. 이와 같은 저류암, 근원암 및 트랩으로 구성되는 지질학적 조건으로 인해 멕시코만에서는 많은 비용이 소요되는 심해 개발이 가능하다. 그러나 석유와 가스를 찾거나 개발하기 위해 많은 비용이 필요하므로 다음에 언급되는 3차원 탄성파 탐사와 같은 첨단 지구물리학적 기술이 필요하다.

하부 신생대의 윌콕스 플레이(Lower Tertiary Wilcox)

멕시코만 심해의 하부 신생대 윌콕스 플레이는 대규모의 트랩으로 구성되어 있다. 이 트랩의 일부는 탄성파 탐사자료를 통하여 확인하기 쉬우나 일부는 암염층이 트랩의 일부 혹은 전체를 덮고 있어 이를 확인하기 위해서는 고도의 탄성파 탐사자료 처리 작업이 필요하다(그림 3-5).

상부 신생대 플레이와 같이 멕시코만에서는 충분한 근원암이 분포하므로 트랩만 있으면 저류층은 석유와 가스로 채워진다. 상부 신생대 지층과 같이 저류암은 저탁류 사암이다. 그러나 하부 신생대 지층은 암염층 아래에 있으며 이로 인해 온도와 압력에 의한 속성작용을 상대적으로 많이 받아 공극률과 투수율은 상부 신생대 지층에 비해 낮은 편이다. 그러나 최근 유정 완결기술의 발달로 생산성이 높아졌다.

석회암은 구조운동에 의해 주변의 암석에 비해 고지대에 위치하는 곳에 퇴적되며, 이로 인해 저류암이 고지대에 위치하여 탄화수소가 이동하고 집적하기 양호한 조건을 가지게 된다. 석회암이 고지대에 위치하는 점, 공극이 매우 잘 발달되는 저류암인 점 그리고 저류암 상부에 분포하는 불투수성 암염 덮개암의 조합이 형성되면 대규모의

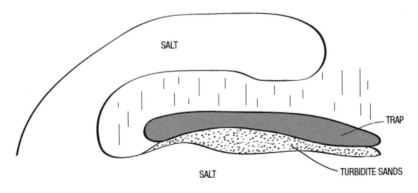

그림 3-5. 멕시코만 하부 신생대 지층의 저류층 상부에 분포하는 암염층

저류층이 형성된다.

다음에서 언급될 중합전 깊이영역 구조보정과 같은 반사 탄성파 처리기술의 발달로 이와 같은 저류층에 대해 정밀한 영상화 작업이 가능하게 되었다. 이와 같은 탄성파 탐사자료의 처리를 위해서는 지질학자, 지구물리학자, 물리검층 전문가 등의 긴밀한 협업이 요구되며, 암염층 하부의 복잡한 트랩을 정밀히 영상화할 수 있는 기술이 필요하다.

브라질

Fred B. Keller, Shell Upstream Americas

해양 탐사(Offshore exploration)

브라질에서의 해양 탐사는 1947년에 시작되었다. 헤콩카부(Reconcavo) 분지 육상의 돔후앙(Dom Joao) 유전에서 평가정 시추를 위해 해상에 시추를 수행하면서 해상 탐사가 시작되었다. 1장에서 언급한 바와 같이 캘리포니아 서머랜드 유전에서 1897년 해상 석유탐사가 수행된 것과 비슷한 방식이었다. 1968년 페트로브라스(Petrobras)사는 수심 80 m에 위치한 Guaricema 유전을 발견하면서 본격적인 해상탐사가 수행되었다.

1970년대에 페트로브라스사는 캄포스(Campos) 분지, 산토스(Santos) 분지, 에스피리토 산토스(Espirito Santos) 분지 등의 200 m 이상의 수심에 시추를 수행하여 수많은 유전을 발견하였다. 이 시추공들은 퇴적층 내의 석유 및 가스 부존가능성뿐만 아니라 근원암, 저류암 및 덮개암의 분포 그리고 관련된 유전 및 가스전에 대한 이해를 위해, 즉 **석유시스템**(*petroleum system*)을 규명하기 위해 시추되었다(볼드체로 표시된 용어는 74쪽의 박스에 있음).

브라질 퇴적분지에서의 석유시스템은 암염층 하부 석유시스템, 암염층 상부 석유시스템으로 구분되며, 각각은 서로 다른 석유 저류암으로 구성되어 있다.

암염층 하부 석유시스템(The pre-salt petroleum system)

이 석유시스템은 과거에 분지의 해수가 증발하면서 형성된 암염 경석고 그리고 다른 광물로 구성된 증발암 하부에 나타나는 것이 특징이다(그림 3-6 참조). 소위 "암염"이라 불리는 이 지층은 브라질과 서아프리카에 이르는 대서양 양측에서 어느 정도 연속성 있게 분포한다. 브라질 해안의 북부 지역인 적도 인근에서는 이 암염층이 나타나지 않는다. 암염층 하부에는 백악기 이후(1억 4,500만 년 전 이후) 아프리카와 남아메리카 대륙이 판구조 운동에 의해 분리되면서 대서양이 형성되는 과정에서 침강된 열개분지(rift basin)의 중앙부에 유기물이 풍부하고 열적성숙도가 양호한 근원암이 퇴적되었다. 암염층 하부에서 석유를 집적하는 저류암은 크게 두 가지로 구분된다.

- **쇄설암**: **사암**(sandstone) 또는 **역암**(conglomerate)으로 구성되어 있으며 이는 열개분지 주변의 산맥이 침식되면서 형성된 것이다.
- **탄산염암**(공극이 양호하게 발달된 **석회암**(limestone)과 **돌로마이트**(dolomite): 산맥 주변부나 정상 부분이 침강하면서 해침 현상이 일어나 천해 환경으로 바뀌는 지역에서 퇴적된 것으로, 그 상부에는 사암 또는 다른 퇴적물에 의해 덮이게 된다.

저류암 상부에는 암염층이 분포하므로 상부 덮개암 역할을 하여 저류암에 탄화수소가 집적되게 된다. 더 깊은 곳에서는 셰일 또는 불투수성 석회암과 저류암이 교호하는 지층과 단층이 접촉하는 지점에 석유나 가스가 집적되기도 한다.

산토스 분지와 캄포스 분지의 해상에서는 암염층 하부의 석회암이 현재의 대륙붕단

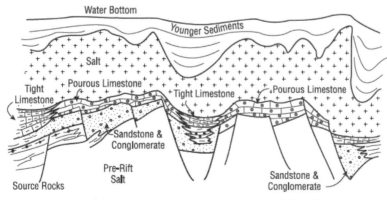

그림 3-6. 브라질 해상의 암염층 하부 석유시스템

석유지질에서 자주 사용되는 중요한 용어

- **석유시스템**: 성숙된 근원암(석유를 방출)과 방출된 석유가 이동 및 집적되기 위한 지질학적 요소가 나타나는 구간. 석유시스템을 이해하면 분지의 어느 지점, 어느 구간에서 석유나 가스가 나타나는지 이해할 수 있음.
- **쇄설성 퇴적물**: 암석의 조각으로 이루어진 퇴적물로 다른 지역에서 이동되어 다시 퇴적되면서 다른 암석을 형성됨. **쇄설물**(*clasts*)은 퇴적물을 구성하는 각각의 입자를 지칭.
- **역암**: 쇄설성 퇴적암의 일종으로 자갈 크기의 둥근 암석으로 구성되어 있음. 입자들 사이의 공간은 작은 입자들 혹은 이 입자들을 서로 붙어있게 하는 화학적 교결물질에 의해 채워져 있음.
- **탄산염암**: 주로 탄산칼슘($CaCO_3$, 석회암) 또는 탄산마그네슘칼슘($CaMg(CO_3)_2$, **돌로마이트**)로 구성된 퇴적암. **석회암**(*limestone*), **돌로마이트**(*dolomite*), **쵸크**(*chalk*)는 탄산염암에 포함됨. 탄산염암이 파쇄되면 쇄설물이 되기도 함. 주로 해수에서의 침전, 산호초, 조류 또는 다른 유기물의 활동으로 인해 형성됨.
- **셰일**: 세립의 점토 또는 실트질 입자로 구성된 암석으로 상대적으로 얇으나 불투수성을 보임. 셰일 내에는 양호한 근원암 역할을 할 수 있는 수 % 정도의 유기물이 포함되어 있음. 셰일은 세립의 입자로 구성되어 있어 탄화수소 트랩에서 양호한 덮개암 역할을 함.
- **암염 다이어피어**: 두꺼운 암염은 변형되기 쉬운 가소성 물질로서 부력에 의해 상부의 암석을 뚫고 올라오게 됨. 암염 다이어피어는 단층을 형성하거나 암염돔 혹은 다른 형태를 보이며, 이로 인해 양호한 석유트랩을 형성함.
- **입자암**: 석회암의 일종으로 입자와 함께 스파(spar)로 불리는 교결 물질로 구성되어 있음.
- **온콜라이트 및 어란석**: 내부에 탄산염암으로 구성된 동심원상의 성장 구조가 보이는 구형 혹은 달걀 형태의 입자로 구성된 암석.
- **속성작용**: 초기에 퇴적된 이후 퇴적물이 물리적, 화학적, 생물학적 변화를 겪는 현상. 특히 유기물이 석유나 가스로 변하는 현상과 관련이 있음.

바깥(현재 해안선에서 약 200 km 내외의 거리, 약 2,000 m 정도의 수심)에 잘 발달되어 있다. 이런 분포는 일반적인 열개분지에서 나타나는 것과는 다르다. 열개분지가 형성될 때 이 석회암 저류층은 해빈이나 천해 사주와 같은 고에너지의 천해 환경에서 퇴적되어 강한 파도나 조류의 영향을 받아 입자가 큰 퇴적물만 퇴적되고, 세립의 점토나 석회질 퇴적물은 다른 곳으로 이동되었다. 유수에 의해 세립의 점토나 실트가 쓸려나가는 현상을 **키질효과**(*winnowing*)라 하며, 이로 인해 굵은 입자의 석회질 입자만 해빈이나 사주에 퇴적되게 된다. 이 암석은 **입자암**(*grainstone*)으로 불리며 이 입자가 큰 바다생물의 껍질로 이루어져 있는 경우 패각암(coquina)으로 불린다. 이 암석의 입자는 딱딱한 특정 종류의 달팽이 및 이매패(二枚貝: 조개와 갑각류)류의 둥근 조각들로 이루어진 경우가 많으며, 이는 전형적인 바다 환경에서 살았던 생물이 아니다.

이 퇴적물에 산호초와 같은 전형적인 해양성 생물의 흔적이 없는 것으로 보아 지질학자들은 외해와 단절된 지역 또는 대규모의 호수환경에서 퇴적된 것으로 추정한다. 일부 공극이 양호하고 투수율이 좋은 암석은 미생물에 의해 형성되며, 매몰 중 화학적 작용(**속성작용**(*diagenesis*))에 의해 부분적으로 공동(vug)으로 불리는 대규모 공극이 다량으로 발달된 양호한 저류암이 분포한다(그림 3-7 참조). 이와 같은 퇴적물은 현생 환경에서 해수의 순환이 불량한 조간대 지역, 호수 혹은 얕은 만과 같은 곳에 분포한다(예 : 호주의 Shark Bay). 습곡의 주변부 혹은 단층면 인근에서 응력에 의해 이와 같은 석회암 내에 파쇄대가 형성되면 저류암 내의 공극 혹은 공동이 서로 연결되어 매우 양호한 투수율을 가지는 저류암이 형성된다.

그림 3-7. 현생 호수 환경에서 나타나는 미생물로 구성된 석회암으로 공동이 잘 발달하고 있다.

최근에 산토스 분지와 캄포스 분지의 암염층 하부 석회암에서 석유와 가스가 집적된 것이 확인되었다. 그중 일부 유전은 현재까지 확인된 유전 중 가장 큰 것 중 하나이다. 예를 들어, 산토스 분지의 튜피(Tupi) 유전은 암염층 하부의 석회암에서 석유가 발견되었으며, 개발사인 페트로브라스사에 의하면 궁극 매장량이 50~80억 배럴에 달하는 것으로 발표되었다. 궁극 매장량은 저류층에 트랩된 석유나 가스의 총량(부존량)의 일부로 **회수가 가능한**(*recoverable*) 석유나 가스를 말하며, 일반적으로 저류층에 부존하고 있는 양의 40% 이하이다. 나머지 석유는 암석의 입자에 단단히 붙어있어 생산이 불가능하다. 이와 같이 심부에 매몰되어 있거나 특이한 저류층에서 석유를 탐사하기 위해서는 저류암에서 효과적으로 석유를 추출하기 위한 다양한 생산 기술을 적용하는 것이 중요하다. 석유의 회수율을 높이게 되면 확인된 유전을 보다 효과적으로 개발할 수 있으며, 이로 인해 심해 지층의 석유 탐사가 더욱 매력적이게 된다. 최신 생산기술을 적용하여 회수율을 단지 몇 %만 증가시켜도 유전의 크기에 따라 수천만 배럴에서 수억 배럴의 석유를 더 생산할 수 있다.

암염층 상부 석유시스템(The post-salt petroleum system)

브라질의 대서양 주변부에 위치하는 암염층 상부 석유시스템은 광역적으로 분포하는 암염층의 상부에 분포하며, 남대서양이 확장되는 기간 중에 전형적인 해양의 대륙

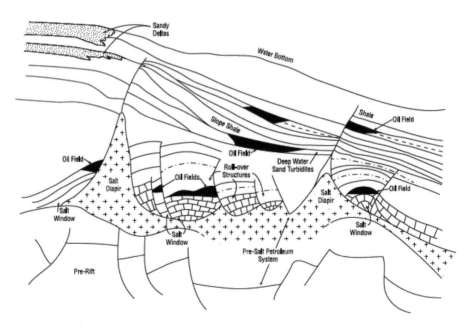

그림 3-8. 브라질 해상에서의 암염층 상부 석유시스템. 암염창을 통해 암염층 하부에서 생성된 석유가 암염층 상부의 저류암으로 이동한다. 상부의 젊은 퇴적층도 근원암, 저류암 및 트랩을 형성한다.

붕 혹은 대륙사면 환경에서 퇴적된 것이다. 암염층 상부 석유시스템은 크게 두 개의 단위로 구분된다.

- 천해 환경의 석회암으로 암염층 꼭대기에 위치하는 입자암
- 다양한 석유 및 가스의 트랩으로 구성된 상부의 쇄설성 사암 저류층

이 석유시스템의 구조 트랩은 **암염 다이어피어**(*salt diapirs*)와 '롤 오버' 구조와 관련이 있으며(그림 3-8), 퇴적물 하중에 의해 암염이 상부로 움직이면서 일어난 지속적인 단층 및 습곡작용으로 형성된 것이다. 이외에도 쇄설성 저류암으로 구성된 많은 유전에서는 층서 트랩이 나타난다. 유전의 상부 경계는 경사진 층의 상부에서 사암의 두께가 감소하여 사라지는 경계면과 일치한다. 석유나 가스는 암염층 퇴적 이후에 형성된 수많은 근원암에서 생성되어 이동된 것이거나, 암염층 하부의 근원암에서 생성된 석유가 암염층 내의 단층을 통해 새어나온 것, 암염층 내의 '창'을 통해 새어나온 탄화수소가 집적된 것이다. 이와 같은 '창'은 암염이 매우 얇거나 없는 지역에서 나타난다. 분지의 가장자리에서 암염이 퇴적되지 않았거나 암염이 상부 퇴적물의 하중에 의해 모두 다른 지역으로 빠져나간 곳에서 이와 같은 '창'이 나타난다.

암염층 상부 석유시스템에서 **석회암**(*limestone*)은 백악기 동안 남대서양이 확장되면서 나타나는 전형적인 해양 환경에서 퇴적된 것이다. 석회암에는 모래 크기의 **어란석**(*oolite*)과 **온콜라이트**(*oncolite*)가 다량으로 분포한다(그림 3-9 참조). 이 석회암은 깨끗하고 분급이 양호하며, 매몰과정에서 화학적 작용으로 변형이 되지 않았을 경우 양호한 저류암 역할을 한다. 1974년 캄포스 분지의 가루파(Garoupa) 유전에서 이와 같은 암염층 상부에 분포하는 석회암에서 석유가 발견되었다. 이후 캄포스 분지에서 천해 지역과 현생 대륙붕단 바깥의 심해지역에서도 이와 같은 저류암 형태를 가지는 여러 유전이 확인되었다. 남대서양의 서아프리카 지역에서도 비슷한 시기에 비슷한 퇴적환경에서 퇴적된 퇴적물이 있을 것으로 추정되며, 앙골라 해상의 카빈다(Cabinda) 석회암이 이와 같은 것으로 추정된다.

암염층 상부에 분포하는 **석회암** 위에는 보다 젊은 시기에 퇴적된 사암 저류층과 **셰일**(*shale*) 덮개층이 교호하고 있다. 이 퇴적암은 사암으로 구성된 삼각주가 바다쪽으로 또

는 육지쪽으로 이동하면서 퇴적되었고, 심해 저탁류 사암은 저해수면 시기에 퇴적된 것이다. 대규모로 해수면이 하강하면(해퇴) 해안선이 바다쪽으로 이동하며, 이때 대규모의 삼각주를 통해 대륙붕단에 다량의 모래가 공급된다. 대륙붕단의 모래는 하도(channel) 형태를 보이거나 판상의 형태를 보이는 저탁류에 의해 심해의 사면 및 분지로 이동된다. 반면 해수면이 상승하면(해침) 해안선은 육지쪽으로 이동하고, 대륙붕의 대부분과 심해지역은 수심이 급격히 깊어지면서 넓은 지역에 세립질 퇴적물 또는 셰일이 퇴적된다. 이와 같은 셰일은 사암층 상부에 수 매의 덮개층을 형성한다. 브라질에서 대규모 유전 중 일부는 이와 같은 저탁류 퇴적층과 상부의 덮개암으로 구성되어 있으며, 브라질 해상광구에서 현재 생산되고 있는 유전 및 가스전의 대부분을 차지한다. 이와 같은 석유시스템을 가지는 유전은 1975년 페트로브라스사에 의해 처음으로 발견된 나모라도(Namorado) 유전이며, 그 후 알바코라(Albacora, 1984), 말림(Marlim, 1985), 알바코라 레스테(Albacora Leste, 1986), 말림 술(Marlim Sul, 1987), 말림 레스테(Marlim Leste, 1987), 론카르도(Roncador, 1996) 유전이 차례로 발견되었다. 이 유전들은 대부분 층서트랩이다.

이 유전들을 탐사할 때 탄성파 반사면에서 강한 진폭을 보이는 '명점(bright spot)'

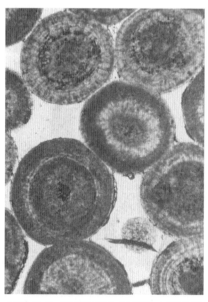

그림 3-9. 어란석으로 구성된 석회암의
현미경 사진

혹은 음원－수진기 거리에 따른 진폭 변위(AVO 진폭 이상)를 보이는 반사파를 파악하여 저류암에서 탄화수소의 존재유무를 파악하게 된다(이 장의 지구물리 부분 참조). 이후 이 지점에서 시추를 통하여 탄화수소가 분포하는 저탁류 저류암을 확인한다. 이 외에 시추와 생산기술의 발달은 －수평시추, 해저 및 부유식 생산설비－ 이와 같은 심해지역에서 석유를 생산하기 위한 결정적인 요소이다.

서아프리카

Tim Garfield, Exxon Mobil E & P

해양 탐사 역사(Offshore exploration history)

1960년대 들어와 서아프리카 해안 인근의 천해에서 시추가 시작되어 나이저(Niger) 삼각주, 가봉, 콩고 등의 지역에서 성공적으로 해상 탐사가 이루어졌다. 1965년에 나이지리아의 천해에서 생산이 시작되었으며, 이후 서아프리카 해상에서 수백 개의 유전 및 가스전이 발견되어 생산되고 있다.

서아프리카 지역의 심해에서는 천해의 유전 발견 이후 30년이 지나서 탐사에 성공하였다. 심해 유전은 수심이 300 m 이상인 지역에서 고품질의 탄성파 탐사자료를 사용하여 발견되었으며, 멕시코만과 브라질의 심해에서 사용된 것과 같은 최신의 심해 시추장비 및 생산장비가 활용되었다.

심해에서는 1995년 적도기니의 해안선에서 40마일 떨어진 나이저 삼각주의 동쪽 끝부분에 위치한 모빌(Mobil)사의 자피로(Zafiro) 광구에서 처음 발견되었다. 생산은 발견한지 18개월 후에 시작되었으며 심해 하도 환경에서 퇴적된 사암이 주 저류암이다. 최대 하루 30만 배럴의 매우 높은 생산성을 보이며, 궁극 생산량은 6억 배럴에 이른다.

1996년 쉘/엑손/토탈/이엔아이(Shell/Exxon/Total/ENI)사는 해안에서 120 km 떨어진 1,000 m 이상의 수심에 위치한 나이저 삼각주의 중서부 지역에서 봉가(Bonga) 유전을 발견하였으며, 이후 보시(Bosi, 1996), 에흐라(Ehra, 1998), 아그바미(Agbami, 1998) 유전이 차례로 발견되어 서아프리카 지역은 국제적인 규모의 유전지대로 각광을 받았다.

1996년 엘프 아퀴테인/엑손/비피/스타토일(Elf Aquitaine/Exxon/BP/Statoil)사는 기라솔(Girassol) 유전을 발견하였다. 이 유전은 앙골라와 콩고의 해상에 위치한 지질학적으로 Lower Congo 분지에 해당되는 지역에서 처음으로 발견한 대규모의 심해 유전이다. 이후 시추를 통해 인근 지역에서 달리아(Dalia) 유전을 발견하였으며, 수 개의 소규모 유전도 발견되었다. 1997년 쉐브론(Chevron)과 파트너사는 쿠이토(Kuito) 유전을 발견하였으며, 엑손과 파트너사는 키싼예(Kissanje) 유전을 발견하였고, 이후 훙고(Hungo), 디칸자(Dikanza), 마림바(Marimba) 등의 유전과 기타 소규모 유전들이 지속적으로 발견되었다.

초기에 발견된 심해 유전은 궁극 회수가능 생산량이 각각 수십억 배럴에 이를 정도로 대규모이다. 시추를 통하여 확인된 바에 의하면 서아프리카 지역은 두 개의 주요 석유시스템-심해 나이저 삼각주 석유시스템과 앙골라와 콩고의 해상에 위치하는 Lower Congo 분지 석유시스템-으로 구성되어 있으며, 이 두 개의 석유시스템에서는 신생대 해양성 근원암에서 상당량의 석유가 생성된 것이 확인되었다. 1990년대 중반의 탐사 성공 이후 서아프리카의 300 m 이상의 수심에서 수십 개의 유전이 발견되었다. 서아프리카 지역은 현재 지구상에서 탐사와 생산이 가장 활발하게 이루어지고 있는 지역이다.

지질사(Geologic history)

서아프리카와 브라질 동부 해안의 해상은 심해에서 가장 많은 생산이 이루어지는 지역으로 지질학적 특성은 매우 유사하다. 초기 중생대(2억 5,000만 년 전) 동안 남아메리카 대륙과 아프리카 대륙은 '곤드와나'(Gondwana)라고 하는 초대륙의 일부로서 서로 붙어 있었다. 초기 백악기(1억 4,500만 년 전)에 들어와 두 대륙은 판구조 운동에 따라 갈라지면서 대규모의 열개분지가 형성되었다. 열개단계의 분지에서는 호수가 형성되었으며, 이 호수 환경에는 조류로 이루어진 풍부한 유기물 퇴적물이 형성되어 이후 근원암 역할을 하게 되었다(호수 환경에서 녹조 혹은 적조 현상이 일어나면 조류가 풍부한 유기물이 퇴적됨).

지속되는 열개분지의 확장으로 아프리카 대륙과 남아메리카 대륙이 분리되면서 대륙지각의 두께는 얇아지고 결국 해양지각이 형성되면서 남대서양이 확장되기 시작하였다. 소금기를 지닌 해수는 남측의 월비스해령(Walvis Ridge)으로 불리는 천해 대륙붕을 통해 이 침강지로 공급되었다. 북쪽에 위치한 빠른 속도로 침강하는 열개분지와 남쪽의 해양환경 사이에는 이와 같은 얇은 융기부가 있어 해수의 원활한 순환이 제한되었다. 이 시기(1억 1,200만~1억 2,500만 년 전)의 기후는 사막과 같이 매우 건조하였다. 얇은 융기부에 가로막힌 분지에서 해수가 빠른 속도로 증발하면 해수의 염도는 매우 높아져 소금이 침전된다. 이로 인해 두꺼운 암염층이 퇴적되었으며 이 암염층은 서아프리카와 브라질에서 석유가 생산되는 지층 아래에 소위 **암염층 하부**(*pre-salt*) 지층을 형성하였다. 이 두꺼운 암염은 상부의 두꺼운 퇴적물에 의해 하중을 받으면 플라스틱과 같아지게 된다. 암염의 이동으로 인해 상부의 퇴적층은 산맥 혹은 돔의 형태로 변형되고 이로 인해 앙골라와 브라질 해상에 분포하는 많은 유전과 가스전이 형성되었다(그림 3-10).

그림 3-10. 브라질과 서아프리카 유전의 유사성

해양지각이 지속적으로 확장함에 따라 두 대륙은 완전히 분리되며 남대서양 분지가 형성되었다. 두 대륙의 경계부에서는 좁은 대륙붕이 나타나며, 넓은 대륙사면과 심해 (3,300~13,000 ft) 환경이 발달하였다. 대서양의 양쪽에서 초기 백악기 말 이후 심해환 경이 유지되었다. 육상의 강에서 공급된 퇴적물은 이 심해 환경에 사암, 셰일 및 유기 물을 포함하는 이암을 퇴적시켜 석유나 가스가 집적되는 저류암, 덮개암 및 근원암을 형성하였다.

기라솔(Girassol), 자피로(Zafiro), 봉가(Bonga) 등과 같은 서아프리카의 유전에서 확인되는 석유와 가스는 신생대의 올리고세에서 마이오세(3,500만~500만 년 전)에 이 르는 시기 동안 남대서양의 깊은 해저면에서 퇴적된 사암의 공극에 분포하고 있다. 이 와 같은 형태의 퇴적층은 이 유전의 발견이 이루어지기 전까지 잘 알려지지 않았다.

탐사경험(Exploration experience)

심해에서의 저탁류 사암 퇴적 모델은 그 당시의 구할 수 있는 자료에 따라 달라진 다. 이로 인해 심해 사암의 특성과 분포를 예측하기 위한 지질학자의 개념은 제대로 확립되지 못하였다. 심해 저류층의 전통적인 퇴적 모델은 멕시코만에서 확립된 심해선

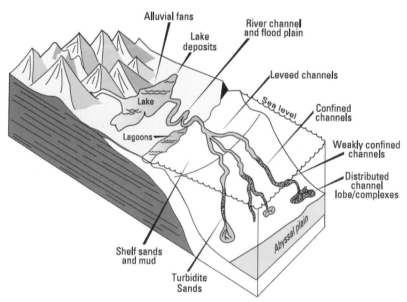

그림 3-11. 서아프리카의 심해 하도로 이루어진 심해 선상지 퇴적 모델

상지 모델로서 심해 협곡의 끝부분에서부터 동심원을 그리며 방사상으로 분포하는 퇴적모델이다(그림 3-11). 이 모델은 심해선상지의 하부로 갈수록 점차 저류사암의 두께가 얇아진다는 개념이다.

이 모델은 서아프리카에서 탐사 시추 결과와 여러 면에서 일치하지 않는 부분이 발견되었다. 기라솔 유전과 자피로 유전에서 시추한 결과 전통적인 퇴적 모델과는 달리 퇴적물의 수평적 변화가 심하다는 점이 확인되었다. 최신 고해상도 3차원 탄성파 탐사자료, 시추공 자료, 코아 자료를 종합한 결과 전통적인 심해 선상지 퇴적 모델과는 매우 다른 퇴적작용과 복잡한 저류암 및 덮개암의 분포를 보이는 것이 확인되었다.

서아프리카 대부분의 심해저류층은 심해의 강과 개울을 채우고 있는 지형을 보인다. 이 심해의 강과 개울에 대한 연구는 기라솔 유전과 자피로 유전이 발견된 이후 기업과 학계에서 심도 있게 수행되었다. 이 지층은 퇴적물을 포함하는 유수가 중력에 의해 이동되는 저탁류에 의해 퇴적된 것으로 이해되고 있다.

저탁류는 대륙붕단까지 이동된 퇴적물이 사태, 폭풍 혹은 강물의 급격한 유입 등에 의해 또 다시 심해로 이동되어 퇴적되는 작용이다. 유수에는 다량의 퇴적물이 포함되어 있어 밀도가 크며, 이에 따라 중력에 의해 해저면을 따라 사면하부로 매우 빠르게 이동하게 된다. 이런 현상은 상물에 다량의 퇴적물이 포함된 경우 중력에 의해 사면하부로 이동되는 현상과 유사하다. 사면의 경사가 충분하면 이 저탁류는 자갈 또는 왕자갈 크기의 역암을 심해로 이동시키기도 한다. 이 유수는 육상의 강과 같이 심해의 해저면을 침식하여 강을 만들고 제방을 형성하며, 육상과 같은 사행천이 나타나기도 한다(그림 3-11). 모래는 심해 하도의 깊은 부분에 퇴적되거나 자연제방에 퇴적되어 저류층을 형성한다. 이와 같은 심해 하천이 우세한 지역에서 형성된 저류층은 그림 3-2에서 제시된 심해선상지 모델에 비해 더 하류 쪽에서도 분포하게 된다.

서아프리카에서는 사암 저류층과 셰일 덮개암이 심해 하도에서 퇴적되어 복잡하게 나타나므로 고해상도의 3차원 탄성파 탐사자료를 통한 해석이 필요하다. 이 자료의 해상도는 수 m 정도에 달하며 지질학자는 이 자료를 통해 지하 지층에서 오래된 하도의 경로를 영상화하여 모델을 개발할 수 있게 되었다. 이 모델을 사용하여 생산정과 물주입정의 위치를 확정하며, 생산정의 저류층에서 석유나 가스를 생산하기 위한 최대 생산반경을 정할 수 있다. 이를 통하여 시추공의 수를 줄이고, 시추공당 생산성을 향상시키면 석유의 회수율이 증진되며, 결국 경제성 확보에 기여하게 된다.

호주 북서부

Dr. Stephen O. Sears, chair, Department of Petroleum Engineering,
Louisiana State University

호주 북서부의 엑스머스 고원(Exmouth Plateau)은 지금까지 고찰한 지역과는 전혀 다른 새로운 플레이 개념의 심해 저류층에서 탐사된 것이다. 이 지역의 탄화수소는 대부분이 가스이다. 저류암은 강, 삼각주 환경에서 퇴적되었거나 저탁류로 이동된 사암이다. 저류층은 멕시코만, 브라질의 암염층 하부 및 서아프리카의 신생대 암석에 비해 매우 오래된 것으로, 2억 년 전에 퇴적된 것이다. 산호초로 이루어진 석회암이 주변의

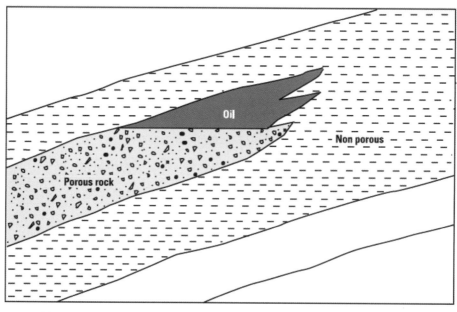

그림 3-12. 층서트랩은 단층이나 습곡과 같은 구조가 필요하지 않으며, 저류암과 불투수성의 암석이 동시에 인근 지역에 퇴적되면 형성된다.

이질 석회암 및 돌로마이트에 의해 둘러싸인 저류구조도 이 지역에서 나타난다.

호주 북서부의 트랩은 전형적인 층서트랩도 포함하며 이는 불투수성의 셰일층이 공극이 있는 저류사암을 둘러싸고 있어 석유의 이동이 봉쇄되는 구조이다. 층서트랩은 공극이 있는 사암이나 석회암이 이질 퇴적물(셰일 혹은 이질 석회암) 옆에 동시에 퇴적되는 경우에 나타난다(그림 3-12). 퇴적층이 매몰되고 약간의 융기작용이 일어나거나 기울어지면 사암 저류층 옆에 퇴적된 이질 퇴적물은 탄화수소의 이동을 막아 트랩이 형성된다. 이와 같은 트랩은 구조트랩에 비해 탄성파 탐사자료에서 파악하기 매우 힘들지만 만약 발견하면 일반적으로 대규모이다.

탄성파 자료

Michael C. Forrest, Geophysicist, Shell Oil (retired)

탄성파 자료, 특히 3차원 탄성파 탐사자료는 심해 탐사를 성공적으로 할 수 있는 필수적인 자료 중의 하나이다. 드릴 비트가 목표심도까지 도달하기 전까지는 누구도 지층구조를 확인할 수 없다. 심해 시추는 1억 달러 이상의 비용이 들기 때문에 신중해야 하며 탄성파 자료는 시추되기 전에 성공가능성 예측을 높이는데 있어 획기적으로 확인할 수 있게 해준다.

탄성파 자료를 이해하고 평가하는 일은 석유/가스를 발견하고 생산하는 과정에 있어서 다른 어떤 과정보다도 어려운 일이지만 탄성파 전문가들－지구물리학자, 지질학자, 수학자, 컴퓨터 전문가 그리고 전공을 탄성파 분야로 활용하는 과학자－은 탄성파 자료를 활용하는 기술을 알고 있다. 여기에서 전반적으로 탄성파 탐사를 다루기는 어렵지만 원리와 전문적인 학술용어와 관련하여 간단하게 살펴 보고자 한다.

탄성파 자료는 4단계로 구성된다. **자료취득**(*acquisition*), **자료처리**(*processing*), **디스플레이**(*display*) 그리고 **자료해석**(*interpretation*)을 들 수 있다. 석유회사는 보통 탄성파 자료취득과 초기 자료처리 그리고 디스플레이를 외주에 의존한다. 마지막 자료처리는 탄성파 지층구조를 잘 나타낼 수 있는 서비스 회사에 의존한다. 그러나 일부 석유회사는 자체적으로 유망구조의 대부분을 확인하기 위한 자료처리와 디스플레이를 수행하기도 하고, 일부 석유회사는 소규모 서비스회사에 의존하기도 한다.

자료취득(Acquisition)

탄성파 자료취득 목적은 지하구조를 보여 줄 수 있는 탄성파 자료를 취득하는 단계를 말한다. 해양 탄성파 탐사에서 탄성파 반사신호를 기록하는 수진기에 해당하는 장치를 **스트리머**(*streamer*)라고 한다. 스트리머는 진동 신호를 기록할 수 있는 수진기가 들어있는 플라스틱 튜브 형태로 되어있고, 보통 8~9 km 길이로 되어 있다. 탄성파 탐사선(그림 3-13)은 뒤편에서 스트리머를 끌고 진행하면 자료를 취득한다.

스트리머는 해수면 아래에 5~7 m 깊이에 위치하고 해수면에는 눈에 띄는 표식이 되어 있다. 또한 케이블을 따라가기 위해 간헐적으로 표식을 해놓은 경우도 있는데, 이는 케이블을 끊어질 위험이 있거나 탐사측선을 가로질러 가려할 때 탐사선에 경고하기도 한다.

그림 3-13. 탄성파 탐사선 Seisquest호

각 스트리머는 수천 개의 하이드로폰(압력변화 기록장치)을 포함하고 있다. 또한 탐사선은 음원 역할을 하는 공기통(air cans) 또는 에어건(air guns)을 탐사선 뒤편에서 짧은 거리에 두고 끌고다닌다. 에어건은 압축공기로 채워져 있고 갑자기 압력을 제거할 때 풍선이 펑하며 터지는 것처럼 폭발음과 함께 압축공기를 배출한다. 이와 같은 과정으로 고전적인 탄성파 자료 취득이 이루어진다(그림 3-14).

에어건에서 발생한 음향파는 방해받지 않고 물속을 통과하여 아래로 진행한다. 해저면을 지나 지하 지질구조를 통과하면서 음향파는 해저면 하부의 다양한 지층 경계면 사이에서 반사되고, 반사된 신호를 기록하는 하이드로폰이 있는 해수면으로 되돌아온다. 각 하이드로폰은 다른 각도에서 반사되어 오는 탄성파 신호음을 기록한다. 지층이 깊을수록 하이드로폰에 도달하기 위해 더욱 긴 반사가 발생하는데, 지하지질의 다양한 지층은 다른 음향학적 특성을 지니기 때문에 반사파 신호음은 매우 중요하다.

각 지층 고유의 속도와 밀도는 반사파의 강도에 영향을 끼친다. 기록된 탄성파 신호음은 여러 가지 다른 방식으로 나타낼 수 있는데 검정색 물결선으로 표시하는 경우와 컬러 색깔로 탄성파 단면을 표시하는 경우가 있다. 그림 3-15에 있는 탄성파 단면도에서 가로축은 탄성파 음원이 발파한 지점으로 거리를 나타낸 것이고, 각각 수직으로 기록된 신호음 하나하나를 **탄성파 트레이스**(*seismic trace*)라고 하며, 각 트레이스는 강도 또는 진폭으로 반사파 신호음의 세기를 나타낸다. 세로축은 반사파가 기록된 왕복 주시(traveling time)를 나타낸다.

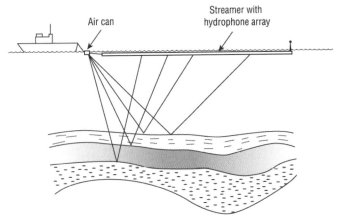

그림. 3-14. 해양탄성파 탐사 자료취득

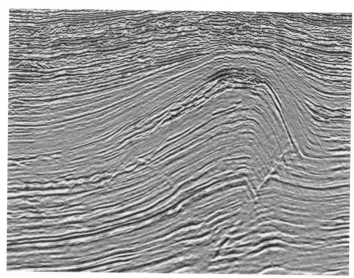

그림 3-15. 서부 나이저 삼각주 지역의 탄화수소 직접탐지 결과를
표시한 2차원 상반 배사구조 탄성파 단면도

탄성파 송신원은 탐사 목표지역에서 탄성파 탐사선에 있는 압축기를 이용하여 에너지를 여러 번 송신한다. 기록된 신호음은 수백만 배 더해진다. 탄성파 반사주시는 퇴적층의 속도에 따라 변하는데 어떤 지역에서는 3,000 m를 전파하는데 약 3초가 걸리기도 한다. 심해탐사에서 전형적인 탄성파 기록시간은 약 12초 정도로 한다.

탄성파 탐사선 뒤편에 직선으로 달려 있는 하이드로폰은 선형으로 되어 있기 때문에 탄성파 자료는 2차원 형식으로 기록된다. 반사파는 주로 스트리머 케이블 아래로부터 도달한다. 3차원 자료를 취득하기 위해서 탄성파 탐사선은 여러 개의 스트리머를 평행하게 끌고 간다. 자료처리하는 동안 스트리머 케이블에 평행하게 기록된 자료는 보통 탄성파 큐브라고 하는 3차원으로 연속된 블록 형태로 변환된다.

현대 탄성파 케이블은 반사된 음향파를 케이블 안에 있는 특수한 모듈을 이용하여 디지털 자료 형식으로 변환한다. 디지털 자료는 탐사선 기록실로 전송되는데 보통 3차원 탐사자료량은 수 테라바이트 자료를 기록하고 저장된다(바이트, 킬로바이트, 메가바이트, 기가바이트 그리고 테라바이트 또는 10^{12} 단위). 자료처리에는 탄성파 자료처리만을 위한 슈퍼 컴퓨터가 필요하고 계산능력이 페타바이트(10^{15})를 처리할 수 있는 컴퓨터를 필요로 하는 시대로 접어들었다고 할 수 있다.

방위각 탄성파 탐사(Azimuthal seismic)

방위는 별과 관련된 연구분야인 우주물리학과 석유/가스를 탐사하는 지구물리학을 포함하여 3차원시스템에서 위치 매개변수를 말한다. 이것은 (x, y, z) 3차원 좌표계에 있는 한 지점에서 다른 지점까지 각도를 측정하는 것을 말한다.

에어건 폭발 후 탄성파 신호음은 발파지점에서 360도 주위로 전파되어 수진기(하이드로폰)에 기록된다. 탐사선은 목표지점을 여러 번 지나가면서 자료를 취득한다. 그림 3-16은 다양한 방위에서 자료를 많이 또는 효과적으로 취득하기 위한 4가지 방법을 보여 준다. 여러 방위에서 취득한 탄성파 반사파 자료는 복잡하고 긴 자료처리 과정을 거쳐서 지층단면도가 만들어진다.

- **단순방위 탄성파 탐사(Narrow Azimuth Seismic: NAZ)**: 전통적인 3차원 탐사 방법으로 한 척의 탐사선이 여러 개의 스트리머를 끌고 다니는 경우로 30~60 m 떨어진 곳에 해수면 바로 아래 스트리머 케이블에서 주 반사파를 기록하는 방식
- **다중방위 탄성파 탐사(Multi-Azimuth Seismic: MAZ)**: 한 척의 탐사선이 탐사 지역을 여러 방향으로 지나다니면서 자료를 기록하는 방식
- **광역방위 탄성파 탐사(Wide Azimuth Seismic: WAZ)**: 2척의 탐사선이 여러 개 스트리머 케이블을 끌고 다니고 중간에 있는 세 번째 탐사선을 음원으로 활용하여 자료를 취득하는 방식. 스트리머를 9~12 km까지 펼칠 수 있는 방식이다. 한 척의 탐사선이 여러 번 지나다니면서 자료를 취득하는 방식도 있다.
- **리치방위(Rich Azimuth: RAZ)**: 한 척의 탐사선이 탐사 대상지역을 여러 차례 원형으로 다니면서 자료를 취득하는 방식. 자료처리 영상품질이나 취득자료 양, 자료취득 범위는 검증하고 있는 단계에 있다. 자료취득이나 처리에 많은 비용

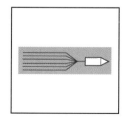
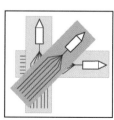
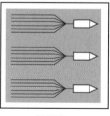
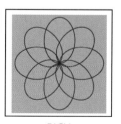

SINGLE AZIMUTH   MULTI-AZMUTH(MAZ)   WIDE AZIMUTH(WAZ)   RICH AZIMUTH(RAZ)

그림 3-16. 다양한 형태의 방위탄성파 탐사

이 발생한다.

이와 같은 광범위한 대규모 탐사 증가로 탄성파 자료가 5배 이상 증가하고 있으며, 자료처리 후 정확하게 서로 중첩되는지 확인하는 상호 자료처리 검증 노력이 필요하다. 위와 같은 다양한 탐사에서 WAZ 탄성파 탐사비용은 NAZ보다 4~5배 들지만 1억 달러 이상의 시추비용에 비교하면 여전히 적은 규모여서 시추 성공률을 높일 수 있는 자료취득 방법을 활용하고 있다.

위와 같은 다양한 방위 탐사방법을 시도하는 것은 많은 심해 유망구조를 파악하는 데 도움이 되기 때문이다. 특히 멕시코만이나 브라질 해안과 같은 지역은 수백 m 두께로 된 대규모 암염 돔 하부에서 유망구조가 종종 존재한다(그림 3-5, 3-6 참조). 암염 지층을 통과하는 탄성파 파면은 암염 지층에서 불규칙하게 반사되어 기록된 탄성파 자료가 변형되기 마련이다. 마치 경사지게 놓인 유리판 상부에서 아래를 볼 때 아래 부분에 있는 모든 곳이 왜곡되어 보이는 것처럼 탄성파 신호음도 왜곡된다. 또한 암염 돔 하부(베이스 부분)와 상부는 물결 모양으로 되어 있어 탄성파 에너지를 여러 방향으로 분산시킨다. MAZ, WAZ, RAZ 탄성파 탐사법은 이와 같은 지역에서 탄성파 자료취득을 가능하게 한다.

자료처리(Processing)

단순한 몇 가지 자료처리는 자료가 취득되는 탐사선에서 자료를 정리하기 위해 실시하지만, 대부분 자료처리는 서비스 회사나 석유회사 자료처리 센터에서 컴퓨터를 이용하여 실시된다.

초기 자료처리는 불량자료를 제거하거나 불필요한 천부 표면파 효과 보정 또는 다중 반사파를 줄이는 전처리 과정을 거친다. 다중 반사파는 지층경계면 내에 여러 번 반사되어 해수면 수진기에 기록되는 신호음을 말한다. 자료처리 과정은 지구 내부를 통과하는 탄성파 파면에 대한 수학적 이론을 바탕으로 개발된 복잡한 프로그램을 이용하여 진행한다. 초기 전처리 자료처리 과정을 마친 후 지하 지층구조를 정확하게 나타내기 위한 일련의 기술로 중요한 자료처리 과정이 시작된다.

중합(Stacking): 가장 중요한 자료처리 과정 중 하나인 중합은 음원−수진기 간격에 따라 100개 이상 수진기에 기록된 신호음이 하나의 탄성파 **트레이스**(*trace*)로 합하는 과정이다(그림 3-17). 중합 목적은 잡음비율을 줄이고 지층 내에서 여러 번 반사되는 다중 반사파를 억제하고 반사신호음 품질을 높이는 데 있다. 또한 중합은 일반적으로 지층경계면에서 해수면으로 또는 해수면에서 지층경계면으로 수직으로 반사된 반사파를 좀더 정확하게 나타내는 역할을 한다.

구조보정(Migration): 중합 과정에서 반사파는 지층경계면에서 반사된 후 **수진기**(*detector*)와 음원 사이를 진행한 거리의 중간에서 일어난 것으로 간주한다. 만약 지층경계면이 수평인 경우는 중합단면도와 지층경계면이 일치하여 문제가 발생하지 않지만, 지층경계면이 경사진 경우 반사파 신호음은 수평방향으로 수 km, 수직방향으로 수백 m까지 전달될 수도 있어 중합단면도와 실제 지층구조가 다르게 나타난다. 기록된 탄성파 자료를 조정하여 신호음을 실제 공간적인 제 위치로 복원하기 위해 실시하는 공정이 **구조보정**(*migration*)이다(그림 3-17). 석유지질학에서 구조보정은 근원암에서 저류층까지 탄화수소 이동을 의미하는데 이와 혼동하기 쉽다. 구조보정을 실시하기 위해서는 여러 지층에서의 탄성파 속도모델이 필요하다. 지구물리학자나 지질학자들은 속도를 예측하기 위해 인근 시추공 물리검층 자료를 활용한다. 물리검층은 지층의 구성성분이나 깊이를 정확하게 측정하는 방법이다. 각 층의 탄성파 속도를 예측하거나

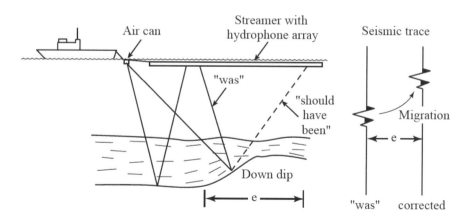

그림 3-17. 구조보정−탄성파 단면도상에 나타나는 잘못된 상향 경사 반사파와 원래 반사파가 발생했던 예상 최적 지점을 구하기 위한 자료처리과정을 반드시 실시해야 한다.

깊이와 속도 관계를 구할 때 탄성파 자료를 활용하여 수학적 분석을 적용한다.

심해지역에서 시간영역 탄성파 단면도를 깊이영역으로 변환하는 것은 까다로운 문제이다. 예를 들면, 멕시코만처럼 많은 암염돔과 암염층으로 이루어져 있고 사암과 셰일이 무거운 중량으로 쌓여 지층구조 변형이 일어난 경우(그림 3-5)와 브라질 해안에서처럼 2층 구조로 된 암염이 많이 있는 경우(그림 3-8)와 같이 복잡한 지역에서 시간영역 단면도를 깊이영역 단면도로 변환하는 것은 쉽지 않은 문제이다. 암염층에서 탄성파 속도는 약 4,500 m/s이고 퇴적층에서는 약 2,400~3,600 m/s로 탄성파 속도차이가 커서, 탄성파 신호음은 퇴적층과 암염층을 통과하면서 복잡한 경로를 만들어 탄성파 자료는 매우 불량하다.

중합전 구조보정: 중합전 구조보정은 변화가 심한 복잡한 지층구조 때문에 발생하는 왜곡된 탄성파 자료처리를 처리하는 과정이다. 중합전 구조보정은 탄성파 자료에 대해 중합 이전에 구조보정을 실시하고 지층단면도를 깊이영역으로 제시한다. 탄성파 자료를 교정하기 위해서는 정확한 지층속도 자료가 필요하고 대용량 컴퓨터가 필요하다. 자료처리 비용이 많이 들지만 정확한 지층구조 영상을 구하는데 효과적이다. 컴퓨터 비용을 줄이기 위해 암염돔 지역 처럼 복잡하지 않은 지역에서는 속도모델을 단순화하여 시간영역 중합전 구조보정을 실시하기도 한다.

지층단면도 디스플레이(Display)

대용량 탄성파 자료 처리결과는 적절한 형태로 표현되어야 한다. 자료처리가 완료된 3차원 탄성파 자료는 컴퓨터에 저장된다. 3차원 큐브 자료를 단순히 수직으로 자른 2차원 단면(그림 3-18)을 통해 지질구조를 살펴볼 수 있다. 3차원 큐브 자료를 수평으로 자른 단면(Horizontal slices)은 시간축 단면도(time slices)라 하고 컴퓨터 스크린상에 채널구조변화 등을 살펴볼 수 있다. 3차원 큐브는 지하구조 영상을 여러 방향으로 돌려가면서 나타낼 수 있다. 강한 탄성파 진폭속성으로 자료특성을 분리할 수 있고 **복셀**(*voxel*) 기술을 이용하여 분리된 자료를 큐브형태로 나타낼 수 있다. 복셀은 가정용 TV에서 영상을 보여 주는 2차원 픽셀에 해당하는 개념을 3차원에 적용한 것이다.

초기에 탄성파 자료해석 전문가들은 흑백으로 된 탄성파 단면도 자료의 분량에 인

그림 3-18. 수평 및 수직 단면을 이용하여 표현한 3차원 단면도(Veritas DGC 제공)

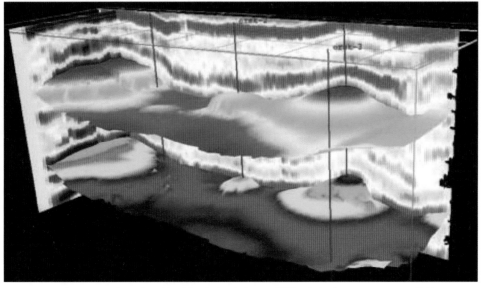

그림 3-19. 석유/가스 분포를 완전 컬러로 표현한 단면도(Veritas DGC 제공)

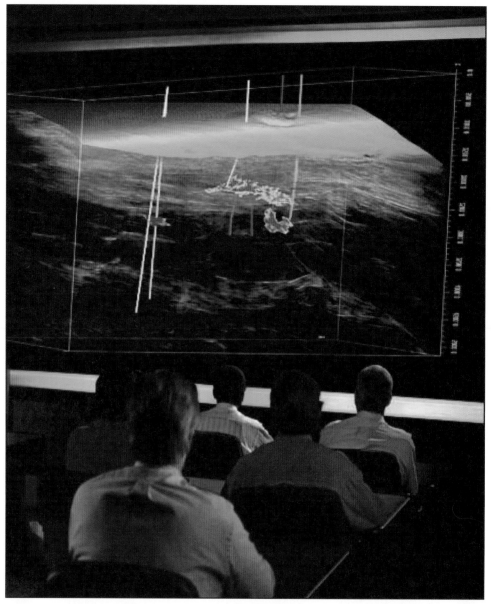

그림 3-20. 시각화실에서 탄성파 단면도를 표현하는 모습(Veritas DGC 제공)

간의 눈이 압도됨을 알았다. 그러나 인간의 눈은 컬러를 이용할 경우 광범위한 변화를 조절할 수 있다. 탄성파 해석 전문가들은 1970년대 후반에 탄성파 단면도에 또 다른 차원을 더하기 위해 컬러 연필을 사용하였다. 한때 컬러 연필을 사용하는 것은 무시되기도 하였으나 탄성파 자료 해석가의 세련된 기술 중의 하나로 여겨졌다. 결론적으로 소프트웨어를 활용하여 탄성파 단면도를 표현함으로써 진폭, 거리, 탄성파 반사파 특성을 해석자의 기호에 따라 정해진 컬러 배열들로 구별할 수 있게 되었다.

지질학적, 공학적 자료 특성을 지니고 있는 3차원 탄성파 자료는 그림 3-20과 같이 시각화실에서 나타낼 수 있다. 지구 내부 영상은 대형 고해상도 스크린상에 보여 줄 수 있고, 지구 내부를 보여 주는 뷰어의 환영을 만들어 여러 개의 벽면에 나타나게 하고 3차원 특수 안경을 사용하기도 한다. 최근에는 컴퓨터 기술이 진보하여 시각화는 워크스테이션이나 노트북 컴퓨터에서도 할 수 있다.

탄성파 자료해석(Interpretation)

이와 같은 모든 준비는 마지막 단계인 해석과 경제적 의사결정을 위한 기본과정이다. 지구물리학자, 지질학자, 암석물리학자 그리고 해석에 대한 특별한 지식이 있는 해석전문가 집단을 포함하는 팀은 탄화수소 존재의 직접적인 근거인 근원암, 저류층, 트랩을 찾는다. 한 지역에 대한 지질학적, 지구물리학적 지식과 탄성파 자료와 연계하는 유기적인 상호작용이 필요하다. 경험 있는 탄성파 자료 해석가는 잘못된 자료처리 결과로 나타난 거짓 반사 신호음을 찾아낼 수 있고 수정과 더불어 자료 재처리를 요구할 수 있다.

탄화수소 직접탐지 지시자(DHI: Direct Hydrocarbon Indicators): DHI 기술은 석유/가스 저류층과 여러 덮개암에서 나타나는 음향 특성과 관련이 있다. 지구물리학자들은 탄화수소가 축적될 만한 곳을 예측하는데 탄성파 단면도상에서 DHI를 찾는다. DHI로 탄화수소 존재 여부를 예측할 경우 성공 가능성이 높은 것으로 나와 있지만 주의할 점은 탄화수소 존재여부 가능성을 나타내는 **지시자**(*indicator*)이지 **확인**(*identifier*) 하는 것은 아니다. DHI는 **탄성파 이상 진폭**(*seismic amplitude anomaly*)을 의미하는 것으로 이미 석유/가스 축적된 것으로 알려진 곳을 기준으로 하여 새로 축적된 곳을 예측하는데 이용되는 기술이다. 가장 많이 사용하는 DHI는 명점(Bright spots)으로 물을 포함한 사암층이나 생산과 관련 없는 사암층에 비해 석유가스 사암층에서는 저속도, 저밀도 때문에 강한 탄성파 반사파가 발생하는 현상을 말한다. DHI의 또 다른 형태로 암점(Dim spots), 플랫 스팟(Flat spots), **탄성파 진폭분석**(*amplitude versus offset*, AVO)를 들 수 있다(플랫스팟은 수평지층이 층서 퇴적층을 가로지르는 곳에 나타나는 현상으로, 주로 가스/물 경계면에서 발생한다. 암점은 음향 임피던스가 낮은 셰일층에서 높은 임피던스를 보이는 소금물이 포화된 저류층으로 변할 때 보이는 강한 진폭).

자료처리를 실시할 때 DHI 가능성이 있는 자료를 처리할 경우 자료의 상대 진폭을 보존하면서 처리해야 한다. 숙련된 지구물리학자는 그림 3-15와 같이 탄성파 단면에서 DHI 속성을 분석하여 석유/가스가 축적될 가능성이 있는 곳을 찾을 수도 있다. 석유/가스가 축적된 곳을 예측하기 전에 자료해석팀은 좀 더 자세한 분석과 측정을 실시한다. DHI 해석에 많은 영향을 주는 요소와 위험성은 탄성파 자료의 질, 암석 물리자료와 다중 진폭 이상 특성이 존재하느냐에 달려 있다.

탄성파 진폭분석(AVO: Amplitude versus offset): 지구물리학자들은 탄화수소의 존재 여부를 예측하는데 탄성파 진폭 이상 특성을 활용한다. 음원－수진기 거리에 따른 탄성파 신호음 진폭 변화는 다음 세 가지 요소에 영향을 받는다.

1. 옵셋 각도: 음원－수진기 수평거리에 따른 진폭 변화
2. 저류층과 저류층 상부 덮개암의 음향 특성(속도와 밀도)
3. 석유/가스 경계지역, 석유/물 경계지역

AVO는 저류층에서 석유, 가스, 물을 모델링하는 것을 포함하여 시추공 근처에 있는 자료를 활용할 경우 더욱 성공적으로 자료를 분석할 수 있다. AVO 진폭분석은 음원－거리에 따른 진폭 변화를 평가할 수 있게 탄성파 음원모음(100여 개 이상의 중합 탄성파 트레이스)을 조사하는 것이 중요하다. 이때 기술적으로 입사각에 따른 진폭 변화가 있어야 한다. 교차도시 방법으로 AVO 자료를 표시하거나 연구하는 여러 방법이 있지만 모든 것은 옵셋에 따른 기본 진폭 변화에 바탕을 두고 있다.

AVO 진폭 이상 자체가 탄화수소가 존재하는 것을 의미하는 것이 아니고 탐사위험을 예측하는 방법의 일부분이다. 그러나 몇몇 유망구조에 대해서는 매우 중요한 역할

을 하기도 한다. AVO 연구는 일반적으로 하향 경사구조 등고선(석유/물 경계면 또는 가스/물 경계면), 플랫스팟(석유/물 경계면), 시추공 주위 자료와 같이 탄성파 진폭 이상의 특성을 나타내는 기술과 결합하여 수행된다.

4차원 탄성파 탐사(4-D seismic): 탄성파 탐사에 4번째 차원인 시간을 더한 것으로 석유나 가스전에서 생산단계에서 사용된다. 저류층에 있는 석유/가스는 생산되는 동안 줄어들어 탄성파 음향영상은 저류층 특성(속도와 밀도 변화)이 변화하면서 변형된다. 저류층 특성과 음향 특성 변화는 몇 년마다 반복적으로 3차원 탄성파 탐사를 통해 관찰 할 수 있다. 목표 저류층 상부 해저면에 무선으로 원격 조정되는 장치를 이용하여 하이드로폰을 항구적인 위치에 설치한다. 유용한 자료를 확보하기 위해서는 하이드로

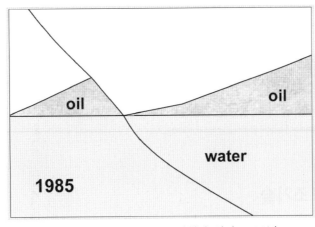

그림 3-21. Gulfaks 4D 탄성파 탐사-1986년

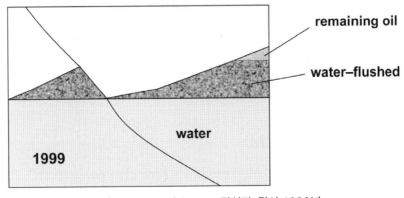

그림 3-22. Gulfaks 4D 탄성파 탐사-1999년

폰의 정확한 위치와 세밀한 탄성파 자료처리가 필요하다. 그래서 탄성파 자료는 그 이전에 실시했던 자료와 비교할 수 있다. 몇몇 석유회사에서는 4D 탄성파 탐사에 끌고 다니는 수진기 케이블을 이용하기도 하지만 이전에 취득하였던 자료와 일치시키는 것이 매우 복잡하다. 마찬가지 방법으로 시간경과에 따른 생산량을 확인하기 위한 분석은 석유/가스가 빠져나가는 곳을 확인하는 것이 아니라 저장된 곳을 확인하고 향후 개발계획에 활용하는 것이다.

탄성파 탐사는 심해에서 초기 시추 여부를 결정하는 중요한 역할을 할 뿐 아니라 심지어 시추공 형태나 개발시추공 상태파악에도 중요한 역할을 한다.

4D 탄성파 탐사 선두그룹(스타토일(statoil) 유전의 3/4은 모니터링하고 있음)인 스타토일은 1978부터 노르웨이 연안 굴팍스(Gulfaks) 유전을 발견하였고, 1986년부터 생산을 시작하여 2001년까지 굴팍스 유전지대는 1억 8,000만 배럴을 생산하였으며 최고 생산량에 도달하였다.

스타토일은 초기 1986년 생산을 시작하기 전에 3D 탄성파 탐사(그림 3-21)를 실시하였고, 이후 1999년에 실시한 3D 탄성파 탐사 결과로부터 석유가 생산되지 않은 지역을 찾아낼 수 있었고 나중에는 시추까지 진행하였다.

석유탐사 보조기술

지구과학자들은 탄성파 자료를 심해 탐사를 위한 주요 도구로 활용한다. 탐사시추에 성공한 후 "고해상도 탄성파 측선을 대신할 다른 기술은 없다"라고 말하곤 한다. 그러나 CSEM이나 중력변화율 측정과 같은 심해석유탐사 보조 기술도 있다. 이와 같은 보조 기술은 탄성파 자료와 결합하여 지질구조 모델링에 적용되기도 하고, 어떤 경우에는 탐사시추 성공확률을 높이는 역할도 한다.

음원조절 전자탐사(CSEM)

보통 EM 탐사로 알려진 CSEM(Controlled source electromagnetics)은 석유/가스 또는 탄화수소, 암염, 화산암, 고저항 셰일과 같은 지구 내부의 전기저항률을 측정하는 기술이다. 물리탐사에서 EM은 지구 내부로 전파하는 전자기 파장을 연구하는 것이다. 심해 지구 내부 대부분은 미네랄과 염수로 채워져 있어 전기저항률이 매우 낮아 전자기장을 통과하게 되고, 석유/가스는 주위 암석보다 높은 저항률을 지니고 있다.

자료취득: EM 송신원은 해저면에서 약 18~360 m 깊은 곳에 끌고 다니면서 자료를 취득한다. 해저면에서 측선을 따라 수진기가 설치되어 지구 내부에서 반사되어 오는 높은 비저항을 띄는 어떠한 EM장이라도 기록하게 된다(그림 3-23 참조).

수진기 설치는 탄성파 탐사에 따라 탄화수소 부존 가능이 높은 곳에 설치하고, 최소한 한 개의 수진기는 목표 저류층 밖에 설치한다.

자료처리: 수진기를 수거하고 대용량 자료를 내려받은 후 길고 복잡한 자료처리 과정을 거쳐 공간적인 탄화수소 퇴적층을 확인하게 된다. EM과 탄성파 기술은 전혀 다른 매개변수에 영향을 받는다. 즉, 탄성파는 퇴적층 불연속면에 반사된 음향파를 활용하고, EM은 전기비저항이나 부도체에서 발생하는 산란 파동장을 이용한다. EM 자료처리는 트랩에 탄화수소가 있을 것으로 예상되는 탄성파 자료 해석 결과를 바탕으로 해야 한다.

일부 심해지역에서 EM 탐사는 머드라인(mudline) 하부 3,000 m 깊이에서 심해 시추에 대한 위험성을 줄이거나 좀 더 나은 정보를 구하는 데 이용될 수 있다. 전기 비저

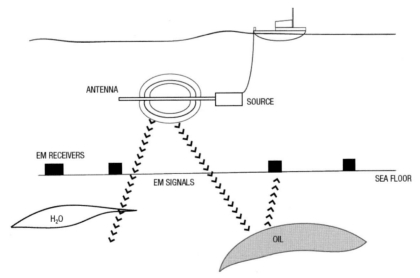

그림 3-23. 해저 저류층에서 전자 탐사자료 취득

항값이 두꺼운 지역은 얇은 지역보다 의외로 쉽게 구별할 수 있다. 멕시코만에서의 EM 기술 활용은 저류층이 너무 깊고, 암염층의 전기 비저항이 커서 심해 암염돔 하부 플레이를 조사하는데 이용하지 못하고 있다. 이 기술은 석유회사에서 초기 단계에 사용하지만 EM 지식과 기술 발전이 초기 탄성파 기술 발전처럼 빠르게 진행되고 있다.

중력변화율 측정영상화(GGI)

지구 내부 구조를 확인하는 또 다른 영상화 기술은 중력변화율 영상화(Gravity Gradiometry Imaging) 기술이다. 전통적인 중력탐사는 지하의 중력 이상 변화를 측정한다. GGI는 중력 측정의 향상된 기술로 수평방향에서 수직성분 변화율을 탐지할 수 있기 때문에 3차원 측정값을 영상화할 수 있다. 이 기술은 완전텐서 중력변화율(FTG)이라고도 한다. 이 중력 측정값은 특히 단층이나 퇴적층의 특성이 다른 지하 구조변화의 연속성을 지시하는데 활용할 수 있다.

중력변화율 측정은 탄성파 신호음 구별이 어려운 암염돔 하부 구조해석에 도움을 주기 때문에 암염돔 구조를 파악하는 탄성파 해석에 이용되기도 한다. 또한 GGI는 3D 탄성파 자료 품질이 좋지 않거나 없는 경우 자료해석 품질을 높이기 위해 탄성파 해석 보조기능 역할도 한다. 예를 들어, 2차원 탄성파 탐사는 어느 정도 떨어진 2개 단층구조를 구별할 수 있는 것에 비해, 구조매핑을 하는 탄성파 해석 전문가는 지하구조 영상이 더 커져 2개가 서로 연결된 것처럼 오해할 수 있다. GGI는 연속성을 더하거나 줄이게 되기 때문에 단층에 대해 좀 더 정확한 경로를 그려낼 수 있다.

GGI 탐사는 탐사선에 장착하거나 항공기에 탑재하여 실시할 수 있다. 두 경우 모두 탐사 지역을 지나는 탐사선/비행선 속도에 따라 기록된 자료는 불필요한 왜곡이 발생할 수 있다.

심해 탐사 | 04 Chapter

> 우리는 복잡하고 빠르게 변화하는 세상에 맞서 모든 선택과 가능성을
> 조사하는 것을 배워야 한다.
>
> ─월리암 풀브라이트(1905~1995), 미 상원 연설

석유사업은 탐사와 탐사 지구과학자들, 지질학자, 지구물리학자 그리고 지구에 대한 연구가 준비된 엔지니어들에 의해 첫 단계가 시작된다. 이들은 석유나 가스가 묻혀있을 만한 곳을 찾아내는 역할을 맡는다. 이 단계에서 탐사 지구물리학자는 그림 4-1과 같이 다른 과학자들, 엔지니어, 전문가들 집합체와 협력을 하게 된다.

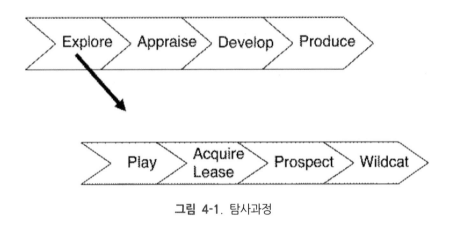

그림 4-1. 탐사과정

플레이 개발

탐사 지구과학자는 멕시코만, 브라질 연안, 서아프리카 등의 지역에서 다수의 가능한 플레이를 포함하고 있는 매우 넓은 수면에서 분지에 대한 지질역사를 찾아낸다. 전문가의 다양한 경험과 풍부한 지식으로 탐사 대상지역을 찾아낸다.

- 지질학자는 지구 표면은 몇 개의 판으로 만들어졌고 약 96 km 두께로 구성되

어 있으며 비록 지질이동 속도는 1년에 수 cm일지라도 일정하게 움직인다는 현대의 판구조론을 개발하였다. 이러한 판들이 전 지구적으로 떠다니면서 몇 군데에서 서로 마주치게 됨에 따라 지진을 발생시키는 원인이 되기도 하고, 깊은 틈이 벌어지게 하거나 마그마를 녹이고 화산을 일으키게도 한다. 또 다른 곳에서는 건축물을 압착하여 여러 조각으로 만들거나 특정한 지역을 산악이나 골짜기로 바꾸기도 한다. 여러 해 동안 산악지역에서 풍화되거나 잘게 부숴 진 잡석들이 강으로 씻겨나가기도 하고, 석유를 생성하는 동물 또는 식물물질들도 함께 운반된다. 운반된 유기물들이 판 이동과 침식물질로 묻히고 열과 압력을 받게 되면 석유나 가스로 변환된다. 지질학과 지구물리학에 대해서는 3장에서 설명하였다.

- 지구화학자는 유기물질이 모여있는 적절한 근원암을 찾고 지하 구성물질을 밝혀내는 것으로 지질학자에게 도움을 준다. 좋은 근원암은 일반적으로 1% 이상의 유기물을 포함하고 있는 석회암과 셰일이다. 운이 좋은 경우 10% 이상의 유기물을 포함하고 있는 지극히 높은 근원암을 찾기도 한다.

- 지구물리학자는 사전 평가단계에서 탄성파 정보를 제공하여 지질전문가의 눈과 귀가 된다. 3장 후반부에서 설명한 바와 같이 면밀하게 준비된 자료는 지질역사와 연결되는 자세한 지하 지질구조 모델의 기초가 된다.

지질학자가 각각의 플레이에 대한 특별한 관심지역에 역점을 두고 시작하는 것처럼 개발계획은 4가지 필수적인 요소를 확인하는 과정이 필요하다.

- **근원암**: 미세한 동식물 유기체로 된 충분히 많은 유기물이 수억 년 동안 쌓여서 이루어진 셰일이나 석회암의 깊은 암석층 하부에서 열과 상부지층에서 압력을 받은 유기물은 석유나 가스 형태로 변형된다.

- **이동**: 중력, 물의 침투, **지질**(*geologic*)압력 또는 위 3가지 조합으로 석유나 가스가 근원암에서 단층과 같은 통로를 통해 저류층으로 스며들게 하는 원인이 됨

- **저류층**: 석유나 가스를 포함할 수 있는 적절한 **공극**(*porous*)과 **투과성**(*permeable*) 있는 암석 또는 사암을 말함

- **트랩**: 셰일, 암염 또는 단층과 같이 석유나 가스가 저류층 밖으로 나가지 못하게 차단하는 것처럼 투과성이 없이 밀봉하는 역할을 말함

근원암, 이동, 저류암, 트랩의 조합은 성공적인 탐사조건이 되는 플레이를 구성하는

데 필수적인 요소이다. 정상적이고 가능성이 있는 플레이에 대해 탐사 지구과학자는 탐사과정을 거친 후 다음 몇 단계에서 실제로 이익을 남길 수 있는 결정을 확신할 수 있다.

자료취득

고객만족과 경쟁심에 대해 확고한 신념을 가지고 있는 대부분의 기업은 "내가 판매하기 전까지는 아무것도 일어나지 않는다" 하는 판매원의 바람을 지니고 있다. 그러나 일반적인 E&P(탐사와 생산) 기업은 이러한 신념에 집착하지 않는다. E&P 기업은 석유나 가스를 얼굴 없는 원자재 시장에 판매한다. 그렇다고 다른 기업과 경쟁하지 않는다는 것을 의미하지 않는다. 그러나 E&P 기업은 석유나 가스를 시추할 수 있는 대부분의 권리를 가지고 있다. 그들은 E&P 시장에서 "탐사하기 전에는 아무 것도 일어나지 않는다"라는 신념을 따른다.

플레이를 개발하는 단계에서 기업은 저류층에 있는 탄화수소를 소유하지는 않을지라도 추정되는 존재를 확인하기 위해 시추를 실시하는 권리를 가지고 있다. 전 세계적으로 연안에서 해당국 정부는 지표, 지하에 대한 권리를 가지고 있으며 E&P 기업이 시추권리를 획득할 수 있는 법규를 정비해 두고 있다.

미 연방정부는 연안 해양에너지 관리 규정과 시행국으로 불리는 국토부 대행기관을 통하여 멕시코만 그리고 미국과 국경 경계면에서 통제를 관리한다. 행정당국은 정기적으로 심해를 포함하여 연안의 넓은 지역에서 임차를 통해 탐사와 생산할 수 있는 권리를 획득할 수 있는 기회를 준다.

임대판매에서 E&P 기업은 그러한 권리에 대해 봉인된 입찰서를 제출한다. 보통 파트너로 참여하지만 항상 다른 모든 기업과 경쟁관계에 있다. 최소 연안 임대 비용은 (4.8×4.8 km 블록 약 23 km^2) 일반적으로 400,000달러이고 성공보너스(winning bids, or bonuses)는 수천만 달러가 되기도 한다. 성공보너스 이외엔 기업은 15~18% 범위에서 로열티를 지불하는 것에 동의해야 한다. 임대기간 내엔 기업에서 생산되는 수익은 모든 석유/가스에 대한 가치보다 높거나 작을 수도 있다. 임대계약은 일반적으로 초기

5년에서 10년까지 유지되고 수심에 따라 증가된다. 그러므로 어림잡아 시추가 포함된 비용과 위험성이 따른다.

(미국 육상의 경우 지구상 대부분의 다른 지역과 달리 개인과 정부 모두 석유/가스에 대한 광물권리를 가질 수 있다. 개인 소유권이 있는 육상에서 탐사와 생산에 관심이 있는 석유회사는 정부의 관여 없이 직접 협상할 수 있다.)

만약 석유회사가 임대한 지역에 성공적으로 유정을 시추한다면 그 회사가 석유/가스를 생산을 계속하는 동안 임대권리를 유지한다. 그 회사가 초기임대 기간동안 임대한 곳에서 하나의 유정도 시추하지 않는다면 그 임대권리를 잃게 되어 정부에 그 권리가 되돌아간다. 이는 정부가 오리지널 보너스 자금을 그대로 간직한다는 언급 없이 진행되고 그 광구는 다른 회사에 재임대를 하기도 한다.

멕시코와 미국간 합의된 조약에 따라 멕시코만 지역은 국경선까지 멕시코 정부에서 관할하고, 멕시코 국영석유회사인 Pemex가 탐사하고 개발할 수 있는 배타적인 권리를 역사적으로 인정해 왔다. 브라질이나 아프리카 서해안의 심해를 포함하여 대부분의 모든 국제 연안 플레이에 있어서 정부는 전형적으로 E&P 기업을 소유하면서 탐사하고 생산할 수 있는 권리에 대해 좀 더 상세한 제안서를 제출한다. 이러한 경우 좀 더 과감하게 권리를 **인정**(concession)하기도 하는데 그 제안서는 탄성파자료 취득에 대한 분명한 지출비용 계획 그리고 탐사단계에서 예상 탐사정 개수와 같은 분명한 비용(보너스)까지 규정한다. 또한 그 기간은 석유/가스의 상업적 규모로 발견될 경우도 포함한다.

프로젝트 이름이 의미하는 것

불윙클(Bullwinkle)이나 페르디도(Perdido)와 같은 용어는 어디에서 유래할까?
탐사 프로젝트에서 진행하는 플레이[7]는 석유/가스회사에서 최고의 비밀에 해당한다. 얼마나 많이 임대비용을 제안할 것인지 특히 연안에서 특별한 지점까지 시추할 수 있는 권리 등을 정할 때 가끔씩 암호명을 사용한다. 연방 연안 임차판매는 한 회사가 열 개 이상의 유망 관심지역을 포함하고 있는 경우가 있어 몇몇 회사에서는 판매를 위해 미리 정해놓은 이름 목록표에서 찾아 사용한다. 그러한 이름은 성공적인 프로젝트에서 유래하기도 한다. 뽀빠이, 불윙클 같은 이름은 하나의 임대판매에서 비롯된 코드명이고 코냑, 넵튠, 토르와 같은 이름은 다른 두 개의 임대판매에서 비롯된 코드명이다.

역자 주 7) 동일한 지질학적 환경에 의해 조성된 동일 지역에 있는 일군의 유전 또는 가능지역

일반적으로 국제적인 인정 보너스는 멕시코에서의 임대규모에 비해 10~100배이다.

미국보다 자유기업에 대한 책임을 적게 지는 많은 나라들 또한 이권사업에 있어서 자국 국영석유회사가 이익을 갖는 독점적인 소유권 지니고 있다. 그것은 시추가 성공적일 때 국영석유회사가 재정과 기술이전 둘 다 갖는 것이 가능하다. 몇몇 나라는 위와 같은 지식을 갖게 된 후 자국 내에서 또는 다른 나라에서 석유개발을 수행하는데 활용한다.

유망지역 확인

석유회사는 탄성파 탐사를 수행하는데 초기에 확보한 허가권을 가지고 있거나 제3자로부터 탐사권을 획득할 수도 있다. 두 가지 경우 석유회사는 특정한 플레이에 이익을 평가하는 데 사용한다. 일단 임대나 채굴권리를 획득하면 탐사 지구과학자와 구성 팀은 실질적 작업을 시작해야 한다.

대부분 천수심 해양 유망지역과 같은 곳에서는 지구과학자들이 초기 시추를 통해서 성공확률이 높은 유망지점을 확인하기 위해 기존 단성파 자료를 활용하는 것으로도 충분하다. 그러나 심해 플레이 대부분의 경우에는 소유권을 실행하기 위해서 3장에서 언급했던 것처럼 지구물리서비스는 회사를 고용하여 유망구조 예상지역에 대해 3차원 탐사를 실시하는 것이 바람직하다. 이것은 심해에서 탐사시추는 1억 달러 이상의 많은 비용이 드는 위험한 결정이기 때문이다. 새로운 탄성파 자료를 취득하고, 처리, 해석하는데 추가적으로 12~18개월 정도 시간이 필요하고, 이 과정은 1억 달러 이상의 비용이 드는 신규 시추공을 시추하기 이전의 필수 과정이다. 탐사지질학자는 한때 명성을 날린 텍사스대학의 풋볼 코치 로얄(Darryl Royal)이 전진패스에 대한 유명한 말을 인용한다. "풋볼을 필드에 던질 때 세 가지 일이 일어날 수 있는데 그중 딱 한 가지는 좋은 것이 있다." 같은 원리로 탄성파 탐사 수행결과에도 적용할 수 있다. 그것은 지구과학자들이 3가지 결론 중 하나를 선택할 수 있다. 즉, 신규 시추공 추천, 유망지점 시추 연기, 유망지역 모두를 포기하는 것을 들 수 있다.

지질지도 만들기

한 지점을 찾을 때 특히 그 길을 물어 볼 사람이 하나도 없는 경우 어느 누구도 좋은 지도 없이 방문하지 않는다. 같은 원리가 탐사에도 적용되지만 그 지도는 구글이나 맵퀘스트에서 활용하는 것과 아주 다르다. 심해탐사를 실시하는데 충분한 자원을 갖고 있는 모든 회사는 탐사 지질지도를 준비하는 지질학자를 보유하고 있다. 몇몇 기업은 다른 회사보다 플레이 평가 과정의 한 부분으로 다양한 지질학자를 보유하고 있다. 지질지도 제작과정은 인근 또는 먼 곳에 있는 다른 시추공으로부터 탄성파 탐사, 중력탐사, 물리검층, 코어 커팅 시료분석을 통해 확보한 정보와 관련된 유용한 정보를 사용한다.

지질지도 제작에는 층서학, 퇴적학, 구조지질학, 고생물학, 생층서학, 지화학과 같은 복잡한 학문에 대한 전문성을 지닌 과학자의 도움이 필요하다. 그들은 지구 내부의 매우 다양한 특성을 나타내는 지질지도를 제작한다. 다양한 정보가 통합된 지질지도를 통해서 탐사 전문가들은 탄화수소가 묻혀 있을만한 지구 내부 지역을 규명한다. 개발된 지질지도에 포함되는 대표적인 몇 가지는

- 그림 4-2와 같은 지질 단면도
- 해수깊이를 나타내는 수심도
- 분지에 나타나는 탄화수소 지도
- 근원암 숙성도

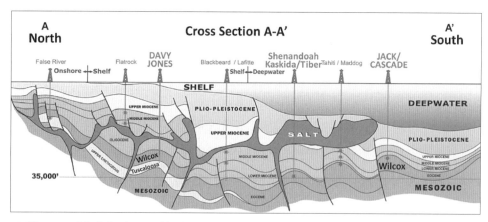

그림 4-2. 지질시대 지도: 3기층과 상부 백악기 저류층에서 유망구조와 유전발전을 나타내는 이상적인 구조 단면도

- 퇴적물이 어떻게 쌓였는지를 나타내는 고생물 지도
- 해저면 노두를 보여주는 지표 지질도
- 지구 내부 구조도
- 3장에서 언급한 탄성파 진폭 단면도
- 저류층 층후도
- Porosity는 공극률로 투과도를 나타내는 최적 면적지도
- 해수면 위험지도
- 천해수 흐름도

볼륨예측

탐사과정의 다음 단계는 지구과학자가 조사하는 저류층에서 탄화수소의 규모를 예측하는 저류공학 엔지니어와 함께 하는 단계이다. 탄화수소 볼륨 계산 공식은 다음과 같다.

$$탄화수소 = GRV×N/G×Porosity×SH×FVF$$

여기서

- GRV는 Gross Reservoir Volume의 약자로 석유/가스 경계면 상부 저류층에서의 암석의 양
- N/G는 전체 암석에 대한 순암석의 비로 전체 저류층 암석을 %로 나타낸 것
- 공극률은 공극에 차지한 순 저류층 암석의 %
- SH는 공극에서 탄화수소 포화률
- FVF는 Formation Volume Factor의 약자로 (압축된)저류층 석유나 가스 볼륨을 지표면 볼륨으로 변환하는 요소

이와 같은 각각의 요소를 예측하기 위해 지구과학자는 탄성파 자료, 근거리 시추공 자료, 아날로그 필드 등 관련된 유용한 모든 자료를 활용한다. 볼륨예측 정보를 가지고 생산할 수 있는 저류층에 있는 탄화수소가 어느 정도인지 예측할 수 있다. 예측 발견물은 유전의 경우 10~50%까지 차이가 있고 가스전의 경우 50~80% 정도 차이가 난

다. 대부분의 석유는 땅위에 남아 있지만 가스의 대부분은 그렇지 않다. 심해유전은 심해저탁류 사암과 같이 매우 우수한 저류층 특성 때문에 변화범위가 더 크다. 위와 같이 주어진 모든 자료로부터 시간에 대한 생산비율, 최종 회수량 그리고 유전 개발비용을 가지고 생산모델을 만들 수 있다.

플레이 위험

생산모델을 만드는 모든 입력자료는 불확실성을 가지기 때문에, E&P 기업은 매우 좋은 계산결과를 가지고 위험요소를 분석하더라도 불안한 예상결과를 줄이기 위해 위험요소는 매우 기초적인 통계이론에 바탕을 두고 있다.

두 개의 주사위를 한 번에 던져 7을 만드는 조합은 1과 6, 4와 3, 5와 2 경우와 같이 생각할 수 있다. 그래서 7을 만드는 가능성은 합이 2를 만드는 경우의 수보다 높다.

이와 같이 탐사 플레이에서 일반적으로 탄화수소를 찾는 가능성이 플레이마다 다르다는 것을 알 수 있다. 따라서 각각의 플레이는 주의깊게 고려해야 하고 냉정한 평가를 통해 가능한 좋은 예측 가능성을 높여야 한다. 성공 확률을 높이는 것은 E&P 기업의 축적된 기술과 기술자에 달려있다.

탐사시장에서 잘 알려진 사실 중 하나는 대부분 탐사시추공에 대한 성공률은 50%보다 적다는 것이다. 대부분의 탐사정은 실패로 예상하고 있다. 심해에서는 30% 성공률(70% 실패)을 보이고 있어서 1억 달러 비용이 드는 시추를 추천하는 어려움을 고려해야 한다. 이것이 E&P 기업의 통상적인 비즈니스 환경이다.

탐사정

이와 같은 모든 것들은 지구과학자들이 탐사시추공을 추천할 만한 확신이 서기 전에는 순수하게 이론적 개념이다. 경영진은 잠재적인 보상이 중대한 위험을 정당화하고 나서야 탐사시추를 승인하는 것이다.

좀 더 나아가서 탐사정의 성공적인 계획과 시추는 모든 정보가 지구과학자, 시추엔 지니어, 작업자, 석유물리 엔지니어 등 대규모 팀과 공유되어야만 한다. 더불어 시추계 약자와 직원, 모든 서비스 회사는 탐사정의 목적을 이해해야만 하고 모든 적절한 회의 에도 참석해야 한다. 모든 민감한 시추공에 대해 시추 이전의 사전회의는 모두가 참여 하여 탐사시추 계획을 검토, 확인하고 어떠한 시추위험 가능성에 대해서도 토의하고 작업기간 동안 어떻게 취급해야 하는지 논의된다.

마지막으로 리그 위나 사무실에 있는 모든 사람들은 모든 관리기관의 요구조건을 이해하는 것이 중요하다. 그리고 모든 허가는 어떠한 작업이라도 리그에서 시추에 착 수하기 전까지는 준비되어야 한다(미국에서 주요 담당자는 해양에너지 관리, 규정, 집 행 담당부서, 환경보호 담당부서, 직업안전, 건강담당부서 그리고 해안감시국 등의 관 리기관). 그리고 나서야 6장에서 언급하는 시추를 시작할 수 있다.

평가

탐사시추가 끝나면 전기 검층 결과로 저류층에서 탄화수소의 존재를 확인하고 탐사 지구과학자들은 성공으로 열광할 수도 있다. 그러나 경영자 입장에서 다음과 같은 비 판적인 질문을 할 때 그 열광은 줄어든다. "얼마나 많이 매장되어 있느냐?", "평가정을 정당화할 정도로 충분한 양이 묻혀 있는가?" 또는 "더 투자를 해야 하는가?"

계획과정의 한 부분으로 팀원은 이미 탐사시추정 결과에 따른 다양한 예상 사례를 준비해 왔다. 만약 그 시추공이 성공한다면 평가정을 어디에 시추할 것인지 그리고 그 목적은 무엇인지가 분명하게끔 탐사시추정의 시추결과로부터 얻은 정보는 이러한 질 문에 대한 답을 포함하고 있다. 탐사시추정 분석으로 그림 4-3과 같은 몇 가지 선택 중 하나를 추천한다.

- 평가과정 또는 개발계획에서 더 이상 쓸모가 없어 시추공을 막아 버리거나 포 기하는 경우로 이 경우는 탐사시추정에서 흔히 일어남
- 시멘트로 유정 하부를 막아버리는 경우: 케이싱 마지막 연결부 아래에 킥오프 플러그를 시멘트로 막는 경우. 석유/가스가 축적된 곳의 전체 크기를 결정하기

위해 새로운 유정하부 위치까지 유정방향을 변경하는 경우

- 유정을 평가 또는 개발 과정에서 어떻게 활용할 것인가를 결정하는 추가적인 분석을 마치기 전까지 나공(open hole)이나 케이싱 내에서 시멘트 플러그를 설치하는 것으로 시추공을 일시적으로 포기하는 경우

- 유전 개발이 시기에 맞춰 잘 진행될 경우 가능성이 높거나 그 시추공이 좋은 지점에 위치하고 있는 경우라면 그 시추공은 개발단계에서 임시적으로 중단되거나 6장에 논의할 것과 같이 유정완결을 실시한다.

평가과정은 시추가 필요한 유정 개수나 새로운 탄성파자료의 필요성에 따라 몇 개월 또는 3년 동안 지속될 수도 있다. 평가과정의 마지막은 6장에서 언급하는 것과 같이 개발 가능성을 포기하느냐 유전을 개발하기 위한 시추 프로그램을 진행하느냐 결정하는 것이다.

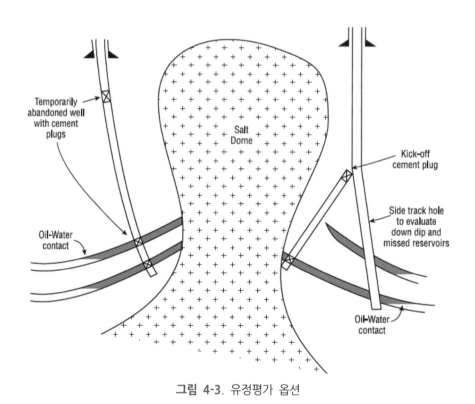

그림 4-3. 유정평가 옵션

심해 플레이 조건

그림 4-1에 있는 탐사과정 설명은 직접적이고 선형적이면서 탐사과정의 축소판이라할 수 있다. 그러나 대부분의 E&P 기업은 심해 플레이 테스트에 요구되는 대규모 비용을 고려하고 그 위험을 분산하는 방법을 택한다. 도박사의 파멸을 가져오는 결론을 피하기 위해 다른 위험분석을 통해 다양한 분지 내 탐사 플레이 중 하나를 병행하여 진행한다. 심해 플레이는 성공확률이 높지 않고 대규모 투자가 필요하지만 잠재적으로 매우큰 보상을 기대할 수 있다. 심해시추는 기술적으로나 지질학적 최신 기술을 필요로 하고 불완전한 지질이해, 기상학, 해양학적 불확실성 그리고 BP가 마콘도(Macondo) 유정에서 경험했던 운영상의 어려움과 같은 다양한 종류의 위험요소가 존재한다. 심해 플레이의 또 다른 어려움은 육상이나 천해에서의 경우와 같이 잠재적 보상이 더 적을 수도 있고 낮은 성공확률과 가격하락이 될 수도 있다. 크게 보면 배타적인 심해 전략에대한 실행은 재정파산을 가져올 수도 있다.

2장에서 언급한 1970년대와 1980년대 심해 멕시코만 개척자인 쉘사가 다른 국내플레이와 함께 병행한 이야기가 있다. 이와 비교하여 페트로브라스는 심해 플레이에대한 성공확률이 낮음에도 불구하고 대안이 거의 없었다. 같은 시기에 페트로브라스는무엇인가를 발견하고 개발이라는 국가적인 요구에 직면해 있었다. 미국 내 모든 E&P기업에 의해 개발하고자 하였던 모든 플레이 수는 브라질에서 1970년대까지 수행한심해 플레이 48개보다 작았다. 브라질은 심해 플레이 개발을 지속적으로 수행했으며실질적인 탐사성공도 있었다. 이것은 셰일 플레이에서 새로운 수압파쇄 기술개발로 육상 저류층에서 석유/가스 유동을 자유롭게 하여 생산량이 급증할 때까지 수행되었다.

 사례연구 **Tira de Bota**

1939년 브라질 육상 북동쪽에서 보통 규모의 석유가 발견되었으나 이것이 30년 후 일어난 폭발적인 성장에 대한 방향을 제시하는 것은 아니었다. 25년 동안 브라질은 석유생산에 있어 보통에 지나지 않은 변방에 불과하였다. 심지어 연방정부가 1953년에 독점적 지위를 가진 페트로브라스를 설립한 후에도 그대로였다. 페트로브라스의 목표는 국내 생산량을 높이는데 노력을 집중하는 것이었다. 그때 브라질은 하루 2,700배럴을 생산하고 있었다.

페트로브라스는 스탠다드 석유(Standard Oil)회사에서 지질학자로 이름을 날린 월터 링크(Walter Link)를 고용하여 역량을 강화하기 시작하였다. 1960년도 선임 경영자 신분으로 승진한 링크는 공식문서에서 브라질은 석유 포텐셜을 상실하여 연안 또는 다른 나라에서 석유사업을 추구해야 한다고 밝혔다. 나이 든 기술자 취급과 외국인 혐오증으로 링크를 서둘러 퇴출시킨 후 페트로브라스는 연안분지 구조에 관심을 갖기 시작하였다. 그때까지 멕시코만 암염돔 분지, 북해 그리고 다른 여러 곳에서 석유가 발견은 잘 알려져 있었다. 1900년대 서머랜드와 커-맥기(Kerr-McGee)의 1947년 발견(1장 참조)을 연상시키는 노력이 1968년도에 있었다. 페트로브라스는 Segipe-Alagoa 분지에서 육상에서 개발하는 방법을 따랐고 첫 번째 연안 탐사시추공을 시추하였다.

불행하게도 건공(dry hole)이었으나 대규모 암염돔 존재를 확인하였다. 두 번째 시추공으로 지질탐사와 세 자매라 불리는 세 군데 분지분석에 고무되었다. 북쪽에서 남쪽으로 에스피리투(Espiritu Santo) 분지, 캄포스(Campos) 분지, 산토스(Santos) 분지(그림 4-4 참조).

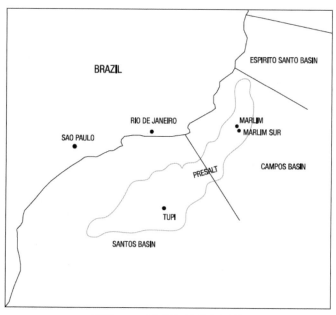

그림 4-4. 브라질 심해 분지들

1973년 세계석유분쟁으로 브라질 정부는 좀 더 집중적인 탐사활동을 하였다. 비록 그 당시에 대부분의 석유기술은 수입되었지만 페트로브라스는 캄포스 분지 내에서 좀 더 외해쪽으로 이동하였다. 그 다음 도약적인 출발은 1974년에 그 당시 가장 깊은 심해에서 12개가 연속적으로 발견되기 시작하였다. 수억 배럴의 석유가 묻혀있는 곳을 발견하였으나 캄포스 분지에서의 생산은 아직 시작도 하지 않았다. 고정식 플랫폼이 설치되기를 기다리지 않고 1971년 페트로브라스는 습식 트리(wet tree) 방식으로 연속적인 소규모 해저 유정완결을 시작하였다. 그해 연말 새로운 유전의 첫 번째 유정인 엔초바(Enchova)에서 해저 유정헤드로부터 반잠수식 플랫폼 Sedco 1135D에서 일일 10,000배럴씩 생산하였다. Sedco 1135D는 일시적으로 부유생산 플랫폼으로 변형할 수 있는 시추선이다. 그 이후 부유식 생산 방식은 해저개발에서 최초 원유생산을 가속화하는 통상적인 방법이 되었다. 많은 부유식 플랫폼이 항구적으로 설치되었다.

페트로브라스는 드라이챔버(dry chamber)를 해저 8곳에 설치하고자 하였다. 즉, 해저면에서 고압의 캡슐 안에 건식 트리를 설치하는 방식이다. 고비용 해수면 플랫폼과 위험성 높은 유정개입기술로 인해 이 아이디어는 실현되지 못하였고 생산유정을 습식 트리(wet tree) 기술로 개발하게 된다.

1982년 해저면에 매니폴드 설치를 계기로 브라질은 해저 생산처리에 대한 개념을 정립했다. 나중에 페트로브라스는 전기 해저 펌핑장치를 설치하고자 했으며 2010년에 해저면 분리와 해수 재주입에 성공한다.

1970년대 후반까지 페트로브라스는 전 세계에서 축적된 지구 내부 기술의 모든 장점들을 취합하기 시작하였다. 판구조이론, 특히 아프리카에서 떨어져 이동한 남아메리카 대륙의 표류와 상승, 강과 저탁류 퇴적의 역할 이해 그리고 최신 탄성파 반사기술이 이에 해당한다.

1984년에 페트로브라스는 첫 번째로 심해유전 알바코어(Albacore, 수심 150~1,100 m)를 발견하고, 1986년에는 말림(Marlim, 781 m), 1987년 말림술(Marlim Sul, 1,709 m)를 발견하였다. 이와 같은 깊이에서 생산하는 것은 기존 개발기술로는 상당히 어려웠다. 페트로브라스는 해저 수심 약 400 m까지는 해저 유정완결, 해저생산으로 부유식 생산 플랫폼까지 이송하는 것에 통달하였다. 페트로브라스는 1986년 심해시스템 기술혁신 프로그램(PROCAP, 포르트갈어 약자)을 야심차게 시작하였다. 목표는 해양 생산경비의 경제성을 높여 수심 1000 m 이상까지 진출하는 것이었다. 2006년까지 33개 해양 유전이 개발되었고

600기 이상 해저 트리에서 23개 부유식 플랫폼, 13개의 고정식 플랫폼 그리고 해저 1886 m 론카도(Roncador) 유전이 개발되었다. 그해 페트로브라스는 브라질에서 자급자족할 수 있는 정도로 충분한 석유를 생산하였다. 국가프로그램으로 바이오 소재를 가솔린과 디젤유로 전환하였지만 원유생산은 일일 2,300만 배럴로 올렸다.

2006년 산토스 분지 남쪽에서 거대한 튜피(Tupi) 유전 발견은 좀 더 새로운 기술이 필요함을 보여준 것이다. 튜피는 암염층 하부에 위치한다. 튜피는 해저 2,140 m 깊이에 자리하고 2,000 m 두께의 암염층이 있으며 암염층 자체는 5,000 m 깊이의 사암과 암석 아래에 있다. 암염층은 집적된 대규모 석유가 이동하는 것을 막아주고 가두는 역할을 한다. 페트로브라스는 시험을 통해서 튜피 유전을 50~60억 배럴로 예상했다. 탄성파 영상과 시추기술은 이러한 지층을 통과하게 하는 기술을 새로 개발했으며, 이 지역 유전 개발에 성공하여 2010년에 처음으로 석유를 생산하였다.

브라질 연안에서 탐사와 생산활동은 거의 정점에 와 있다. 새로운 기술이 여전히 필요했다. 아직도 배고픈 페트로브라스는 이제 심해 E&P 기술이 축적되어 자체 기술로 탐사할 수 있는 역량을 다른 나라에 수출할 정도이다(그림 4-5).

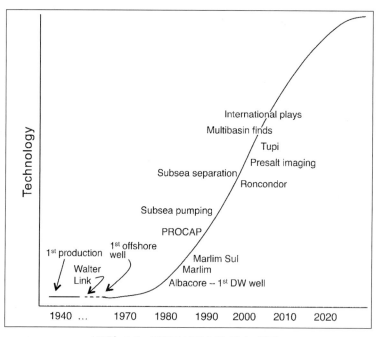

그림 4-5. 페트로브라스의 기술 발전

시추장치

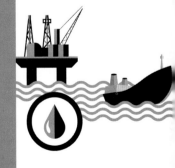

나비처럼 날아서 벌처럼 쏜다.

－무하마드 알리(1942~2016)

심해시추장비는 육상시추장비와 비슷하지만 해양에서 부유식으로 수심 수천피트까지 시추가 가능하다. 간단하게 들리지만 이런 시추를 하기 위해서는 수백만 시간의 설계시간이 요구된다. 이 장에서 그 이유를 설명한다.

시추장치 필수조건

해양시추장치와 육상 시추장치는 다음의 기본 요소를 갖고 있다.

- 시추탑(Derrick)
- 호이스트(Hoisting system) － 드로워크스(draw works), 크라운 블록(crown block) 등
- 리그 플로어 장비(rig floor equipment)
- 파이프랙(pipe racks) 및 핸들링 장비(handling equipment)
- 머드장비(mud equipment)
- 유정폭발 방지기(BOP, blowout preventers)
- 안전장비(safety systems)

시추탑(Derrick)

모든 시추장치의 대표적 이미지는 바로 시추 시에 드릴 스트링(drill string)의 무게를 지탱하는 큰 피라미드 모양의 골격이다. 드릴 파이프(drill pipe)의 무게는 피트당약 15~30파운드이다. 목표 유정 깊이인 약 25,000피트까지 시추했을 때 드릴 파이프, 드릴 칼라(drill collars), 드릴 비트(drill bit)의 전체 무게는 750,000파운드를 초과할수도 있다. 길이당 둘레가 더 크고 무거운 케이싱(Casing)은 무게가 더 나간다. 또한

시추탑은 드릴 파이프나 땅속에 박힌 케이싱의 제거 혹은 회수 작업 시에 더 큰 동적 하중을 감당해야 한다. 따라서 심해시추장치의 시추탑과 드릴시스템은 200만 파운드 이상을 감당할 수 있게 설계되었다.

리그 플로어 장비(Rig floor equipment)

대부분의 육상시추장비에서 드릴 파이프는 **켈리**(*Kelly*)와 결합되어 있다. 켈리는 팔 각형 모양의 파이프 조인트로 로타리 테이블(rotary table)의 부싱(bushing)에 의해 효과적으로 결합될 수 있다. 로타리 테이블은 드릴 파이프를 돌려 구멍을 내는 기계 장비이다(그림 5-1 참조).

그림 5-1. 드릴링 리그위의 장비들-드릴파이프와 드릴비트를 돌리는 회전 테이블에 Kelly가 Kelly 부싱에 연결된다.

요즘에는 거의 모든 심해시추장비에서 로타리 테이블보다 비용 대비 효과적이며 안전한 기계 장비인 톱 드라이브(top drive)를 사용한다(그림 5-2). 트랙(track)은 드릴 파이프를 돌리는 동안 톱 드라이브가 시추탑을 상하로 움직일 수 있도록 돕는다. 리그 플로어의 기타 장비들은 작업자들이 다양한 종류의 튜블러(드릴 파이프, 케이싱, 생산

튜빙 등)를 이동, 연결, 차단 및 처리할 수 있도록 한다.

리그 플로어(rig floor) 작업을 지휘하는 시추감독은 전체 리그 플로어가 모두 선명하게 잘 보이는 밀폐 공간 안에 위치한다. 시추감독은 콘솔에서 시추 작업 전반, 구멍 바닥에 있는 드릴 비트에 실리는 무게, 머드 압력 등을 통제하며, 비상 시에는 유정폭발 방지기(BOP)를 조작하는 중요한 역할을 한다.

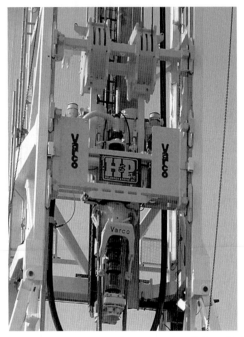

그림 5-2. 데릭의 상부장치(top drive). 상하로 움직이며
드릴파이프와 드릴비트를 회전시킨다.

호이스트 장치(Hoisting system)

드로워크스(*draw works*)로 알려진 크고 강력한 북 모양의 윈치는 유정 안에 있는 드릴 파이프, 케이싱 혹은 기타 튜블러들을 오르내리게 하는 역할을 한다(그림 5-3 참조). 시추탑 윗부분에는 여러 개의 시이브(sheaves, 풀리)로 구성된 크라운 블록(crown block)이 있다. 드로워크스에서 시작되는 호이스트 라인은 시이브를 지나 트래블링 블록(traveling block) 혹은 톱 드라이브(top drive)까지 이어진다.

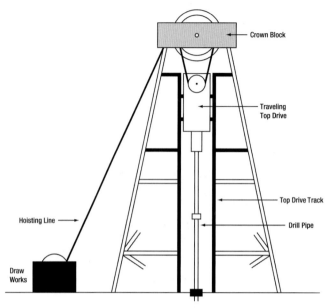

그림 5-3. 상부장치의 기중기 시스템

파이프랙 및 핸들링 장비(Pipe racks and handling equipment)

다양한 종류의 튜블러(드릴 파이프, 드릴 칼라, 각 사이즈별 케이싱)는 보급선(supply vessel)에 의해 30~45피트의 조인트 길이로 해양시추선으로 운반되어 시추선의 파이프랙에 보관된다. 시추가 진행되고 유정이 깊어지면 시추선의 작업자는 파이프랙에서 각 파이프 조인트를 가져와 톱 드라이브에 끼어넣은 뒤 시추공에 이미 걸려있는 드릴 파이프에 연결한다. 비트를 바꾸고 유정 일지 기록, 케이싱 작동 혹은 기타 이유로 드릴 파이프를 시추공 밖으로 꺼낼 경우에는 나사를 풀어두는데 이때 90~130피트 길이로 시추탑에 쌓아둔다.

파이프 핸들링은 위험할 수 있고, 시간 소모가 크며, 번거롭기 때문에 최근에는 대부분 자동화되어 있다. 많은 신세대 해상시추선에는 동시에 여러 작업이 가능한 드릴링시스템들이 장착되어 있다. 이 시추선들은 두 개의 독립적인 드릴링시스템을 갖추고 있는데, 하나의 유정탑 아래 각각 드로워크스와 톱 드라이브, 파이프 핸들링 설비를 갖춘 것이다. 한 시스템이 시추공 작업을 하는 동안 다른 시스템은 파이프를 제작하거나 분리할 수 있다.

머드장비

시추 이수(drilling mud)에는 여러 기능이 있다.

- 드릴 비트가 땅을 관통할 때 생기는 암석 부스러기(cutting)를 제거
- 드릴 비트를 냉각 및 윤활
- 시추공의 압력을 상쇄하여 붕괴를 예방

머드(mud)는 물, 중정석(barite), 벤토나이트 점토(bentonite clay) 및 다양한 화학물질의 혼합체이다(많은 심해 유정에서는 시추공을 보다 안정시키기 위해 물 대신 합성석유(synthetic oil)를 사용한다. 물론 합성 석유는 물보다 훨씬 비싸지만 보다 안정적이며 비용이 절감되는 성과를 제공한다). 중정석은 매우 무거운 광물로, 시추 머드에 무게를 더하여 유정이 깊게 시추될수록 증가하는 지층의 압력을 지탱할 수 있도록 해주고 시추공 붕괴를 예방한다(유정이 점점 더 깊게 뚫릴수록 더 많은 중정석을 추가하여 높아지는 지층의 압력을 지탱해야 한다). 벤토나이트 점토는 점성을 갖고 있고 머드가 펌프로 퍼올려질 수 있도록 그리고 암석 부스러기가 지면으로 운반될 수 있도록 돕는다. 화학 첨가제는 부식 예방, 순환제어(lost circulation control) 등 다른 목적을 위해 종종 사용된다.

머드는 심해 시추기 선상의 액체 탱크에 보관된다. 고압(10,000~15,000 psi)의 머드 펌프는 파이프를 통해 머드를 스위블(swivel) 위에 있는 호스로 수송한다(그림 5-4 참조). 머드는 톱드라이브 혹은 켈리(kelly)부터 바닥에 있는 드릴 파이프로 내려와 드릴 비트에 있는 암석 부스러기를 분출한다. 파편을 포함한 머드는 드릴 파이프와 시추공 사이의 공간(the annulus)으로 올려진 다음 지면으로 올려지고 이어서 라인을 빠져 나와 셰일교반기(shale shaker) 등의 머드 청소 장비에 도착하여 파편과 분리된다. 파편 샘플은 보관해두었다가 지질학자들이 드릴 비트가 어떤 지질 계통(geologic formation)을 통과했는지 조사할 때 사용한다. 청소 후에는 머드를 머드 탱크로 되돌려 보내 재활용한다.

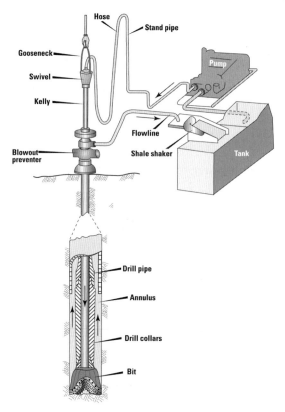

그림 5-4. 머드 처리 장치

특수 심해시추장비

육상 시추기는 완벽하게 안정적인 지반 고정이 가능하다. 육상 시추기는 사실상 장비와 물자에 필요한 공간을 제한 없이 사용할 수 있다. 육상 시추기가 한 장소에서 작업을 완료하면 트럭이 시추기를 지질학자들이 언급한 다른 장소에 정확히 끌어다가 놓는다.

이와 달리 심해시추장비는 이런 제약을 극복하기 위해 두 종류의 시추장비가 개발되었는데, 바로 반잠수식 시추선(semi-submersible drilling rig)과 시추선(drillship)이다.

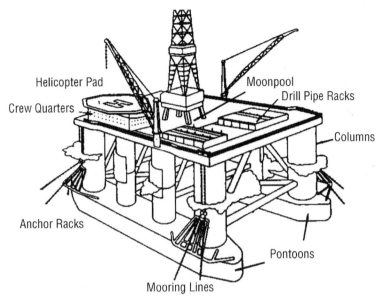

Helicopter Pad
Crew Quarters
Moonpool
Drill Pipe Racks
Columns
Anchor Racks
Pontoons
Mooring Lines

그림 5-5. 반잠수식 드릴링 리그

반잠수식 시추선(Semi-submersible drilling rigs)

첫 번째 반잠수식 시추선인 블루워터 시추기 1호(Bluewater Rig No.1)을 이끌어낸 획기적인 발전은 1징에서 연대 순으로 기록되었다. 대형 폰툰(pontoon)의 발라스팅 개념은 잠수를 통해 대부분의 무게를 낮춤으로써 반잠수식 시추선이 시추에 필요한 안정성을 제공한다(그림 5-5 참조).

그러나 육상 시추기로 해저 작업을 수행하기 위해서 다른 획기적인 발명이 필요하다. 시추기를 제자리에 유지시켜야 한다면 반잠수식 시추선이 시추기와 함께 8~12개에 이르는 앵커 세트를 갖추어야 한다. 양묘선(anchor-handling boat)은 시추기의 윈치 시스템과 연동하여 앵커를 배치한다. 앵커는 우선 해저에 놓여 있는 길이가 100피트 이상인 체인에 연결된 뒤 수심에 따라 와이어나 폴리우레탄 로프에 연결된다.

다른 위치 제어 방법으로는 보다 편리하지만 설치 및 운영비가 비싼 동적위치제어 시스템(dynamic positioning system, DPS)을 사용할 수도 있다. 이 시스템은 정지궤도 위성(geosynchronized satellite)의 위치 신호를 프로펠러(propeller)와 추진기(thruster)를 통제하는 컴퓨터에 입력으로 사용한다. 추진기 측면에서 물을 분사하여 시추선이 시추 위치를 유지할 수 있게 해준다.

모든 시추 작업에서 드릴 비트에 가해지는 하중은 신중하게 관리되어야 한다. 20,000 피트 이상의 드릴 파이프 무게가 드릴 비트에 실린다면 드릴 파이프 아랫부분이 손상되고 비트도 파괴될 것이다. 호이스트에 있는 상하동요 저감장치(heave compensators)는 바람과 파도에 의한 시추기의 불가피한 상하동요를 흡수하여 시추자가 비트에 가해지는 하중을 제어하도록 돕는다.

플로어 면적과 저장 공간은 어느 해양 시추선에서나 부족하며, 심해 시추선에서는 모든 것들(튜블러, 머드, 연료 저장공간, 발전, 선원 주거 시설, 크레인 등)이 더 많이 필요하다. 심해 시추선은 복층구조로 설계되어 이런 문제를 해결한다.

석유산업에서 **세대**(*generation*)라는 용어를 도입하여 반잠수식 시추선의 능력을 표시한다. 이 용어는 표 5-1과 같이 건설 연도와도 약간 관련이 있다.

표 5-1. 반잠수식 드릴링 리그 연대

Generation	Era	Water depth	Variable Deck Load
I	1960s	600 ft	-
II	Early 1970s	2,000 ft	2,000 T
III	Early 1980s	3,000 ft	3,000 T
IV	1990s	4,000 ft	5,000 T
V	Early 2000s	7,500 ft	7,000 T
VI	2010s	10,000 ft	8,000 T

표 5-1과 같이 수심과 유정이 깊어질수록 더 크고 견고한 시추탑이 필요하고, 그에 따라 더 강력한 호이스트, 더 큰 고압 이수 펌프 용량, 보다 큰 저장 용량 그리고 더 큰 튜블러 저장 공간이 필요하다. 이로 인해 시추기가 무거워지므로 더 큰 폰툰, 지지대, 앵커, 자동위치제어시스템도 필요해진다. 이는 새로운 제어실 기술이나 튜블러 핸들링 혹은 그 외의 새로운 장치를 의미하지는 않는다. 단지 차세대라는 표제어가 추가된다.

시추선

반잠수식 시추선의 주요 특징들 외에도 시추선은 몇 가지 독특한 특징이 있다. 가장 분명한 차이점은 바로 배 모양으로 되어 있어 기동성을 제공한다. 시추선은 자항 기능을 갖추고 있어 한 시추 장소에서 다른 곳으로 신속하게 이동할 수 있다. 예를 들어, 멕시코만에서 앙골라 연안으로 이동하는 데에 약 20일 밖에 걸리지 않는다. 이에 반해 반잠수식 시추선은 원양예인선(oceangoing tugboat)에 견인되어 70일이 지나야 앙골라 연안에 도착한다.

기동성이 있는 시추선 건조는 같은 규모의 반잠수식 시추선 건조에 비해 비싸다. 그 결과 선박 소유주는 더 높은 임대료를 청구하는데 이는 이동으로 인해 작업을 못 하는 시간을 줄일 수 있으므로 그만큼 이득이 있기 때문이다.

시추탑 아래의 **문풀**(*moonpool*)은 선체에 나 있는 개구부로, 리그 플로어에 중앙에 위치하여 시추선에서 시추 작업을 가능하게 한다(그림 5-6 참조). 일부 최신 시추선에는 반잠수식 시추선과 마찬가지로 큰 시추탑(derricks)이 있어 동시 작업, 즉 동시 시추와 케이싱 핸들링이 가능하다.

표 5-2와 같이 설치시기와 수심에 따라 시추 장소를 각각 다른 유형으로 분류했다. 1장에서 언급했듯이 첫 번째 시추선인 CUSS I는 갑판 측면 바깥에 마스트(mast)를 위치시켰다. 이후 대부분의 설계에서는 문풀을 적용하여 더 안전한 해상작업이 가능하도록 했다. 그림 5-7은 1975년 형태 시추선 디스커버러 534(Discover 534)호와 이중 핸들링시스템을 갖춘 1999년 형태의 시추선 엔터프라이즈(Enterprise) 호의 큰 규모 차이를 보여 준다.

표 5-2. 드릴선박 연도

Drillship	Launch Date	Water Depth
CUSS I	1961	350 ft
Discoverer 534	1975	7,000 ft
Enterprise	1999	10,000 ft
Inspiration	2009	12,000 ft

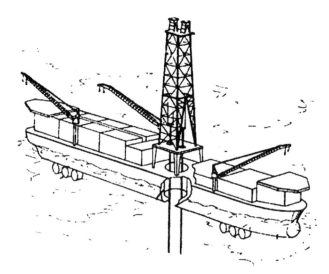

그림 5-6. 문풀과 추진장치를 보여 주는 드릴십

그림 5-7. 복합 작업 시설을 갖춘 대형 드릴선박, Discoverer Enterprise. 초창기의
작은 드릴십은 Discoverer 534로 보급선이 접안되어 있다.

에 플러리버스 우넘

각 분야에서 정상에 도달한 많은 기업들은 카리스마 있는 혹은 강한 의지를 갖고 있는 개인에 의해 가능했다. 그러나 트랜스오션사(Transocean, Ltd.)는 이와 다르다. 이 회사는 여섯 회사의 대표자들이 힘을 합쳐 만들었다. 결국 이런 결합체를 통해 모두 규모의 경제에 의한 통합의 혜택을 나눴다.

트랜스오션사는 작은 회사들의 결합체이다. 즉, SONAT Offshore Drilling, SEDCO, Global Marine, Forex, Santa Fe, CUSS 그룹 그리고 Contineta, Union, Superior, Shell Oil 회사의 컨소시엄이며 또한 거의 잊혀진 회사들인 Danciger, Neptune Offshore, Louis N Westfall 그리고 노르웨이 회사인 트랜스오션 ASA가 포함된다. (그림 5-8 참조). Schlumberger와 Kuwait Petroleum Company는 트랜스오션사의 비잔틴 (Byzantine) 역사의 큰 부분과 관련이 있다.

최초의 해상 개발은 1951년 CUSS그룹이 부유식 해상 시추선인 서브마렉스(Submarex)를 인수하고 해저 코어링(Offshore coring)에 착수하면서 시작되었다. 1장에서 설명한 캔틸레버식 시추기(cantilevered drilling rig)가 탑재된 좀 이상하게 설계된 선박을 통해 여러 회사들이 더 안정된 설계를 할 수 있는 계기를 만들었다.

- 산타페(Santa Fe)사는 1956년에 트리니다드(Trinidad)의 유정 개발을 위해 육상시추 장치를 잭업 바지(Jack-up barge)에 적용하였다.
- 1958년, 글로벌마린(Global Marine)사는 CUSS I를 포함한 CUSS의 자산을 획득했다. 이 시추 바지선에서 배운 것들을 바탕으로 1961년 혁신적인(그 당시에) 자항 방식을 갖춘 CUSS Ⅱ를 개발하고 이어서 Ⅲ, Ⅳ, Ⅴ를 차례로 개발했다.
- SEDCO사는 특별히 위치 제어를 목적으로 선회하는 추진기를 탑재한 시추선인 유레카 호를 출시했다(그림 1-11 참조).

1966년 Sonat's Offshore Company는 혹독한 북해 수역에서 1년 내내 시추할 수 있는 최초의 잭업 리그(Jack-up rig)인 오리온(Orion)을 투입했다.

- 1969년, Forex사 그룹은 최초의 반잠수식 시추선 중 하나인 펜타곤 81(Pentagone 81)을 생산했다.

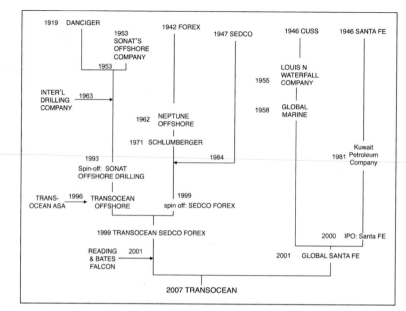

그림 5-8. Transocean, Ltd. mergers

- 같은 연도에 Offshore Company는 최초의 자체 추진 잭업 리그인 Offshore Mercury호를 생산했다.

    1970년대에 유가가 폭등함에 Offshore Company, Forex, SEDCO, Global Marine과 후발주자인 Santa Fe까지 급속히 성장하는 시장에 대응하기 위해 모두 잭업 리그와 반잠수식 시추선 사업에 뛰어들었다. 거침없이 계속되는 심해 개발에 대응하기 위해 이런 회사들은 끊임없이 기술을 향상시켰고 기술 경쟁을 계속했다.

- 1971: SEDCO는 위치 유지를 위해 사이드 추진기를 탑재한 최초의 자동위치 제어 시추선인 SEDCO 445호를 개발했다. SEDCO사는 이듬해 브루나이(Brunei)에서 1,300 피트 깊이의 유정을 개발했다.
- 1977: SEDCO는 최초의 자동위치 제어가 가능한 반잠수식 시추선 SEDCO 709을 개발했다.
- 1983: Global Marine은 악천후용 잭업 리그인 Morary Firth Ⅰ, Labrador Ⅰ, Baltic Ⅰ을 건조했다.
- 1985: Sonat Offshore Drilling은 해저 4,000피트까지 시추가 가능한 4세대 반잠수식 시추선을 최초로 개발했다.

- 1996: Transocean Offshore의 Transocean Leader호는 셔틀랜드(Shetland)의 서쪽 4,000피트의 수심에서 1년 내내 작업이 가능한 최초의 4세대 반잠수식 시추선 이었다.
- 1996: Glomar Marine은 Glomar Explorer호에 자동위치 제어를 탑재해 7,800피트 까지 시추가 가능하도록 했다.
- 2000: 합병된 Transocean SEDCO Forex사는 해저 9,000피트 밑으로도 작업 가능 한 5세대 반잠수식 시추선 3대를 투입했다. 이는 SEDCO Express, SEDCO Energy 그리고 the Cajun Express이다.
- 2003: 같은 회사의 Discoverer Deep Seas호는 해저 10,000피트에서 시추했다. 이 회사의 Polar Pioneer호는 노르웨이에서 23,000피트의 수평 유정을 시추했고 세계 기록을 세웠다.

1990년 후반 부상하는 심해사업에 새로운 복합적인 가치가 필요하다는 사실을 알게 되었다. 기술적 요구들에 부흥하기 위해 더 심도있는 공학 및 과학 지식이 필요해졌고, 글로벌 사업을 성공적으로 수행하기 위해서는 현지 고객과 사기업 및 국영석유회사와의 폭넓은 관계가 요구되었다. 이러 이유로 5개의 기업체가 재원을 공동출자하여 단일 회사로 출현했

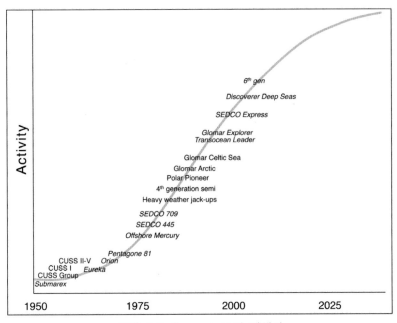

그림 5-9. Transocean의 발전사

다. 트랜스오션은 고객들에게 다양한 이익을 만족시킬 수 있는 규모를 갖추었다.

    반세기 이상 트랜스오션과 합병회사들은 성장을 했고, 가끔은 매우 어려웠으나, 개발자들이 요구한 심해개발에 대응하였다. 이 회사들은 각종 신기술을 도입하고 소유한 시추기의 규모를 확대하는 등 하나의 그룹으로써 한 발 한 발, 때로는 큰 폭으로 발전하여 지속적으로 새로운 역량들을 키워나갔다(그림 5-9).

시추 및 유정 완결 | 06 Chapter

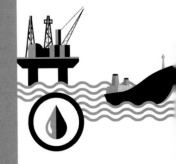

하나의 발견을 통해서 우리는 전에 생각하지 못했던 다른 사람들의 지식이 불완전함을 알게 된다.

─요제프 프리스티(1733~1804)
다른 종류의 공기에 대한 실험과 관찰

탐사 지질학자(exploration geologist)와 해저 전문가(subsurface professional)팀이 후보지에 관한 기술적인 조사를 완료하면, 그들은 최적의 후보지를 찾아내 그곳을 시추할 것을 경영진에 제안한다. 경영진은 원칙적으로 시추를 승인하며, 이 결정을 통해 모든 것이 구체적인 계획을 바탕으로 진행되어 나간다. 이 시점에서 탐사기관은 다른 내부 전문가인 시추 엔지니어(drilling engineer)에게 견적 및 구체적인 유정 계획을 요구함으로써 그림 6-1과 같이 공식적인 유정 설계 절차에 따른 작업착수를 승인한다.

회사들은 이 시점에서 유정 개발관련 업무 주도권을 유정 계획 절차를 주도하는 시

The Process to Drill a Well

Key Process Steps	Responsible Party
Define the well *objectives*	Geologist/geophysicist
Estimate the downhole pressures	Geologist/geophysicist
Establish the well evaluation criteria	Geologist/geophysicist
Specify the downhole logging program	Petrophysical engineer
Identify any special issues	Everyone involved
Prepare the well plan	Drilling engineer
Estimate the well cost	Drilling engineer
Survey the drilling rig options	Drilling engineer
Select the drilling rig	Drilling engineer
Select service providers	Everyone involved
Drill the well	Drilling operations
Evaluate the well	Everyone involved
Complete or abandon the well	Drilling operations

그림 6-1. 드릴링 과성

추 엔지니어에게 부여한다. 새로운 팀 리더의 첫 번째 임무는 바로 회사 경영진과 협력하여 적합한 인원을 팀에 배정하여 유정 시추를 계획하는 것이다. 흔히 이전 팀원 중 몇몇이 새로운 팀에도 계속 배정되는데, 특히 탐사 지질학자의 경우는 더 중요하다. 다음으로 구성된 팀은 유정의 목적, 예상 소요시간 및 비용 견적, 위험 요인, 정부 규제 등 모든 측면을 고려하여 구체적인 유정 설계 기준을 세운다.

유정 계획

시추 엔지니어는 초기에 유정 **시추 프로그램**(*drilling program*)을 준비하는데, 20쪽 이상의 관련 문서는 계획된 유정 시추의 모든 활동과 구체사항을 포함한다. 그림 6-2 는 이 문서의 전형적인 표지를 보여 준다. 유정을 성공적으로 시추하기 위해서 시추 프로그램은 작업 책임, 사양 그리고 자재 및 장비를 구체적으로 제시한다. 프로그램 문서는 시추 계획에 있어서 중요한 다음의 세부사항을 포함한다.

- 유정의 위치
- 수심
- 유정의 수직 깊이(vertical depth)와 총 계측깊이(total measured depth) (수직 깊이는 리그 플로어에서 유정의 목표 깊이까지 수직으로 측정된다. 총 계 측 깊이는 드릴 비트가 유정 바닥까지 이동하는 거리를 의미하며, 이는 방향시 추(directionally drill)를 사용한 유정의 수직 깊이와 다르다).
- 지질역학적(geomechanical) 모델링에 의해 조사된 시추공 안정성 문제
- 일수 계획(lost circulation plans)
- 확장 가능한 튜블러 등의 특별한 케이싱 설계
- 예상되는 **저류사암**(*reservoir sands*)의 깊이(종종 여러 개가 있다.)
- 다운홀(downhole) 유정 압력, 특이 유압 지대 혹은 유압 변화, 개발 유전 내 잠재적 고갈 지역
- 예상되는 탄화수소: 석유나 가스 혹은 둘 모두
- 가스 내 H_2S(황화수소)나 CO_2(이산화탄소)의 유무
- 평가 요구(mud log, electric log, drillstem test 등)
- 순환 해류, 천해 위험요인(shallow hazard), 천해 유동 등의 특별한 시추 문제

- 산업에서 권장하는 작업 규정들
- 특별한 정부 규제 적용
- 결정적 위험요소 판별
- 유정 시추 및 평가에 소요되는 시간과 비용 추정

시추 프로그램은 유정의 최종 처분에 대해서도 명시한다.

- 만약 소모성 유정이라면 (시추된 후 평가), 그 유정은 시멘트와 함께 산업 관행과 정부 규제에 따라 입구를 막고 영구히 버려진다(P&A, plugged and abandoned). 또한 유정이 건공(dry hole, 예를 들어 상업적 탄화수소가 발견되지 않는 등)이어도 영구히 버려진다.
- 잠재적 탄화수소 구역이 많이 존재할 가능성이 있다면 그 유정은 한두 개의 사이드트랙(sidetrack)을 포함하고 있을 수 있다. 원래의 시추공이 평가된 후 유정을 특정 깊이까지 다시 막고, 다른 궤도로 시추하여 다른 잠재적 유정을 평가하는 데 사용된다.
- 탄화수소가 원래의 시추공 혹은 사이드트랙 위치에서 발견되는 유정은 미래에 사용하기 위해 유지할 수도 있다. 이 경우 케이싱을 유정의 전체 깊이까지 관입

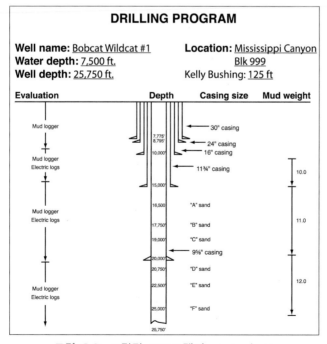

그림 6-2. 드릴링 프로그램의 cover sheet

한 후 시멘트로 막는다. 다음으로 정부 규제에 따라 임시 시멘트 플러그가 케이싱 스트링 안에 놓인다. 또한 개발단계에서 유정이 다시 필요해질 때까지 그 위에 임시로 트리(tree)를 설치한다.

이때 시추 엔지니어와 탐사 지질학자는 유정 시추 비용을 승인(AFE, authorization for expenditure)받기 위해 시추 프로그램을 공동 경영진에 제출한다.

시추선 선정

심해 시추가 가능한 시추선은 1장에서 설명한 첫 번째 시추선(drillship)인 CUSS Ⅰ을 시작으로 크게 발전해왔다. 현재 시추를 수행하는 회사는 수심 1,500피트 이상까지 작업 가능한 300개가 넘는 반잠수식 시추선과 드릴쉽 중 선택할 수 있다. 그림 6-3의 반잠수식 시추선 Nautilus, 그림 6-4의 Discoverer Clear Leader 그리고 이용이 가능한 다른 시추선들도 해저 30,000피트에서 12,000피트까지 유정 시추가 가능하다.

그림 6-3. 반잠수식 작업선, Nautilus

그림 6-4. 복합 작업 마스트(mast)를 갖춘 드릴선박, Discoverer Clear Leader

선택의 폭을 좁히기 위해서 시추 엔지니어는 시추선이 충족시켜야 하는 프로젝트의 요구사항을 다음과 같이 고려해야 한다.

- 수심과 유정 깊이
- 압력 등급, 라이저 크기, BOP(blowout preventer) 사양
- 갑판 공간과 가변 적재 용량
- 시추 이수 무게 및 운반 능력
- 훅(Hook) 적재 용량(시추탑이 얼마나 많은 파이프나 케이싱을 지탱할 수 있는 지－보통은 200만 파운드 이상)
- 원격무인잠수정(ROV, Remote Operated Vessel) 용량
- 단일 유정(single well), 다층 수평유정(multilateral well) 및 스마트 유정(smart wells) 처리 능력
- 안전 성능 및 환경 성능 기록
- 유정 및 시추선 센서 데이터의 실시간 전송을 포함한 통신 능력
- 장비동원 비용
- 하루 용선료(the dollars per day to use it)
- 계약 기간

● 유용성 – 기회 범위

이상의 기준을 바탕으로 시추 엔지니어와 시추 감독관(drilling superintendent)은 필요한 조건을 충족시키는 시추선을 보유한 여러 회사들을 선정한 다음, 공사 입찰을 받거나 몇몇 유정의 장단기 계약을 협상한다. 대부분의 경우에 탐사회사는 이미 장기 계약이 체결된 시추선을 보유하고 있고, 시추 기관(drilling organization)은 작업을 위한 최적의 시추선을 배치할 수 있다. 그렇지 않은 경우 공사 수행이 가능하고 계약이 가능한 대상 회사들이 공식적인 입찰에 응해야 한다. 시추 감독관과 그의 팀은 가장 안전하고 비용 절감적인 방식으로 유정을 시추할 것이라 생각되는 시추 운용사를 선정한다. 그리고 나서 시추선 회사와 탐사 회사가 협력하여 안전성과 위험 평가, 유정 계획 및 실행을 감독하고 기록한다.

일부 심해 유정은 생산 플랫폼들(고정식 플랫폼, CT(Compliant Tower), 인장각식 플랫폼(TLP), 스파(Spar)) 등을 사용하여 개발 단계에서 시추된다. 이 유정들을 시추하는 데 사용되는 시추선들에는 **플랫폼 시추선**(*platform rig*)이라는 명칭이 붙는다. 플랫폼 시추선들은 플로팅 리그(Floating rig, 부유식 시추선)의 유압, 전기, 부하 능력을 모두 갖추고 있지만, 독립적인 전용 선체(hull)가 아니라 생산시스템의 갑판 위에 설치된다.

시추

비용 승인(AFE)이 이루어지고 시추 계약이 체결되면 유정 시추 단계로 넘어간다. 반잠수식 시추선을 동원할 경우에는 큰 양묘선이 시추선을 정해진 위치로 끌어가 계류시킨다. 위성 신호가 반잠수식 시추선의 초기 위치 제어와 지속적인 시추 작업 모니터링을 지원한다. 한 시추회사가 5,000피트까지 유정을 시추하는 작업은 시어스 타워 꼭대기에 올라가 South Wacker Drive에 놓여있는 코카콜라 병에 긴 빨대를 넣는 것과 마찬가지로 어려운 작업이다. 성공하면 콜라의 상쾌함을 느낄 수 있다. 유정시추 작업에 성공하면 느낄 수 있는 기쁨이다.

시추선을 동원하면 자체 동력으로 시추 장소로 이동한 뒤 앞쪽, 뒤쪽, 측면에 외부 추진장치를 가동하여, 지속적인 위성 지상 위치정보의 도움을 받아 동적 위치제어를 통해 스스로 위치를 제어할 수 있다.

많은 반잠수식 시추선 또한 동적 위치제어를 갖추고 있다. 기타 시추선들은 위치 고정을 위해 계류장치를 사용해야 한다. 이 중 일부는 계류삭을 자체 구비하고 양묘선이 시추선을 고정시키기 위해 시추 장소에 닻을 내리는 일을 돕는다.

반잠수식 시추선들의 규모가 커지고 작업 수심이 깊어짐에 따라, 계류를 위한 장비 키트도 엄청난 비율로 증가하여 더 넓은 갑판 공간 및 더 큰 부력이 필요해졌다. 비용과 시간을 줄이기 위해 시추사들은 계류장치를 미리 시추 장소에 끌어다 놓고 앵커를 미리 설치해 놓기 시작했다. 이런 방식을 통해 반잠수식 시추선이 도착했을 때 계류하는데 며칠이 아닌 고작 몇 시간밖에 걸리지 않았고, 양묘선의 하루 용선료가 반잠수식 시추선의 요금을 대체하며 계류 비용의 80%를 절약하게 되었다.

시추선이나 드릴쉽을 운용하는 선원들은 시추선을 제공하는 시추 회사의 직원들이다. 테스트, 시추 이수 작업 및 기타 특별 기능을 수행하는 다른 서비스 회사들의 직원들도 탑승한다. 아이러니하게도 석유 탐사 및 생산(E&P)회사의 대표자가 **오퍼레이터**(*operator*)로 불리며, 대개 한두 명의 시추 감독으로 구성되어 있다. 오퍼레이터 대표가 유정 시추에 대한 최후 결정을 내리면서도 시추 및 서비스 회사들이 안전하고도 효율적인 작업을 수행할 것을 기대한다.

암석물리학 엔지니어 혹은 그 역할을 담당하는 다른 전문가는 시추 진행 시 그리고 목표 깊이에 도달했을 때 유정 평가를 주도한다. 시추 프로그램에서 암석물리학 엔지니어는 정기적 또는 비정기적인 전기 검층(electric logs) 및 이수 검층(mud logs)을 요구한다(시추 프로그램은 그림 6-2의 좌측과 같이 검층 요건을 보여 준다). **시추 중 측정**(MWD, *Measure While Drilling*) 장비는 드릴 비트가 관통함에 따라 탄화수소의 유무를 판단한다. 전기 검층은 각 케이싱 위치에서 시행되며, 전체 깊이에서 시추된 층의 유형, 유정 모래의 석유 및 가스 존재 여부, 유정 모래의 성분 등을 파악할 수 있다. 이수 검층은 유정 시추 과정에서의 유정 암설물(well cuttings) 및 탄화수소 함량 기록을 제공한다. 대개 서비스 회사들(Schlumberger, Halliburton) 혹은 수십 개의 소규모 기업들)이 이러한 검층 테스트를 시행하며, 이어서 암석물리 엔지니어가 이를 해석해 유정이 성공인지 실패인지 결정한다.

시추 이수

압력 제어는 시추 엔지니어가 가장 우려하는 부분이다. 드릴 비트는 밑으로 깊게 들어갈수록 그 층 위의 다양한 암석층과 물기둥 때문에 발생한 층 내의 증가하는 압력과 마주하게 된다. 대부분의 지역에서 압력은 거의 예상했던 만큼 증가하지만 해저에서는 비정상적인 지질학적 압력이 자주 발생한다.

유정이 시추되면서 시추 이수(drilling mud)는 드릴 파이프로 내려가고 드릴 파이프와 유정 장벽 사이의 공간인 시추공 환형관으로 올라가며 순환한다. 이수 하중은 구멍 바닥의 압력에 맞춘다. 이수 하중의 변화에 따라 세 가지 경우가 발생한다. 만약 이수가 압력을 지탱할 만큼 무겁지 않다면 시추공이 붕괴될 수 있고, 더 악화될 경우에는 원유와 가스가 시추공에서 걷잡을 수 없이 뿜어져 나와 시추감시원(driller)이 유정 폭발 방지기를 잠글 수도 있다. 만약 이수가 너무 무겁다면 암석의 내구력을 압도하여 유정의 측면을 파열시키고, 층 안쪽으로 샐 수도 있다. 만약 이수 하중이 적합하다면 유정이 평가되고 작업이 완결될 때까지 시추공(well bore)은 온전하게 유지될 것이고 탄화수소도 층 안에 보관될 것이다.

이수가 드릴 파이프로 흘러 내려가서 드릴 비트의 분출구로 빠져나가 시추공 환형관으로 올라가는 동안, 이수는 두 가지 기능을 수행한다. 이수는 드릴 비트를 냉각시키고 시추 파편을 운반한다. 지면에서 이수와 파편이 분리되고 나면 이수 검층기(logger)가 그 파편들을 관찰한다. 파편은 탄화수소의 유무를 비롯해 시추된 각 층의 유형 및 연대를 파악하도록 돕는다.

유정이 깊어질수록 높아지는 압력을 상쇄하기 위해 더 무거운 이수가 필요해진다. 이수 하중이 증가되어야 한다. 하지만 이수의 특성상 시추공 바닥의 압력을 지탱하기 위해 이수가 무거워질수록 위에서 시추공에 가하는 압력 또한 커진다. 사실 이수 하중은 결국에는 중간 깊이에 있는 암석 업홀(uphole)을 파열시킬 정도까지 증가할 수도 있다. 이를 막기 위해 금속 케이싱이 유정 내에서 미리 선택된 깊이까지 사용되고(드릴 파이프가 시추공에서 나온 다음에), 후에 그 자리를 시멘트로 굳힌다. 금속 케이싱은 높은 이수 하중 압력을 지탱하고 비교적 약한 바위층이 파열되지 않도록 보호할 수 있다.

암석물리학 엔지니어는 시추 엔지니어에게 주어진 깊이의 바위층에서 **파열을 유발하는 압력**(*formation fracture gradient*) 정보를 제공해 케이싱이 언제 사용되어야 하는지 결정하도록 한다. 유정시추가 진행됨에 따라 케이싱은 약한 층들을 보호하기 위해 여러 번 사용되며 드릴 비트가 목표된 최종 깊이에 도달할 수 있도록 돕는다. 유정의 기하학적 구조로 인해 각각의 새로운 케이싱 스트링은 더 작은 반경을 가지게 된다. 이전에 사용된 케이싱에 맞아야 시추공 바닥에 도달할 수 있기 때문이다. 그림 6-2의 시추 프로그램 표지문서에 있는 조직도는 기본 케이싱 사용 계획을 보여 준다. 이 그림에서 유정시추는 30인치 **지면 케이싱**(*surface casing*)과 함께 시작된다. 유정시추가 20,000피트에 도달할 때쯤 각각 작아지는 직경의 케이싱 세트 4개가 자리에 더 끼워진다. 시추공의 마지막 5,750피트에 케이싱을 설치할 것인지 말지는 유정에 탄화수소가 있는지 여부에 따라 유정완결이 행해지는지에 따라 결정된다.

폭발 방지기

시추공 압력이 비정상석으로 그리고 매우 돌발적으로 급증할 경우에 대비한 또 다른 예방책으로서 모든 유정은 **폭발 방지기**(BOP, *blowout preventer*)시스템을 갖추고 있다. BOP는 시추선 제어실에서 작동시킨 하나 이상의 장치를 통해 유정의 유체 흐름을 봉쇄할 수 있다. 어떤 장치를 사용할 것인지는 상황의 심각성에 따라 결정되지만 이 모든 것은 시추 작업, 직원들 및 환경을 보호하기 위한 것이다.

반잠수식 시추선 혹은 드릴쉽에 의해 시추된 유정의 경우 BOP는 해저면에 있는 유정 케이싱 헤드 위에 설치된다. 해저바닥에 고정된 플랫폼(fixed-to-bottom platform), 텐션 레그 플랫폼, 스파와 같은 안정된 시추 플랫폼일 경우 BOP가 갑판 위 시추탑 바로 아래에 위치할 수 있다.

그림 6-5와 같이 시추선의 해저 BOP 스택(stack)은 4개 이상의 유압 장치세트로 구성된다. 첫 방어선은 한 두 개의 Hydril 혹은 환형방지기(annular preventer)이다. 활성화될 경우 도넛 모양의 고무 금속 합성물이 드릴 파이프와 케이싱 사이의 환형공간(annular space)을 막는다. Hydril은 시추감시원(driller)이 시추 이수 흐름이 급증하는

조짐을 발견하는 순간 닫힌다. 이는 비교적 압력이 높은 구간이 관통되었고 이수 하중을 늘려야 함을 의미한다.

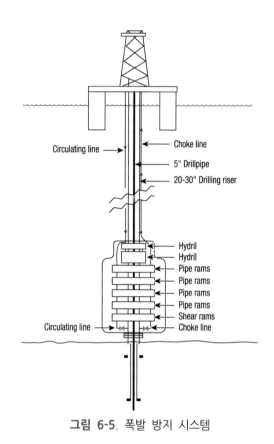

그림 6-5. 폭발 방지 시스템

만약 압력이 Hydril을 제어할 수 있는 범위를 넘어서는 경우나 Hydril이 손상되었을 경우, 다음 안전장치는 바로 네 가지 종류의 파이프 램(rams)이다. 이 램들은 금속과 고무로 만들어졌고 드릴 파이프 둘레에 맞게 설계되었으며 환형관을 폐쇄하는 역할을 한다. Hydril이나 파이프램이 닫히면 초크 라인(choke line)에 있는 밸브가 열리게 된다. 이로 인해 더 무거운 시추 이수가 드릴 파이프로 내려갔다가 다시 BOP 스택(stack) 밑에 있는 환형관 구간으로 올라가며, 초크 라인 위로 올라가 지면으로 나오는 등 순환할 수 있게 된다. 무게가 증가된 시추 이수가 더 높은 저류 압력을 제어하면 파이프램과 Hydril은 안전하게 다시 열릴 수 있다.

비정상 상황에서는 **시어 램**(*shear rams*)이 최후의 수단으로 사용된다. 이 금속 블라인드는 금속 드릴 파이프의 장벽을 뚫고 나가 환형관과 드릴 파이프를 모두 봉쇄한다. 시어 램(Shear rams)의 사용은 시추 작업에 되돌릴 수 없는 손상을 입힌다. 이 방법을 사용 후에는 유정에 다시 진입해야 하며, 압력을 지탱해야 하고, 일부 드릴 파이프는 제거되어야 한다. 이로 인해 시추 작업에 며칠이 더 소요되고 비용도 추가된다.

시추팀은 BOP시스템을 주기적으로 철저하게 테스트하여 제대로 작동하는지 확인한다. 회사 규정에 따라 그리고 지방자치단체가 그 빈도수와 테스트 절차를 결정한다.

유정 평가

드릴 비트가 목표 깊이에 도달하고 나면 비트와 드릴 파이프를 회수하고 시추 엔지니어와 시추팀이 유정을 평가한다. 드릴 스템 평가(Drill Stem Test)는 아직 케이싱으로 덮이지 않은 구역에서의 탄화수소 유동률로 평가할 수 있다. 이 데이터 검토 및 기타 테스트와 종합한 후 최종 유정완결 결정을 내린다. 결정이 내려질 때까지 시추선은 대기한다. 시추공에 시멘트 플러그를 설치하고 BOP를 분리함으로써 시추정이 '일시적으로 폐기'될 수도 있다. 그리고 나서 시추선은 다른 작업을 위해 이동한다.

드릴 스템 평가(Drillstem Test)

"생산 능력, 압력, 투수율 그리고 탄화수소 유정의 (혹은 이 모든 것의) 규모를 결정하는 절차이다. 다양한 상표의 공구(proprietary hardware) 세트를 가지고 검사를 실시할 수도 있지만 보통은 임시 패커(packer)로 관심 구역을 분리한다. 다음으로, 하나 이상의 밸브를 열어 유정의 유체가 드릴 파이프에 스며들게 하고 시추 파이프에 한동안 흐르게 하여 유정의 유체를 확보한다. 마지막으로 오퍼레이터가 유정을 막고, 밸브를 잠그고, 패커를 제거하고, 구멍 밖으로 장비를 꺼낸다. 테스트의 요건과 목적에 따라 한 시간 이하로 짧게 소요될 수도 있고 며칠, 몇 주 정도로 오래 걸릴 수도 있으며, flow period와 압력 상승(pressure buildup) 기간이 한 번 이상 존재할 수 있다." (Schlumberger Glossary 유전 용어 사전에서 발췌, www.glossary.oilfield.slb.com/)

유정 완결

해상(subsurface)과 시추팀의 주요 사안은 유정 개발을 계속하느냐 중지해야 할지 결정하는 일이다. 상황에 따라서는 비용 승인이 결정되자마자 유정 완결 작업을 시작할 수도 있다. 탐사용 시추공(wildcat)인 경우에는 최종 개발 계획을 수립할 때까지 유정 완결 결정이 2~3년 지연될 수도 있다.

그렇다면 완결을 위해 어떤 일들이 남았을까? 원유와 가스를 효율적으로 생산하려면 유정의 생산 흐름이 통할 수 있도록 추가적으로 케이싱이 설치돼야 한다. 생산량이 유입되는 배관(tubing)이 제자리에 있어야만 하며 배관 밑에 설치된 케이싱에 구멍을 뚫어 원유와 가스가 유입될 수 있도록 해야 한다. 유정 위에는 트리를 설치해야 하고 안전장치가 정위치에 놓이고, 탄화수소가 생산되는 모든 저류 모래층에 키트를 설치하여 모래가 유정을 막는 것을 방지해야 한다. 이러한 단계를 수행하는 절차는 그림 6-6에 나타냈으며, 주로 그 복잡성과 비용 측면에서 육상 및 천해 유정 완결은 차이가 있다.

심지어 시추 단계를 마치기도 전에 지질학자와 유전 엔지니어는 유전 특정을 규정하면서 유정 완결 절차를 위한 초기 세 단계 작업에 필요한 기초자료를 보유하게 된

Process Steps	Responsible Party
Create a reservoir model	Geologist and reservoir engineer
Specify reservoir pressures and temperatures	Reservoir engineer
Estimate well rates and ultimate recovery	Reservoir engineer
Identify any special issues	All involved
Develop a completion plan	Completion engineer
Estimate the completion cost	Completion engineer
Approve the rig company capabilities	Completion superintendent
Select service providers	All involved

그림 6-6. 유정 완결 절차

다. 그런 정보들과 암석물리학 엔지니어와 지구물리학자 그리고 관련자들이 완결 계획을 마련한다.

또한 대부분의 회사에서는 보통 기계분야 전문가인 완결(혹은 생산) 엔지니어에게 그 다음 순서가 넘겨진다. 완결 엔지니어의 첫 번째 임무는 완결 프로그램(그림 6-7)을 만드는 것이다. 작업 계획의 세부사항은 다음과 같다.

- 관련자와 그들의 임무
- 완결 유형
  - 단일 전통적(single conventional)
  - 복합(multiple) 스마트 유정
- 완결 절차
- 기계적인 사항
  - 완결 유체 유형 및 하중

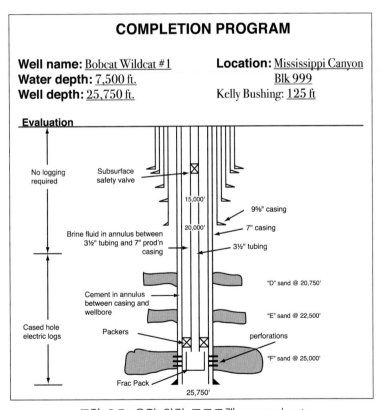

그림 6-7. 유정 완결 프로그램 cover sheet

- 하드웨어 사양
  - 천공(perforation) 유형 및 깊이
  - 배관 크기
  - 패커 유형과 위치
  - 해저 안전 밸브 유형과 깊이
- 복합 완결을 위한 스마트 유정 기술
- 인공 회수(artificial lift) 고려사항
- 트리 사양
- 시추선 없는 유정개입(유정작업) 용량(rigless intervention capability)
- 다운홀(downhole) 측정 요건
- 착수 절차

유정 완결 프로그램은 유정 완결 펀드를 승인받기 위한 AFE를 준비할 때 기반이 된다.

기계적인 사항

완결 엔지니어들이 기타 해저 전문가들과 협력하여 내리는 가장 중요한 결정은 바로 어떤 완결 유형을 해당 유정에 적용할 것인가 이다. 궁극적으로 개발될 유정의 수, 완결 절차의 복잡성, 향후 시추선 동원 가능성 그리고 최종 전체 비용에 따라 완결 팀이 그림 6-7처럼 유정의 최적 완결 절차를 선정한다.

모든 완결 검층을 수행한 후에(시멘트 본드 검층, 압력 검층 등) 단일 유정이든 복합 스마트 유정이든 우선 케이싱 안에 있는 시추 이수를 완결 유체로 대체하는 것으로 시작해서 완결 절차를 진행한다. 완결 유체란 물과 농축된 염화나트륨이나 염화칼슘이나 브롬화아연으로 구성된 브라인(brine)으로서, 시추 이수의 하중을 대체한 것이다. 브라인은 다른 완결 작업이 시추공에서 진행될 수 있도록 도우면서도 시추 이수와 같은 압력 제어 기능을 수행한다. 또한 이 단계에서 유체 중 일부가 지하 층으로 새어 들어갈 수도 있기 때문에 이 혼합물의 환경친화적 특성이 요구되고 유정에 손상이 없는 유체가 요구된다.

시추 단계에서 보호 케이싱이 구멍 아래로 내려가며 전체 깊이의 80% 정도까지 설치된다. 대부분의 경우 유정을 계속 유지시키기로 한다면 생산 케이싱은 탄화수소를 포함하고 있는 가장 깊은 유정 아래의 최저 깊이까지 관입된다. 첫 번째 작업 사항은 생산 케이싱을 탄화수소를 포함한 가장 깊은 유정의 밑에 있는 기존 케이싱 안쪽에 설치하는 것이다. 생산 케이싱은 직경이 가장 작은데, 그 위에 이미 설치된 케이싱에 따라 5~9인치로 결정되며(그림 6-7), 이 때문에 생산관은 폭이 더 좁아진다.

스마트 혹은 인텔리전트 유정(Smart or Intelligent wells)

일반적으로 원유 및 가스산업에서는 다음과 같은 다운홀(downhole)이 설치된 유정을 스마트 유정 또는 인텔리전트 유정으로 간주한다.

- 압력 및 온도 센서와 같은 모니터링 장비
- 자동으로 혹은 오퍼레이터의 원격 조종으로 조절 가능하여 생산을 최적화할 수 있는 다운홀 밸브와 맨드릴(mandrel) 등의 완결장비

이 다운홀 장비들은 육상(surface)에서 작동될 수 있기 때문에 이런 유정들은 매우 비싸거나 잠재적인 기술적 어려움이 있는 고가의 시추선을 대신할 수 있는 대안으로 고려되었다.

이 유정들은 유정 마무리 비용을 절감해주기도 하지만 시간이 지나면서 다른 이유 때문에 그 중요성이 더욱 부각되었는데, 이는 같은 시추공에서 다른 저류지까지 생산하거나 다부착관 유정을 사용한 생산을 가능하게 만들고, 궁극적으로는 이 유전들로부터 더 많은 탄화수소를 회수하는 능력 때문이었다(그림 6-8 참조). 이 기술이 신뢰를 받기 시작하면서 스마트/인텔리전트 유정 설치가 증가하였다.

이후의 작업 순서는 다음을 포함한다.

- 생산 케이싱을 시멘트로 고정
- 배관 작업스트링(workstring) 설치
- 작업스트링을 통해 시추 이수를 브라인과 대체
- 케이싱 천공
- **자갈팩**(*gravel pack*) 혹은 **프랙팩**(*frac pack*) 설치
- 작업스트링을 생산관 및 패커와 교체
- 완결 유체를 영구적인 내부식(corrosion-resistant) 유체로 교환
- BOP 제거
- 트리 설치

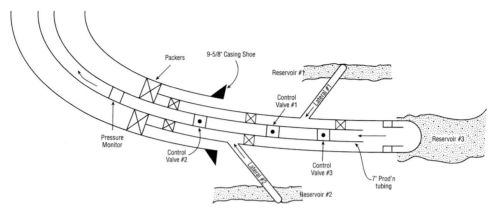

그림 6-8. 다방향 스마트/지능적인 유정. 3개의 저류암으로부터 흘러들어오는 유동은 다중 저류암의 유동제어를 위한 패커, 제어밸브, 압력모니터에 의해 원격으로 제어된다.

　많은 안전 장치 중 하나로서, 해저 안전 밸브(subsurface safety valve)가 해저 수천 피트 아래 시추공 안에 위치해 있다. (그림 6-7 참조.) 밸브를 열린 상태로 유지해주던 압력이 급속하게 떨어지는 순간, 이 안전 밸브(Failsafe valve)는 자동으로 닫힌다. 이는 트리 또는 플랫폼이 파괴되는 재앙과도 같은 사건이 발생할 경우 유정의 원유 및 가스 흐름을 막는다.

크리스마스 트리—습식 트리—건식 트리

이 장치는 초기에 육상 유전에서 유정 위에 설치되었고 중앙의 축에 소수의 밸브, 노즐, 핸들이 합쳐져 구성되어 있고, 보통 아래가 더 넓으며 때때로 나무와 비슷한 모양을 하고 있었다. 석유산업의 전설에 따르면 오클라호마와 텍사스 유전의 노동자들이 크리스마스 무렵에 전등과 화환으로 이 장치를 장식하고 **크리스마스 트리**(*Christmas tree*)라는 이름을, 나중에는 단순히 **트리**(*trees*)라는 이름을 계속 사용하게 해달라고 간청했다고 한다.

사람들은 오늘날 육상에 있는 이 장치를 목재로 착각하지는 않으며, 해저 유정에 사용된 자급식 장치(self-contained apparatus)는 크리스마스 트리와 닮지 않았다. 해상에서 **건식 트리**(*dry tree*)는 생산 플랫폼 위에 설치되어 선원이 손으로 작동시킬 수 있다. **습식 트리**(*wet tree*)는 해저의 웰 헤드(wellhead) 위에 설치된다. 조작자가 **엄빌리컬**(*umbilical*)을 통해 연결된 생산 플랫폼에서 작동시킬 수 있다. 10장에서 이 시스템을 더 구체적으로 다룬다.

다운홀

완결 엔지니어는 완결 프로그램에서 다운홀(downhole) 완결시스템을 명시해야 한다. 이 시스템은 유정의 모래가 탄화수소와 함께 시추공 안으로 흘러 들어가는 것을 방지하는 목적이 있다. 지질학자들은 대개 유정을 암석이라 지칭하지만 사실 대부분이 굳지 않은 모래이다. 위에 있는 많은 퇴적물(sediment)층으로 인해 유정은 표출되기만을 기다리는 높은 지질 압력을 가지고 있다. 심해의 많은 퇴적물(turbidite)은 하루에 5,000에서 30,000배럴의 흡입률로 시추공 안으로 들어온다. 이 정도 양이라면 모래는 쉽게 시추공을 막을 수도 혹은 모래 분사기처럼 유정 내부를 다 채워버릴 수도 있다. 이 두 가지 모두 원치 않는 상황에서 유정은 생산을 멈추고 오퍼레이터는 유정을 폐기할지 혹은 수백만 달러를 들여 재완결을 할 것인지 선택한다.

완결 엔지니어의 임무는 모래 유입을 방지하거나 멈추는 것만이 아니라 유정의 생산성을 높게 유지해야 한다. 모래 유입을 막기 위해 원유 흐름을 막게 한다면 무의미 하다. 유정에서 모래 유입을 막기 위한 방안은 많지만, 가장 많이 사용되는 세 가지는 바로 전통적인 자갈팩(gravel pack), 프랙팩(frac pack) 그리고 와이어팩 스크린(wire-packed screen)이다.

자갈팩(Gravel pack)

그림 6-9와 같이 자갈팩 작업에서는 철제 스크린을 유정 안으로 내리고 자갈, 저류 샌드, 미사(silt)의 유입을 막기 위해 스크린과 생산 케이싱 사이를 둘러싼 환형 공간을 특정 규모와 입도(gradation)의 자갈 및 과샌드로 꽉 채운다. 스크린 속 철망의 크기는 자갈팩과 샌드팩을 포함할 수 있도록 또한 생산 저항을 최소화하도록 설계된다.

프랙팩(Frac pack)

프랙팩(frac pack) 설치 과정은 선택된 모래와 자갈을 함유한 특별히 제조된 슬러리(slurry)를 높은 압력과 빠른 속도로 펌프질해 유성 저류암층(reservoir interval)으로 보낸다. 이로 인해 수직 균열(vertical fracture)이 발생하여 저류암을 두 방향으로 갈라

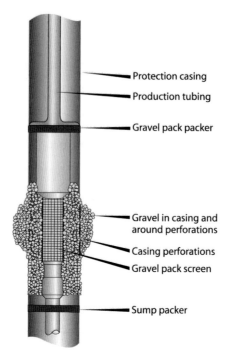

Protection casing

Production tubing

Gravel pack packer

Gravel in casing and around perforations

Casing perforations

Gravel pack screen

Sump packer

그림 6-9. 다운홀 자갈팩

놓는다. 슬러리 안의 모래가 균열을 채운다. 압력이 제거되고 슬러리가 밖으로 빠져 나올 때, 모래는 계속 남아 균열이 벌어지는 것을 막는다. 이 과정에서 갈라진 틈에는 높은 삼투성이 생기게 되어 이 틈은 유정 유체가 흐를 수 있는 저류암의 경로가 된다. 프랙팩은 또한 모래를 걸러내는 다운홀 자갈팩도 포함한다.

와이어팩 스크린(Wire packed screen)

와이어팩 스크린 적용은 자갈을 포함하는 철망이 천공된 라이너(liner) 주변을 여러 번 돌아 감싼 후 용접된다. 이 모든 작업은 생산 배관(production tubing)이 유정에 들어가기 전에 마무리된다.

마지막 단계

완결 단계의 거의 마지막 단계로서 BOP를 제거하고, 유정의 흐름을 제어하는 장치인 트리로 대체해야 한다. 유정의 완전무결(well integrity)을 보장하기 위해 BOP 제거와 트리의 대체는 동시에 진행되어야 한다.

모든 장비가 준비되면 생산관 아래의 부식을 방지하도록 처리된 펌핑워터(pumping water, 혹은 때로는 경유)에 의해 완결 유체가 제거되며 환형관(annulus)을 통해 소금이 제거된다. 패커는 생산관 바닥 가까이에 (그러나 천공 및 모래 제어 장치 위에) 놓여 환형관을 봉쇄하여 탄화수소가 환형관 위가 아닌 생산관을 통해 흐르도록 한다. 처리된 유체는 환형관 안에 영구적으로 보관된다. 생산관 위의 압력이 감소하여 탄화수소가 완결 유체(completion fluid)를 생산관 밖으로 밀어내며 유정이 가동되기 시작한다. 이 과정이 끝나면 완결 엔지니어로부터 운영 요원에게 다음 임무가 넘어간다.

심해의 특별한 문제들

E&P 회사들은 더 깊은 수심으로 이동하면서 이전에는 한 번도 보지 못했던 지질학적 그리고 환경적 장애물들에 부딪혔다. 기타 조작상의 문제들은 새로운 것은 아니었으나 수심과 해저 상황으로부터 해결하기가 어려운 문제에 봉착했다. 일부는 여전히 그들을 괴롭힌다.

순환 해류(Loop current) 및 와류(Eddies)

캐리비안해에서부터 쿠바와 유카탄 반도 사이의 멕시코만으로 향하는 시계 방향의 물살은 해양과학자들과 기상학자들에게 알려진 순환 해류(loop current)를 만든다. 그림 6-10의 1번은 순환 해류가 멕시코만으로 뻗어 나가는 세 단계를 보여 준다. 이 해류가 멕시코만을 관통하는 시기와 규모 모두 불규칙적이다. 멕시코만을 빠져나올 때 순환 해류의 이름은 멕시코만류의 지류인 플로리다 해류로 바뀐다.

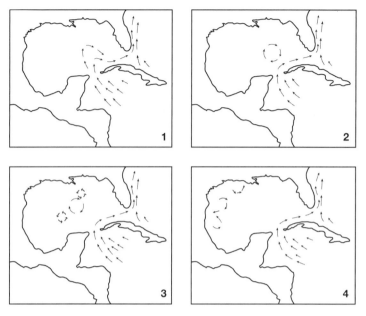

그림 6-10. 걸프만의 순환해류와 와류

그림의 2번에서 보듯이 와류(eddy current)는 순환 해류에서 분리되어 시계방향으로 회전하며 하나의 거대한 따뜻한 물기둥이 되어 서쪽으로 향한다. 그림 6-10 3번에서 큰 와류가 반시계 방향으로 회전하는 규모가 작고 차가운 와류를 만들어낸다. 결국에는 차가운 와류와 따뜻한 와류 모두 서쪽의 얕은 해안으로 이동(4번)한 뒤 소멸된다.

와류가 회전할 때의 해류 속도는 2~4노트 정도이다. 와류가 원유 및 가스 시추 혹은 생산 장치를 지나가면 이 설비들은 비정상적인 피로와 진동에 노출된다. 또한 플랫폼과 와류의 위치에 따라서 이 해류는 한 방향으로 증가할 수도 있고 이후에 반대 방향으로 바뀔 수도 있다.

소용돌이 와류는 걸프만의 서쪽으로 1노트 정도의 속도로 천천히 이동한다. 와류의 지름은 다양하다. 따라서 플랫폼이나 시추 작업에 한 와류가 하루 동안 영향을 줄 수도 있고, 어떤 경우에는 한 주에서 한 달간 영향을 끼칠 수도 있다.

와류로 인해 반잠수식 시추선이나 드릴쉽의 시추 라이저가 일정한 반경을 유지하며 선박에 연결되어 있으려면 선박의 위치를 조정할 수도 있다. 어떤 경우에는 너무 심하게 손상되서 드릴 파이프가 시추 라이저에 접촉되면서 마찰이 발생할 수도 있는데, 이

때에는 반드시 파손을 막기 위해 운영을 정지시켜야 한다. 와류는 생산 장치의 라이저를 진동하게 할 수 있고 금속 피로와 궁극적 손상(ultimate failure)를 유발할 수도 있다. 일부 기계 장치는 해류에 의한 라이저의 진동 효과를 막을 수는 있으나, 그렇게 되면 항력이 커진다.

와류의 불규칙성은 해양 플랜트 산업의 골칫거리이며 그 영향을 완화시키기 위한 기계적 해결책들이 필요하다. 와류를 막는 방법은 아직까지 알려진 바 없고 해결이 어렵다. E&P사 직원들은 그저 와류를 수용하며 사는 수밖에 없다.

천해의 위험요인(Shallow hazards)

때때로 시추업자(driller)들은 해저 1,000~2,000피트 이하의 수심에서 특이한 지질학적 문제를 갖고 있는 시추장소를 접하게 된다. 이곳의 과도한 단층작용은 시추와 유정 제어를 더욱 어렵게 만든다. 얇은 가스층은 작업을 어렵게 하고 일반적으로 수월한 시추작업을 할 수 없게 한다.

탄성파 자료(seismic data)를 특별히 처리하면 이러한 위험 요인의 존재를 확인하도록 도와준다. 위험 요인을 발견할 경우 자주 사용하는 해결책은 바로 문제되는 지점을 피해 근처 지점에서 유정 스퍼드 작업(spud)을 진행하여 방향시추(directional drilling)를 하는 것이다. 이런 천해의 위험요인들로 인해 발생하는 지연을 피할 수 있다면, 대개 방향시추(directional drilling) 유정을 시행하는 추가 비용을 상쇄할 수 있다.

천해 유동(Shallow water flows)

멕시코만에 만연하는 또 다른 기이한 지질학적 현상은 처음 2,500피트에 있는 샌드층이 퇴적되어 높은 압력이 유지되는 것이다. 드릴 비트가 이 층을 통과할 때 함유된 물은 시추공 아래로 흘러내려 가려고 한다. 시추 이수의 하중을 늘리는 것이 유체유입을 막기 위한 일반적인 해결책이지만, 종종 이 깊이에 있는 바위와 모래가 지질학적으로 너무 약한 구조이므로, 이수 하중을 늘리면 얕은 수류 인근의 다른 층에 균열이 생길 수 있고, 이로 인해 시추 이수가 손실되거나 기타 유정 제어 문제가 발생할 수 있다. 이러한 상황에서는 특정 깊이에 신중하게 케이싱을 설치해 문제가 되는 모래층을 분리해야 한다. 시간과 비용이 따르는 방법이지만, 유정의 목표 깊이에 도달하기 위해서 필요한 절차이다.

유전의 복잡성(Reservoir complexity)

많은 심해 유전은 그 안에 비교적 많은 구획—많은 단층작용, 적은 동종 침전물, 낮은 연관성—을 갖고 있다. 이로 인해 작은 유전이 많이 생기게 되어 유전 개발이 보다 어려워지고 비용이 많이 들게 된다. 이 경우 복합 완결(multiple completion) 혹은 다부착관 유정(multilateral wells)이나 스마트 유정 기술을 사용하면 유정의 수와 전체 비용을 줄일 수 있다.

많은 심해 유전 또한 지질학적 연대로는 어린 나이이다. 이런 유전의 개발 시 유전 압력이 감소하면 위에 놓인 암석층의 하중 때문에 모래층이 꽉 채워질 수 있다. 이로 인해 유정의 공극률과 투수율, 생산성과 최종 회수율이 실망스러운 수준까지 떨어진다. 심지어 이 현상은 해저 침하를 유발해 플랫폼의 신뢰성과 안전을 위협할 수도 있다. 엔지니어들은 이러한 유정 위나 근처에 위치한 고정 및 부유 플랫폼은 설계 단계에서 잠재적 침하에 대해 세심한 고려를 해야 한다.

유전 성능(Reservoir performance)

일부 유전은 심지어 깊을 때에도 압력이 너무 낮아서 쉘의 Perdido 유전이 해저 약 8,500피트에서 그랬듯이, 생산 초기 단계에서부터 인공 회수가 요구된다. 자세한 내용은 10장에 나와있다.

기타 설치 과정에서 가스는 생산관과 케이싱 사이의 환형 공간으로 펌프를 통해 내려간 후, 미리 선택된 단자(ports)의 생산관(production tubing)으로 주입된다. 이 가스는 위로 이동하는 유체의 농도를 낮춘다. 따라서 원유를 지면으로 밀어 올리는 압력이 낮아지고, 유전의 흐름이 촉진되며, 수명이 늘어나고 최종 회수율이 높아진다.

가스 압력 문제(Gas pressure issues)

심해저의 수온은 일반적으로 40°F보다 낮고, 때로는 32°F까지 떨어진다. 물과 천연

가스의 비율이 높은 유정의 경우에는 차가운 슬러시(icy slush)와 메탄이 섞인 수정 형태의 가스 하이드레이트(hydrates)가 형성되어 유정헤드와 이송관(flowline)을 막을 수 있다. 만약 장비가 이에 대비하여 설계되었다면 메탄올과 같은 화학물질을 주입하여 하이드레이트를 다시 가스 형태로 되돌릴 수 있다. 다른 기술들은 10장에서 다룬다.

심해에서 시추 및 유정 완결 작업은 계속해서 새로운 문제와 난제들에 부딪힌다. 모든 문제는 즉시 해결되어야 하고, 이 모두는 다음 유정을 준비하기 위한 점진적 학습으로 이어진다.

왈루스가 말하기를 "시간이 왔다. 많은 일들에 대해 말할:
신발과 배들, 실링용 왁스, 양배추와 왕들 그리고 왜 바다가 끓고 있는
지 그리고 돼지들이 날개를 가졌는지도

—루이스 캐롤(1832~1898)
안경을 통해서

탐사팀은 유전을 발견한 후 경제성평가 결과를 바탕으로 개발 착수를 추천한다. 일부 회사에서는 탐사팀이 평가 업무를 생산조직의 개발팀에게 인계한다. 다른 곳에서는 초기 탐사팀의 일부가 개발팀에 합류하여 평가업무를 계속하는데, 이 경우 해저유정 엔지니어나 건설엔지니어가 이 업무를 리드한다. 전체 개발 주기의 탐사 및 평가단계가 끝나면(그림 7-1) 개발 단계가 시작된다. 개발팀은 유전 구조에 적합한 단일 또는 복수시스템을 정의하여 그 시스템을 설계하고, 시스템의 건조와 설치를 담당할 업자를 선택하며 진행 중인 가장 가능성 있는 굴착 작업에 대해 최종적으로 인수 및 생산을 완결하여 운용팀에게 넘기기까지의 전반적인 운영절차를 통합한다.

물론 그들은 평가 단계에 돈을 지출하기 전에 탐사팀의 지질학자와 엔지니어들은 어떻게 유전에서 생산할 것인가를 곰곰이 생각한다. 다른 말로 하면 어떻게 사업의 궁극적인 수익성을 추정하느냐이다. 그림 7-1이 유전개발 선형 시퀀스를 보여 주지만 현실은 그보다는 골치 아프다. 평가결과가 가능한 기회를 보이더라도 개발의 첫 번째 단계인 시스템 선택의 중요성이 매우 크다.

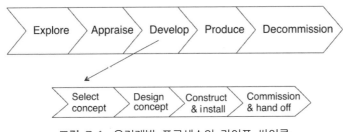

그림 7-1. 유전개발 프로세스의 라이프 싸이클

개발시스템 종류

수심 수천 피트의 심해에서 석유가스 개발 및 생산에 가용한 옵션은 크게 세 그룹으로 나뉜다. 그림 7-2에서와 같이 해저 바닥에 고정되거나, 계류 또는 텐던으로 연결된 부유식 시스템 그리고 해저생산시스템이다.

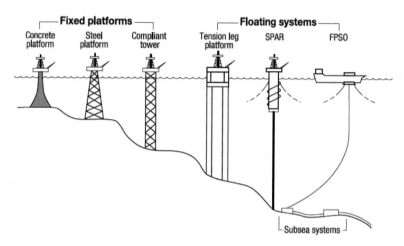

그림 7-2. 심해 프로젝트 개발시스템의 옵션

해저 고정시스템(Fixed platforms)

이 구조물은 물리적으로 해저면에 안착되어 있다. 이것은 자중에 의한 마찰력 또는 강재 파일로 해저면을 관통하여 구조물에 고정시키는 것이다. 이 그룹은

- **고정식 플랫폼.** 자켓과 갑판으로 구성된다. 자켓은 강재 튜브로 지어진 긴 수직 단면 구조를 가지며, 파일로 해저면 바닥에 고정된다. 갑판은 상층에 위치하며 생산장비, 유틸리티, 선원 거주구, 시추리그 등 탑사이드를 받치고 있다.
- **유연 타워.** 고정식 플랫폼처럼 강재 튜브구조로 되어 있고 파일로 지반에 고정되며 탑사이드 갑판을 지탱한다. 설계 개념상 유연 타워는 보다 중량이 많이 나가고 강체구조인 고정식 플랫폼보다 수평방향 변형을 더 많이 허용하도록 되어 있다.
- **중력식 플랫폼.** 철근 콘크리트로 만들어져 있다. 상당한 자체 중량과 탑사이드

무게를 가지고 있어 지반에 중력으로 지지된다. 중력식 플랫폼은 수심 300미터까지 사용되지만, 이 경우 해저지반이 시간이 지나도 변형되지 않도록 특별히 견고해야 한다.

부유식 시스템(Floating system)

부유식 시스템은 인장각식 플랫폼(TLP: Tension Leg Platform)과 다양한 형상을 갖는 계류된 부유식 생산플랫폼을 포함한다. 모두가 강관 텐돈 또는 와이어나 폴리에스터 로프에 연결되어 해저면에 깔리는 체인에 의해 작업위치를 고수해야 한다.

- **인장각식 플랫폼(TLP)**은 부력을 갖는 폰툰과 기둥으로 된 선체를 가지고 있다. 강관으로 된 텐돈은 선각을 꽉 잡아당겨 부력중심을 본래보다 낮게 함으로써 항상 장력이 걸리도록 하여 선체가 위치를 고수하도록 한다. 그렇더라도 악천후에서는 플랫폼이 어느 정도 전후좌우로 흔들림을 겪는다. TLP는 통상 갑판 위에 건식 트리(dry tree)[8]를 장착하지만 습식 트리(wet-tree) 서브시 타이백[9]도 종종 사용된다. 고정식 구조물과 마찬가지로 TLP는 갑판 위에서 시추작업을 할 수 있다. TLP의 변형 설계인 소형의 미니 TLP는 규모가 작은 심해 유전에 사용될 수 있다.
- **스파 플랫폼**은 부력을, 큰 직경을 갖는 원형 실린더로부터 얻으며 바닥에 추를 달아 항상 직립을 유지하도록 되어있다. 8~16개까지의 와이어 또는 합성섬유 로프-체인 결합으로 해저면에 계류된다. 매우 큰 질량과 깊은 흘수 때문에 스파는 악천후 속에서도 아주 작은 상하동요를 갖지만, 바람과 해류로 인해 횡방향 표류가 발생한다. TLP와 마찬가지로 건식 트리와 습식 트리를 사용할 수 있다.
- **부유식 생산플랫폼(FPS)**은 배형상이나 반잠수식 선체에 갑판 위에 생산설비를 갖추고 있다. 와이어나 합성섬유 로프로 계류한다. FPS는 상하좌우로 모두 동요가 있으므로 습식 트리만이 사용된다. 시추도 하지 않는다. 악천후에서 동요가 심하기 때문에 해저면 습식 트리에서 갑판 위 생산설비까지 원유와 가스를 이송하는 라이저(riser) 연결부에는 특수한 장치가 요구된다.

역자 주 8) 여기서 tree는 유전 저류지 내부 압력변화에 대응하기 위한 밸브시스템을 의미하며, 모양이 크리스마스 트리를 닮았다 하여 붙여진 이름이다. 건식 트리(dry tree)는 말그대로 갑판 위에 설치된 트리이다. 습식 트리(wet-tree)는 물속에서 유정에 바로 연결되어 붙여진 이름이다.
역자 주 9) 타이백(tieback)은 석유 송유관을 기존의 파이프라인에 연결하는 것을 말한다.

- **배형상 부유식 생산저장 하역 설비(FPSO: Floating Production, Storage, & Offloading)**는 기존 유조선의 개조(改造) 또는 신조(新造)를 통해 건조된다. 로프나 체인으로 계류된다. FPS와 같이 FPSO도 시추능력이 없다. 해저 유정으로부터 생산된 대량의 원유를 저장하고 축적하여 셔틀탱커로 운송한다. 변형된 개념으로 **부유식 저장 하역 설비**(*FSO: Floating Storage and Offloading*)는 생산플랫폼 근처에서 생산된 원유를 받아 저장한 후 운송 셔틀탱커로 하역하는 역할을 한다. 종종 FSO는 FSU(Floating Storage Unit)로 불리기도 한다. FPS가 FSO 또는 FSU와 결합되면 FPSO와 동등한 기능을 한다. 현재로는 FPSO와 FSO는 수심에 제한이 없다.
- **원통형 선체 FPSO**는 이중 선저 및 이중 측벽으로 건조되며 파도와 바람에 의한 동요에 저항하도록 충분한 밸러스트를 가지고 있다. 전통적인 방사계류와 앵커로 위치를 유지한다. 대칭선체로 인해 배형상 FPSO에 장착되는 고가의 터렛계류를 없앴다. 이러한 혁신으로 인해 배형상 FPSO가 갖는 대용량 저장시설에서 한계를 갖게 된다. 이 형상의 구조물은 시추설비를 갖출 수 있다.
- **부유식 시추, 생산, 저장 및 하역 설비(FDPSO: Floating drilling production storage and offloading systems)**는 FPSO의 또 다른 변종이며, 배형상 또는 원통형상 모두가 가능하다. 시추설비를 갑판에 장착하고 있다.
- **부유식 액화천연가스시스템(FLNG: Floating liquefied natural gas systems)**은 해상 가스전에서 바로 천연가스 증기를 액체로 변환한 후 저장하여 시장에 공급하는 LNG 수송선에 하역함으로써 얽히고설킨 가스 딜레마를 깨버렸다.

해저 생산시스템(Subsea system)

이 옵션은 생산플랫폼에 직접 연결 또는 해저 매니폴드를 통해 연결되는 단일 또는 복수의 유정(well)을 가진다. 이 시스템은 고정식/부유식 생산시스템 또는 수마일 떨어진 육상기지에 이송관(flowline)과 라이저에 의한 연결장치를 포함하고 있다. 해저 생산시스템은 어느 수심에서도 가능하다.

이 옵션에 대한 보다 자세한 설명이 다음의 세 장에 이어질 것이다. 이 절에서의 개관은 여러 가지 중에서 선택을 위한 기준을 살펴봄으로써 이어지는 장들을 셋업할 것이다.

개발시스템 선정

기준(Criteria)

고정식 및 부유식 해양구조물은 유정건설 및 서비스, 생산공정 그리고 석유가스 탐사, 개발 및 생산을 위한 설비 및 장비 운용을 위한 제반 플랫폼을 제공한다. 수심이 깊어질수록 환경조건은 보다 가혹해질 것이며 필요한 공간을 확보하는 비용이 급격히 증가하기 때문에 수심은 궁극적으로 유전개발을 위한 지배요인이 된다. 유정 건설과 유전개발에 필요한 공정 선택도 플랫폼의 크기를 결정하는 주요 인자이다. 작업장에서 안전한 작업 환경을 제공해야 하는 직원시설을 고려하면 추가로 갑판 공간과 플랫폼 크기의 필요성은 더욱 더 커지게 된다.

이 모든 것을 다 합쳐서 석유와 가스 개발을 위한 플랫폼의 기능을 다음과 같이 요약할 수 있다.

- 모든 장비를 안전하게 설치하고 운영하기 위해 적절한 공간면적을 제공하도록 한다.
- 구조적으로 모든 장비 및 액체의 무게와 갑판 공간을 이루는 구조물의 무게를 지탱하도록 한다.
- 갑판의 높이를 폭풍 시 파고 위의 위치에다 두도록 한다.
- 구조물에 작용하는 파랑, 바람, 해류로 인한 하중을 견뎌야 한다.
- 전체 무게와 환경 하중을 지반에 전달하거나 안전하게 모든 하중을 지지하기에 충분한 부력을 제공해야 한다.
- 부식과 구조적 노화를 고려하여 항상 안전하고 작업가능한 조건을 유지시켜야 한다.

이러한 플랫폼은 파일기초로 된 강재 개방 프레임 구조(고정식 플랫폼)일 수 있으며, 중력식 기초를 갖는 거대 콘크리트 구조물일 수 있다. 또한 텐돈이나 방사형 계류 시스템을 장착한 부유식 구조물도 가능하다.

해저시스템에서는 이송관 라이저 및 갑판의 제이시스템을 제외한 모든 것이 수중에 위치한다. 해저시스템은 종종 유정 및 기타 구성 요소가 위쪽 갑판에 설치되는 건식 트리시스템의 유용한 대안이 된다. 해저시스템에서 생산된 원유는 처리설비가 위치한 호스트 설비까지 이송돼야 하며, 일부 구성 요소는 호스트 설비에서 수 마일 이상 떨어져 위치할 수 있다. 그럼에도 불구하고 해저시스템은 천해부터 10,000피트 이상에 이르기까지 수심에서 경제적일 수 있기 때문에 심해조건에서 널리 사용되고 있다.

해저장비 컴포넌트의 기능과 목적은 본질적으로 갑판설치 건식 트리 유정 플랫폼의 그것과 대응하는 동일한 것이다. 그러나 해저시스템의 구성 요소는 심해 유정과 연결된 내부 압력을 처리하도록 설계되어야 하며, 외부 압력과 부식성 해수 환경 하에서 여전히 기능을 발휘해야 한다. 해저시스템 구성 요소가 해저 바닥에 배치되어 있기 때문에 수리 또는 교체에 더 많은 비용과 시간이 소요된다.

시스템 선정(Selection)

올바른 개발시스템을 선택하기 위해서는 수심, 저장 구성 및 위치, 석유 수송에 대한 접근 등 물리적 환경의 통상적인 목록에 대한 평가가 필요하다. 아울러 정부에 의한 법규 제약과 투자 사업자의 기관선호도 등이 반영된다. 그림 7-3은 기술, 위험, 환경, 투자 그리고 사회환경 등에 대한 개략적으로 많은 이슈를 나타낸다. 이러한 것들이 먼저 제시되고 해결되어야 유전 개발시스템을 위한 적합한 옵션이 선택된다.

회사는 각각 자신의 예측과 선호도를 반영하고, 같은 상황에 대해 서로 다른 결론에 도달할 수 있다. 세계의 일부 지역에서는 생산자가 생산된 원유를 육상으로 가져가는 것을 원치 않기 때문에 셔틀탱커로 적하역을 하는 FPSO를 선택할 수 있다. 규제기관도 확신을 가져야 할 경우가 있다. 수년간 (전)미국광물관리서비스는 멕시코만에서 유조선에 하역하는 부유식 생산시스템을 허용하도록 압박을 받았었다. 그들은 부유식 시

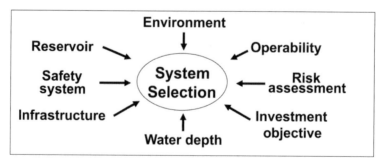

그림 7-3. 개발시스템의 선정

스템에서 기존의 파이프라인에 연결하기를 원했다. 같은 시기에 영국 정부는 북해에서 부유식 생산시스템과 셔틀탱커를 투입하는데 아무런 이의를 제기하지 않았다.

수심. 물리학 법칙 하에서 재료는 제한된 강도와 유연성을 갖기 때문에 수심이 개발시스템을 선택하는 첫 번째 커트라인이 된다. 대략적인 숫자로 나타낸 각 옵션의 최대 수심은 다음과 같다:

- 고정식 플랫폼   약 1500피트까지(약 450미터)
- 중력식 플랫폼   1,000피트(약 300미터)
- 유연타워   1,000~3,000피트(약 300~900미터)
- 인장각식 플랫폼(TLP)   5,000피트(약 1,500미터)
- 스파 플랫폼   무제한
- 부유식 생산시스템   무제한
- 해저 생산시스템   무제한

얼핏 보면 수심과 시스템을 구축하는데 필요한 재료의 양이 연관이 있을 것처럼 보일 것이다. 그것이 사실이기는 하지만 그 이상으로 다른 해상 조건—바람, 파도, 해류, 몇몇 지역에서 빙하 중 그리고 무거운 하중을 지지할 수 있는지의 해저면의 상태 등이 중요하게 고려된다. 북해와 대서양에 접한 노바스코샤(Novascotia) 연안의 겨울 폭풍은 때때로 90피트(27미터) 높이의 파도와 시간당 125마일의 바람을 일으킨다. 멕시코만의 허리케인은 시간당 150마일 바람과 80피트(24미터)의 파도를 만든다. 서아프리카 해안의 보다 더 평화로운 지역에서는 바람이 시간당 75마일을 초과하지 않으며, 파도는 25피트(7.5미터)에 불과하다.

조금 더 깊이 생각해 보면 북해 바닥의 극도로 단단한 점토 토양은 중력식 구조물을 위한 좋은 지지력을 제공한다. 이와는 대조적으로 멕시코만의 덜 굳어진 수프 같은 점토질 토양은 플랫폼이 파일로 깊이 고정되지 않으면 여기저기로 미끄러지게 될 것이다.

원유 수송. 개발시스템 선택에서 다음으로 커트라인일 수 있는 것은 사용 가능한 원유 운송 수단이다. 멕시코만과 북해는 이미 유전이 위치한 현장에 그물과 같은 파이프라인의 웹이 있다. 많은 새로운 유전의 발견에서 수마일의 새로운 해저 파이프를 설치하더라도 기존의 라인에 타이백하는 것이 매력적일 수 있다.

때때로 새로운 송유관을 설치하는데 드는 엄청난 비용이 생산원유를 직접 저장하거나 부근의 부유식 저장플랫폼에 저장하는 부유식 생산시스템을 요구하기도 한다. 서아프리카, 쉘트랜드(Shetlands) 서부, 페로 제도(Faroe Islands) 등에서는 파이프라인 인프라가 전무하여 FPSO의 투입이 요구된다.

가스 처분. 심해가스 발견은 개발시스템에서 좋은 뉴스일 수 있지만 나쁜 뉴스가 될 수도 있다. 만약 생산원유 모두에 가스가 섞여있는 경우에는 생산되는 족족 가스를 태우는 시설이 있어야 한다. 거의 모든 해상 관할권에서 연속적인 가스 연소를 금지하거나 제한한다. 가스가 좋은 소식이 되는 경우는 가스 파이프라인 기반시설이 인근에 있는 경우이다. 유전이 가스가 대부분이고 약간의 석유가 섞여있는 경우 이 좋은 뉴스는 배가된다. 가스는 이송관을 통해 거의 마찰이 없이 최소한의 압력손실을 가지고 수마일을 흐른다. 예를 들면, 멕시코만 지역 수심 5,400피트에 있는 멘사(Mensa) 유전 개발 시 설계자가 현장에 어떤 종류의 플랫폼 비용을 피할 수 있었다. 그들은 부스팅 없이 단지 저류지의 압력에 의해 동력을 더 늘임으로써 63마일 떨어진 호스트 플랫폼에 유동라인을 연결함으로써 해저 생산시스템을 성공시켰다(그림 7-4 참조). 인수 스테이션은 수심 350피트에 설치된 고정식 플랫폼이고, 이미 파이프라인을 통해 육상에 가스를 제공하는 경우이다. 반면 원유는 그 조건에서는 단지 15~20마일만을 흐를 수 있다.

하지만 현장에 가스에 대한 파이프라인 기반 시설이 없는 경우는? 그런 경우에는 가스만 있는 유정이면 통상적으로 아무 일이 생기지 않는다. E&P 회사는 '좌초 가스'란 표시를 한 후 시장이 개발되기를 기다리거나 FLNG 선박의 건조에 착수할 수 있다(그림 7-5 참조). 이 종류의 선박에서는 가스로부터 기름을 분리한 후, 설치된 과냉각 설비를 이용하여 천연가스 증기를 액체로 변환하여 FPS와 같이 셔틀탱커가 적하역을 위해 올 때까지 냉각상태로 저장한다.

수반되는 가스가 있는 경우 그 오일만으로도 경제적 프로젝트가 가능하면 가스는 생산된 저류지 또는 다른 편리한 저장조에 재주입될 수 있다. 주입된 가스는 좌초 가스처럼 유전의 저류지 속에 무한정 저장되게 된다. 좋은 뉴스는 저류지에 에너지를 추가함으로써 생산 속도를 높여 궁극적으로 회수율을 향상시킨다. 생산설비의 재주입시설은 강제로 가스를 저류지로 보내는 압축기로 주로 구성되어 있다

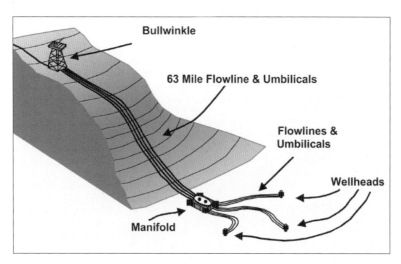

그림 7-4. 멘사 유전의 해저 생산시스템 개발(쉘 제공)

어떤 경우에는 수반 가스(associated gas)의 부피가 작아 펌프, 압축기, 열과 빛 등 플랫폼이 필요로 하는 전력 요구를 충당하기 위해 그 자리에서 소비된다.

근접 저류지. 종종 개발 기회에는 하나 이상의 저류지가 포함될 수 있다. 그 경우 여러 저류지의 근접성에 따라 선택 방식이 정해진다. 서로 상대적으로 2마일 이내로 근접되어 있으면 하나의 위치로부터 빙향 시추가 가능하다. 그 경우 각 유정은 생산작업이 덜 복잡한 건식 트리를 통해 플랫폼에서 생산이 가능하다. 그와 같은 배치는 고정식 플랫폼, TLP, 스파 플랫폼 또는 유연타워 등을 선호하지만, 해저 습식 트리를 적용한 개발을 배제하지는 않는다. 저류지가 수십 마일을 넘는 범위에 흩어져 있는 경우 해저 이송관을 통해 고정식 또는 부유식 스테이션에 연결된 해저유정이 보다 더 효과적이다. 한 지역에서 탐사가 진행될수록 습식 및 건식 트리의 다양한 조합이 자주 등장할 것이다.

지금까지 펼쳐온 이러한 선택 기준으로 다음 장에서는 고정식 구조물, 부유식과 해저 생산시스템의 디자인을 자세히 살펴봄으로써 각 시스템의 매력을 세세하게 살펴볼 것이다.

그림 7-5. FLNG선 설계개념(쉘 제공)

개발사례

1. 수심 3,000피트에 해안까지 파이프라인을 갖고 있는 기존 천해 플랫폼에서 20마일 떨어진 가스와 석유가 혼합된 유전

   가능한 해법:
   • 건식 트리를 탑재한 TLP, 스파 또는 유연 타워, 오일과 가스를 분리한 후 인근 플랫폼에 파이프라인으로 송출

   가능한 대안:
   • 습식 트리를 장착한 부유식 생산시스템(FPS); 오일과 가스를 분리한 후 인근 플랫폼에 파이프라인으로 송출
   • 근처의 플랫폼에 단일 이송관을 연결한 해저 생산시스템(습식 트리).

   기준:
   • 비용
   • 기술적, 경제적 위해도 평가
   • 타이밍
   • 경험과 학습곡선
   • 다양한 시스템에 대한 생산자의 선호도

2. 석유와 가스가 혼합된 유전, 기존 인프라 시설에서 최소 60마일 떨어져 있고 시장으로부터는 더 멀리 있는 경우

가능한 해법:
- 습식 트리를 가진 부유식 생산, 저장 및 적하역시스템(FPSO)과 셔틀탱커 및 가스 재주입 시설

가능한 대안:
- 해저 바닥 또는 수중 이송파이프를 통해 인근 FSO에 처리된 오일을 공급하는 건식 또는 습식 트리, 탑사이드 생산 및 처리 장비를 갖춘 스파 플랫폼

기준:
- 수심
- 송출 파이프라인을 건설하는 높은 비용이 다른 대안을 상쇄
- 가스 운송에 대한 대안 부재

고정식 구조물 08 Chapter

우리는 그 바다로 뛰어든 첫 번째 사람이었다.

─ 사뮤엘 테일러 콜러리지(Samuel Taylor Coleridge, 1772~1834)
고대 뱃사람의 노래

그 시작부터 해양작업은 해저에 파일로 지지된 고정식 구조물을 채용했다. 심지어 초기부터 탐사 유정은 고정식 플랫폼에서 시추되었다. 오늘날도 E&P 회사들은 시추부터 이어지는 석유와 가스 생산에 심해의 임계 수심까지는 고정 구조물을 사용한다.

전통적인 플랫폼

세상에 설치된 대부분의 고정식 구조물은 그림 8-1에 나타낸 바와 같이 다음의 것들로 이루어져 있다.

- **자켓**: 해저 바닥부터 해수면 위까지 솟아오른 강구조물
- **갑판**: 시추 및 생산 장비가 놓이는 공간으로 자켓의 상층부에 위치
- **파일**: 플랫폼을 해저 바닥에 고정시키는 강철로 된 기둥
- **라이저 또는 컨덕터**: 그것을 통해 유정이 시추, 완결되고 석유가 생산되는 강관

육상 구조물과는 대조적으로 고정식 플랫폼은 건물 형태가 아니라 강재 원형관 부재로 지어진다. 이 원통 모양은 파도와 해류에 대해 가장 낮은 저항을 가지며 강철의 양을 줄여 궁극적으로 무게와 플랫폼의 비용을 줄이게 된다. 자켓에 연결되는 갑판 다리는 기하학적으로 쉽게 맞도록 통상적으로 관 모양으로 되어있다. 또한 많은 경우에 갑판 다리는 해수면 근처까지 아래로 연장되어 거친 해상에서 파도에 쉽게 노출된다. 갑판 자체는 해수면 위에 있기 때문에 육상 작업이나 높은 하중이 걸리는 고층 건물에서 흔히 발견된 것과 같은 기존의 각진 구조 형태가 일반적이다.

강재 자켓은 일반적으로 활대(skid) 위에서 지어지는데, 그것은 최종 설치될 위치에

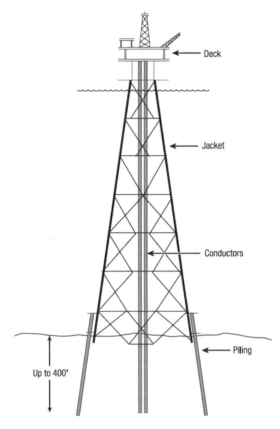

그림 8-1. 고정식 강구조 플랫폼

대해 90도 회전된 상태가 된다. 이렇게 함으로써 건설 현장의 높이를 제어 가능한 수준으로 유지하지만, 이러한 구조의 로드아웃(load-out) 및 진수에는 혁신적인 접근을 크게 필요로 한다.

콘크리트 플랫폼

1970년대 고정식 구조물의 또 다른 형태가 북해에서 출현하기 시작했는데, 그것이 중력식 콘크리트 플랫폼이다. 북해 대부분의 해저가 비정상적으로 아주 딱딱한 점토질로 되어있어서 파도와 해류에 노출되는 면적이 큰 대형 구조물 형상에도 불구하고, 이 무거운 구조가 현장에서 바닥에 안착된 후 전단하중에 의해 위치 고정이 가능하였다.

해저에 파일로 고정된 예는 거의 없었다.

이러한 강철과 콘크리트 두 종류의 고정식 구조물은 바람, 파도 및 해류에 저항하기 위해 거대한 힘과 매우 큰 바닥 지지구조에 의존하고 있다. 북해의 콘크리트 중력식 구조물인 **트롤**(*Troll*) 플랫폼은 베이스 직경이 약 500피트에 달한다. 이 구조물이 해저에 착지할 때 바닥을 수십 피트 관통하게 된다(그림 8-2 참조). 반면 멕시코만의 수심 1,354피트에 설치된 **불윙클**(*Bullwinkle*) 플랫폼은 각 변이 400피트의 기반 구조를 가지고 있다. 28개의 강철 말뚝은 자켓플랫폼을 그 자리에 고정시킨다. 각 원통형 말뚝은 직경 7피트, 두께 2인치로 해저 바닥을 400피트 관통한다.

그림 8-2. 콘크리트 중력식 구조물(노르스크 쉘 제공)

유연 타워

석유 및 가스 개발이 1,500피트 이상 수심으로 확장됨에 따라 강철 플랫폼과 콘크리트 플랫폼에는 회사가 지불할 수 있는 범위를 넘어서는 물량과 비용이 요구되었다. 문제는 엔지니어링이 아니라 구조의 기초가 너무 커져버렸다. 이에 따라 원통형 강철 부재로 지어진, 하지만 길고 슬림한 유연 타워 아이디어가 나타났다. 파일이 구조물을 해저에 고정하지만 기초의 크기가 작아졌다. 멕시코만에서 수심 1,650피트에 설치된 전형적인 유연 타워는 단지 140×140의 바닥면적을 갖는다(그림 8-3 참조). 그런 좁은 베이스를 갖는 경우 유연 타워는 강철 플랫폼 또는 콘크리트 구조에 비해 강도가 많이 떨어진다. 실제로는 극단적인 경우에 해류, 파도 및 바람으로 중심에서 10~15피트만큼 흔들리지만 정상 작업 상태 동안에는 움직임이 매우 작다.

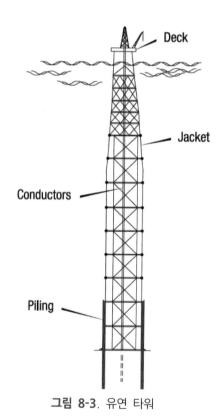

그림 8-3. 유연 타워

유연 타워들은 상부에 상당한 '질량'과 부력을 갖도록 설계되어 있다. 최종 결과는 그들이 어떤 외력에도 매우 느린 응답을 가지고 있다는 것이다. 갈대가 파도에서 그러하듯이 10~15초의 전형적인 파도 환경에서 유연 타워가 미처 응답하기 전에 파도가 구조 프레임을 통과한다(유연 타워의 초기 버전은 갈대에 대한 프랑스의 단어 **로조**(*Roseau*)로 명명되었다).

고정식 플랫폼도 수심이 깊어지면 강재의 양이 증가하기 때문에 약 1,500피트에서 기술적, 상업적 한계가 있지만, 그 양이 급격히 증가하기 시작하는 약 3,000피트까지는 사용할 수 있다. 아이러니하게도 유연 타워는 약 1,000피트의 낮은 수심 제한을 갖는데, 얕은 수심에서는 깊은 수심에서 필요로 하는 유연성이 사라지기 때문이다.

건설

강재 플랫폼과 유연 타워(Steel platforms and compliant towers)

강재 플랫폼과 유연 타워를 건조하기 위해서는 지루한 과정의 원통형 부재의 제작이 필요하다. 철강 기술자는 평면 강판을 가지고 다양한 직경과 5~15피트 길이의 원통 모양을 성형한다. 다음으로 개별 **원통**(*can*)을 **용접**(*stalk*)하여 강관 부재로 만든 후 각 부재들을 다른 강관 부재와 적합하도록 끝의 형상을 **절단**(*cope*)하여 설계된 복잡한 구조형상을 형성한다. 이와 같은 구조형상을 만드는 것이 중요하다. 다음 단계에서 그들은 구조물의 패널과 측면 구조를 완성하기 위해 복잡한 형상을 용접한다(그림 8-4 참조).

이 접근 방법의 변화는 작업장에서 조각 부재를 가지고 구조물의 절점과 조인트를 올바른 방향으로 제작하는 것이다. 그렇게 되면 주요 경사부재들은 야드에서 둘레 용접을 통해 연결된다. 북해 구조물에서 매우 일반적인 이 방법은 용접 잔류 응력을 경감하기 위해 접합 노드를 열처리할 때 사용된다. 작업장에서의 노드 열처리는 이미 전체가 조립된 구조물의 노드 열처리보다는 훨씬 용이하며 비용도 적게 든다.

제작된 패널이 건설현장에서 완성되면 건설 크레인이 그것을 굴려 세워서 각 각을 용접으로 접합한 후 원통형 강철 부재를 추가한다. 그림 8-5는 크레인이 자켓 플랫폼

그림 8-4. 대구경 부재에 맞도록 용접된 경사부재(P.W. Marshall 제공)

을 완성하기 위해 패널을 세워서 잡고 있는 장면을 보여 준다. 똑바로 서 있을 때는 큰 구조물이지만 보통은 건설현장에서 옆으로 뉘어져 있는데, 이는 건설의 용이성과 함께 해상 유전까지의 운반을 위해서이다. 이러한 플랫폼의 구성 및 조립 현장은 바다

그림 8-5. 건설 크레인이 대수심 자켓 강재 프레임을 굴려 세우고 있다
(Shell E&P 제공).

에 접근할 수 있도록 수로가 있어야 한다. 물 밖으로 나왔을 때 모양이 그리 보기 좋지 않은 이러한 구조물의 운반에 대해서는 뒤에서 더 다루기로 한다.

어림잡아 수심 300피트에 강철로 만든 플랫폼은 철강 주요 구조물에 철강 약 3,000톤과 강재 파일에 또 다른 1,000톤이 필요하다. 수심 1,500피트에 강철로 만든 플랫폼은 본 구조물 철강이 약 50,000톤, 파일용은 15,000톤으로 증가한다.

300피트 수심 구조물의 강철 자켓 기둥 지름이 약 54인치, 트러스 구조가 24~36인치 원통형 경사부재로 만들어진다. 1,500피트 수심의 경우 기둥 지름이 80~100인치, 경사부재가 30~60인치, 파일이 약 70~80인치이다.

아주 큰 물량이다! 유연 타워는 고정식 플랫폼과 동일한 크기의 개별 구성품을 가지고 있지만, 세장체이기 때문에 전반적으로 많은 철강이 소요되지 않는다. 수심 1,700피트에서 유연 타워는 1,500피트 고정식 플랫폼보다 훨씬 적은 구조 강철이 약 30,000톤, 파일용 7,000톤이 필요하다.

중력식 플랫폼(Gravity platforms)

중력식 구조물에 콘크리트를 사용한 것은 해양지형과 북해 지질 역사의 장점을 고려한 결과이다. 브렌트(Brent)와 에코피스크(Ekofisk) 같은 저류지 위의 해저는 단단하고 점토로 되어있다. 멀지 않은 북해 동쪽 측면에 깊은 협만이 산악지형 해안선으로 뻗어있다.

콘크리트 구조물의 건축은 콘크리트 건물과 같이 콘크리트에 철근을 삽입하고, 아래로부터 위로 쌓아올려 지어져야 한다. 그것은 건설됨에 따라 형태상 건물이 하늘을 향해 상승하는 반면, 콘크리트 플랫폼은 물에 가라앉게 된다. 플랫폼은 콘크리트를 부어 플랫폼 모양의 형태를 갖춰 가는데, 한 번에 약 20피트 수준으로 차곡차곡 쌓아진다. 콘크리트가 양생되면 구조물은 안에 물이 채워지고 피요르드 아래로 하강된다. 이러한 방법이 공사 내내 지속되는데 단지 수면 위 십수 피트 정도만이 물 위에 나타날 뿐이다.

콘크리트 플랫폼의 외부 벽은 상단에서는 18인치로 두꺼울 수 있지만 바닥에서는 3피트 수준의 두께를 갖는다. **트롤**(*Troll*) 콘크리트 구조는 수심 994피트에 설치되어 있다. 1995년에 설치되었으며 오늘날 세계에서 가장 깊은 수심의 중력식 구조물로 기록되어 있다. 그것은 중량이 70만 톤에 달하며 무게 110,000톤의 보강 철근이 들어있다. 이 '콘크리트' 플랫폼은 에펠탑 15배의 철강재가 들었으며 이는 세계에서 가장 깊은 수심의 고정식 강철 플랫폼인 불윙클의 1.5배에 달한다.

자켓과 탑사이드 설계조건

해상 생산시스템은 상갑판 설비 하중을 지지하고 험난한 해양환경 하중을 견딜 수 있도록 설계된다(그림 8-6 참조). 또한 건조, 로드 아웃, 운송, 설치, 운영과 궁극적으로는 해체를 고려한 구조물의 수명주기의 모든 단계에서 스트레스를 고려해야 한다.

- **환경 외력과 하중**. 바람, 파도, 해류, 조류, 빙산의 움직임, 지진 및 토양의 미끄러짐 같은 해저의 움직임
- **사하중(dead loads)**. 구조물 자체 무게, 기기 무게, 정압 하중, 부력과 같은 시스템의 변하지 않는 하중
- **작업 활하중**. 생산된 원유, 임시 장비나 재료의 무게, 운영 장비, 소모성 액체, 헬기 착륙 하중, 시추와 유정 완결 시 변하는 데릭 중량, 크레인 작업 시 발생하는 하중과 같이 구조물에서 수행되는 작업에 의해 발생되는 하중 등
- **건설하중**. 임시 하중과 비틀림 및 회전력과 같이 건조, 로드 아웃, 운송 및 설치하는 동안 구조물에 부과되는 하중. 이러한 하중은 종종 해양 구조물의 설계 요구사항의 상당 부분을 고려하며, 어떤 경우에는 지정된 영역과 구조재의 지배적인 설계하중이 된다.

또한 설계 과정에서 모든 구조 부재에 대한 설계 기준을 결정하는 전형적인 일련의 현장 하중조건은 다음을 포함한다.

- 사하중과 정상운영 환경하중 및 최대 운영 활하중의 합
- 사하중, 정상운영 환경하중 및 최소 운영 활하중의 합
- 사하중, 극한 환경하중(예를 들어, 허리케인, 지진, 너울 등)과 최대 운영 활하중의 합
- 사하중, 극한 환경하중, 최소 운영 활하중의 합

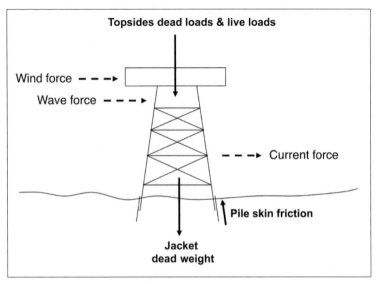

그림 8-6. 고정식 구조물의 하중시스템

이러한 운영 조건을 고려하는 목적은 구조물에 실제로 발생할 수 있는 가장 극단적인 조건을 체계적인 방법으로 조합하기 위한 것이다. 유사한 방식으로 하중 조건은 건조, 로드 아웃, 운반 및 설치의 모든 단계에서 도출된다. 예를 들어, 환경 데이터를 검토하고 이와 관련된 리스크 수준평가를 위해서는 일련의 하중 조건이 도출된다. 일례로, 10년 폭풍 조건은 구조물의 운송 및 설치 단계에 적용되는 조건이다. 또 다른 루틴의 예에서는 야드 제조 인양작업 중에 발생하는 풍속과 풍력을 다룬다.

해양 구조물을 설계하기 위해서는 운영하중, 공간 요구사항 등과 같은 다른 분야의 데이터가 구조 엔지니어에게 제공되어야 한다.

고정식 강재 플랫폼은 수심 1,000피트 이하에서는 해양 석유 및 가스 개발을 위해 지금까지 가장 많이 사용되어온 플랫폼 구조물이다. 이 구조물은 긴 강철 말뚝에 의해 현장에 고정된다. 앞서의 논의와 그림 8-6은 파일이 견뎌야 하는 하중 조건을 보여 준다. 파일은 인장과 수축을 유발하는 수직 하중과 파일과 구조물의 교차지점에서 높은 굽힘 응력을 유발하는 횡 방향 하중을 동시에 견디도록 설계된다.

해양 고정식 플랫폼에 사용된 파일은 거의 모두 대구경 강관 실린더로 구성된다. (그림 8-7 참조). 이 파일들은 때때로 해저 500피트 속까지 깊게 박힌다. 이러한 파일

그림 8-7. 조립 야드에서의 직경 96인치 강관

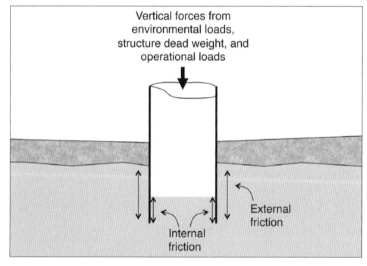

그림 8-8. 마찰 파일에 작용하는 하중

공법을 '마찰' 파일이라고 한다. 수직 하중이 적용되기 때문에 파일은 저항의 거의 전부를 파일 표면에 작용하는 토양의 점착성으로부터 얻는다(그림 8-8 참조). 파일의 내하력은 파일의 측면을 따라 마찰 성분을 계산함으로써 결정된다. 그들 모두를 합하면 총 지지하중 용량을 얻을 수 있다.

여기부터 저기까지

건설현장에서 시추현장까지 강재 자켓을 운송하기 위해서는 진수 바지(barge)가 필요한데, 이 작업을 위해서는 특별한 장치를 하거나 목적에 맞도록 바지선을 새로 짓는다. 바지선 위에 로드 아웃하는 동안 플랫폼은 진수 바지선 위로 스키드를 따라 이동한다. 동력으로는 밀어주는 일련의 유압잭과 당겨주는 윈치 블록이 담당한다. 측면으로 밀거나 당기는 힘으로 구조물 전체 중량의 5~10%를 움직인다. 3,000톤 플랫폼은 150~300톤 용량의 유압잭 또는 윈치를 필요로 한다. 고통스럽도록 느린 로드 아웃 절차는 일반적으로 하루 이상 플랫폼이 커질수록 더 길게 걸린다.

플랫폼이 바지선으로 이동함에 따라 승무원은 플랫폼의 중량 및 위치를 수용할 수 있도록 다른 구획의 물을 펌프질하여 부력을 변경한다. 플랫폼이 바지선에 적절하게 배치되면 추가적인 구조 부재를 사용하여 정교하게 바지선에 용접된다. 플랫폼을 배 밖으로 빠트리면 졸지에 빛나는 엔지니어링 경력을 끝낼 수도 있는 것이다. 지금까지 플랫폼 중 몇몇은 일본 건조야드에서 캘리포니아 해안까지 먼 거리를 이송되었다.

여러 척의 예인선이 시추현장 근처에서 바지선/플랫폼 조합을 운반한다. 불윙클의 경우 40,000톤의 무게가 나가고 850피트 길이 180피트 폭의 진수용 바지선을 필요로 했는데, 3척의 예인선이 당기고 2척의 예인선이 필요한 경우 제동을 걸기 위해 따라갔다(그림 1-16 참조). 내륙 수로와 심지어 일부 해상 지역의 변덕스러운 특성으로 인해 제조 야드와 시추현장까지 경로의 세심한 수심 조사가 필요하다. 적재된 진수 바지선은 수심 45피트를 통과할 수 있다. 좌초로 인해 엔지니어의 이력서에 또 다른 흠집을 내서는 안 된다.

콘크리트 구조물은 건조방식으로 인해 이미 피요르드의 깊은 수심에 자리잡고 있기 때문에 시추현장으로 운송하기 위해서는 몇 척의 예인선이 필요하다. 플랫폼의 수백피트 수면 아래 잠겨있기 때문에 진수 바지선에 비해 많은 견인력과 제동력이 필요하다. 일반적으로 콘크리트 플랫폼은 예인 시 항력을 줄이고 수심이 얕은 지역의 통과를 위해 부분적으로 디발라스딩을 통해 흘수를 낮춘다. 이렇게 거대한 콘크리트 괴물의 크기를 고려하면 현장으로 견인하기 위해서는 **허스키**(*husky*) 예인선이 필요하다. 10척의 지구상에서 가장 진보된 큰 예인선이 트롤 플랫폼을 건설 현장에서 그 마지막 설치현장까지 174마일(322 km)을 예인했다(그림 8-9 참조). 각 선박은 150~200톤의 정지 예인력(bollard pulls)과 12,000~16,000마력의 엔진을 가지고 있었다(Bollards: 예인줄을 묶어놓는 기둥).

그림 8-9. 콘크리트 중력식 구조물 트롤(Troll)이 설치장소 북해로 예인되고 있다(Norske shell 제공).

전통적인 플랫폼 또는 유연 타워의 설치

진수 바지선과 소중한 화물(자켓)이 설치장소에 도착하면 선원은 플랫폼 진수 준비를 위해 토치를 이용하여 고박용 용접을 제거한다. 작업선원은 바지선이 선미부로 살짝 기울도록 조심스럽게 바지선 밸러스트를 펌프한 후 바지선에 유압잭 또는 윈치로 플랫폼을 선미를 향해 천천히 이동시키면, 어느 순간 플랫폼이 자체 무게로 인해 바지선에서 미끄러지기 시작한다(그림 8-10 참조).

그림 8-10. 바지로부터 진수되는 강재 자켓(셸 E&P 제공)

속이 빈 원통 형상으로 인해 플랫폼 구조를 이루는 부재는 일반적으로 그들이 무게보다 많은 양의 물을 밀어내게 되는데, 그것이 순수한 상향 부력을 제공한다. 따라서 그림 8-11에 나타난 것과 같이 마치 일광욕을 즐기는 고래의 옆모습처럼 진수 후에 물에 떠 있게 된다. 물론 이것은 자켓이 진수 바지선을 떠난 후 떠 있도록 주의 깊게 설계되고 해석된 결과이다. 충분한 자연 부력이 없는 경우 이 단계에서 부력을 제공하기 위한 탱크가 추가된다. 자켓을 설치한 후에는 임시 탱크는 제거된다.

그림 8-11과 같이 매우 전형적인 경우에 작업선원은 원통 부재의 일부에 물을 주입

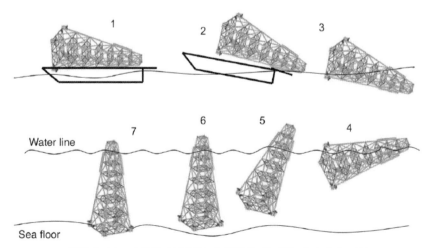

그림 8-11. 자켓이 진수로부터 바닥에 착지할 때까지의 과정

할 수 있도록 밸브를 연다. 그들이 계산을 잘한 경우 전체 구조물은 해저 바닥에서는 수 피트의 틈새를, 물 밖으로 넉넉히 20~50피트를 남긴 상태로 플랫폼의 상부가 수직 위치가 되도록 서서히 회전한다. 예인선은 위성 위치추적장치에 의해 유도되어 착저 위치로 예인된 후 나머지 부재가 물로 채워지면 플랫폼은 천천히 제자리에서 아래로 잠긴다. 자켓의 설치는 바지선에 얹혀진 상태에서 스스로 떠 있는 상태, 직립 상태, 착저 상태의 순서로 진행된다. 그림 8-11의 순서에 따르면

1. 자켓이 현장에 도착한 후 고박을 잘라내어 풀어둔다.
2. 진수 바지선은 선미가 잠기도록 밸러스팅된다. 유압잭 또는 윈치로 자켓이 그리스가 발라진 미끄럼대를 따라 선미 쪽으로 움직이게 한다. 바지선의 선미가 더욱 기울어진다. 어느 순간 무게중심이 앞으로 쏠리면서 자켓 스스로 미끄러진다.
3. 무게중심이 바지선의 끝을 지나갈 때 자켓 전체가 경사대 또는 로커빔(rocker beam)에서 회전하면서 물속으로 미끄러진다.
4. 자켓이 옆으로 누워서 떠 있는다.
5. 밸브가 열린다.
6. 자켓이 직립한 후 바닥으로부터 수 피트 떠 있는 상태로 착저위치로 예인된다.
7. 물이 더 주입되고 자켓은 목표지점에 착저된다.

바지선 선미에 로커빔은 자켓이 구조물 또는 바지선에 손상 없이 바지선으로부터 바다에 부드럽게 입수하도록 도움을 준다. 어떤 경우에는 부력계산이 매우 정확하여 자켓이 저절로 수직위치로 떠서 해저에서 그것을 내리기 위해 물 무게를 더하는 밸브를 열기만 할 때도 있다.

때때로 큰 목재 또는 금속으로 된 진흙 매트가 플랫폼의 바닥에 놓여지는데, 이는 플랫폼이 해저면에 영구적으로 고정되도록 파일링을 하는 동안 움직이지 않도록 하기 위함이다.

수심 400피트 미만의 고정식 플랫폼의 경우 육상용 시스템에 긴 확장장치를 사용해서 파일을 박아넣을 수 있다. 수심이 깊어지면 상황이 달라진다. 여기에는 아마도 최소 550 피트짜리 일체형 말뚝이 사용된다. 따라서 대용량 및 장거리 기능의 크레인이 요구된다. 천수심에서의 공사의 경우 파일 드라이버는 공기에 노출되어 있으며(그림 8-12) 디젤,

그림 8-12. 작업 중인 스틸 해머(Heerema
Marine Contractors 제공)

증기 또는 유압 유체에 의해 구동된다. 심해 건설의 경우 수중 파일 드라이버가 해수침
투를 완전히 막기 위해 철저히 감싸지며, 유압 유체에 의해 구동된다(그림 8-13 참조).

그림 8-13. 수중 유압 해머(Menck GmbH 제공)

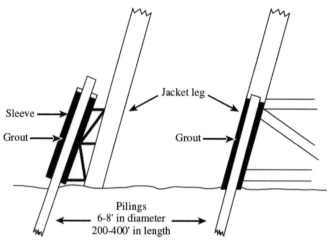

그림 8-14. 그라우트된 파일에 연결된 강재 자켓

몇 개의 파일이 각각의 다리를 고정한 후 작업인부는 크레인으로 한쪽 또는 다른 쪽을 들어 올려 일부 플랫폼 세그먼트를 밸러스트 및 디밸러스트함으로써 플랫폼을 곧게 편다. 그런 후 작업인부는 영구적으로 파일에 플랫폼을 연결한다. 파일은 천수심의 경우 일반적으로 플랫폼에 직접 용접하거나 가장 일반적으로는 심해에서 사용되는 시멘트 그라우트를 사용하여 고정될 수 있다(그림 8-14 참조). 플랫폼이 몇 개의 파일에 의해 영구적으로 자리를 확보하면 나머지 파일은 플랫폼에 부착된 슬리브를 통해 해저면에 박히고 플랫폼에 영구히 고정된다. 이러한 작업이 완료되면 이제 플랫폼은 탑사이드 구조물이 올 때까지 대기하게 된다.

콘크리트 중력식 플랫폼 설치

콘크리트 플랫폼은 이미 수직 위치로 설치현장에 도착한다. 작업자는 천천히 구조물 바닥에서의 물의 침수를 제어함으로써 물의 부피를 증가시킨다. 이 플랫폼은 아래로 가라앉으면서 자기 자신을 해저바닥 속으로 밀어 넣게 되는데, 토질에 따라 수십 인치가 되기도 한다. 콘크리트 베이스의 밑면에는 종종 수 피트 깊이에 달하는 대형 가로보 형상의 구조물이 있다. 내부에서 보면 둘레를 따라 연장된 늑골재가 있고 몇 개의 횡늑골이 동굴 같은 방을 형성한다. 베이스가 해저면에 닿으면 쿠키 커터가 반죽을 자르듯이 딱딱한 점토로 파고 들어간다. 둘레의 늑골에서 물이 뿜어져 나오는 것을 막기 위해 구조물 기초의 상단 밸브를 열어 갇혀진 물이 빠져나오도록 한다. 때때로 이 물은 수평 및 설치에 도움이 되는 하방 흡입력을 만들기 위해 펌핑된다.

그 거대한 구조가 천천히 조심스럽게 해저면으로 내려짐에 따라 그 딱딱한 바닥에 자리를 잡는 과정은 기초가 수평을 이루고 기둥이 수직을 이루도록 철저히 통제된다. 구조물의 중량을 늘리기 위해 구조물 내부로 물을 주입할 수 있으며, 보다 큰 하향 흡입력을 제공하기 위해 늑골 캐번(동굴처럼 만들어진 공간)에서 추가적인 물을 뽑아 낼 수도 있다. 일단 구조물이 요구된 위치에 도달해서 정해진 수평도 공차에 들어오면 그 구조물의 기초에 콘크리트나 철광석을 주입함으로써 설계 지면하중을 확보한다. 바닥 조건의 상이함으로 인해 각 중력식 구조물의 상세 설계는 서로 다르다. 세계의 어떤 지역에서는 실제로 기초가 지면으로 거의 관통하지 않는 경우도 있다. 하층토 조건이 철저히 탐사된 후 그 조건에 대한 적절한 설계가 이루어지게 된다. 예를 들어, 필리핀의 말람파야(Malampaya) 중력식 구조물은 설치장소 바닥에 미리 바위와 자갈로 매트를 만든 후 그 위에 안치되었는데, 이 때문에 철광석으로 더 많은 중량을 추가했다. 그리고 모서리 둘레에서 해류로 인한 세굴을 막기 위해 추가로 더 많은 바위와 자갈을 구조물 둘레에 설치하였다.

갑판 설치

모두가 계획대로 진행되면 철강 플랫폼 또는 유연 타워의 강재 탑사이드 갑판 구조물은 설치된 플랫폼의 최종 안전검사 후 오래지 않아 운송 바지선 위에 실려서 도착한다. 갑판구조물을 통째로 또는 조각으로 들어올리기 위해 플랫폼을 설치하는 데 사용된 동일한 크레인을 사용할 수 있다(그림 8-15 참조). 사전 설계된 갑판 다리는 플랫폼의 상단과 결합된다. 그 둘을 용접함으로써 최종 결합이 이뤄진다.

그림 8-15. 싸이펨 7000 크레인선이 갑판을 설치하고 있다(Saipem 제공).

　대부분의 경우 갑판은 시추 및 생산 설비를 갖춘 후 도착한다. 그러므로 생산현장에서 작업인부는 모든 배관, 전기, 유압 또는 다른 연결장치를 만드는 것이 가능하다. 대안으로는 장비가 조각으로 도착하고, 용접공, 설치공, 장비 기술자 일군과 다른 인부들이 승선하여 설치, 연결 및 준비작업을 한다. 사전 설치는 일반적으로 훨씬 저렴하지만, 추가 하중을 충분히 들어 올릴 수 있는 크레인 용량의 가용성이 공법 선택을 제한할 수 있다.

　콘크리트 구조물은 보통 설치장소까지 직립상태로 이송되기 때문에 시추장소로 가기 전에 건설현장인 피요르드만 내에서 갑판의 설치작업을 할 수 있다. 갑판과 구조물을 결합하는 가장 흔한 방법은 갑판을 콘크리트 구조물 위로 띄우는 것이다. 바람과 파도로부터 보호된 피요르드만 내에서 콘크리트 구조물의 상단부가 해수면에 찰랑찰랑할 때까지 밸러스팅을 한다. 하나 또는 두 개의 바지가 갑판을 싣고, 바지 또는 플랫폼이 움직여 갑판이 구조물 위에 걸쳐서 떠 있는 상태로 위치하도록 한다. 바지를 천천히 밸러스팅하여 갑판을 플랫폼에 안착시킴으로써 결합을 완성한다. 바지로부터 하중이 플랫폼에 전달되면 바지선은 철수한다. 그림 8-16은 말람파야(Malampaya) 구조물의 갑판이 현장에 이미 설치된 구조물에 이송되어 설치되는 모습을 보여 준다.

그림 8-16. 말람파야 갑판의 설치 모습(Philippines Exploration BV 제공)

부식 메커니즘과 방식

대부분의 구조재 합금은 단지 공기 중 습기에 노출되기만 하면 부식된다 — 그들은 녹이 스는 것이다. 바다에 설치된 철강 구조는 부식이 발생되기 쉬운 최적의 환경에 있다.

해양에 설치되는 구조물의 설계에서는 부식에서 중요한 세 가지 영역을 고려해야 한다.

1. **대기 영역**. 수선 위의 영역으로 일반적으로 파도가 부서지는 부분 위의 영역이다. 그곳은 일반적으로 페인트나 코팅에 의해 보호된다.

2. **스플래쉬존**. 파도, 조수간만 및 해류로 인해 물과 공기에 교대로 노출되는 플랫폼의 영역이다. 강철 부재에 교대로 나타나는 습기와 건조는 부식을 촉진할 수 있다. 여러 가지 변형된 기본적인 부식 제어 방법으로 이 영역을 처리한다. 페인트 또는 코팅이 한 방법이 될 수 있다. 부재의 두께를 늘려 보다 많은 강을 추가할

수 있다. 또는 더블 플레이트라는 추가 강판 슬리브를 부재에 용접할 수 있다.

3. **침수 구역**. 스플래시존의 레벨 아래 철강은 아무 것도 안 덮인 채로 구조물 부식은 음극 방식시스템에 의해 제어된다. 음극 방식(CP)은 그 표면을 전기화학 전지의 음극화함으로써 금속 표면의 부식을 제어한다. 전식작용(Galvanic action)은 특별히 배치된 양극으로부터 구조물로 전류가 흐르도록 한다. 이 갈바니 또는 희생 양극은 아연 또는 알루미늄 합금을 사용하여 다양한 형태로 만들어진다. 희생 양극이 구조물 대신 부식되는 것이다. 보다 큰 구조물에 대해서는 희생 양극이 경제적으로 완벽한 보호를 제공하기에 충분한 전류를 제공할 수 없다. 이러한 경우 갑판 위 DC 전원에 연결된 양극을 사용하는 능동 부식방지장치(ICCP: Impressed Current Cathodic Protection)시스템이 필요하다.

해양 음극보호시스템에 있어서 노드/음극시스템과 결과적으로 구현되는 부식방지의 품질은 다음과 같은 여러 요소에 영향을 받는다:

- 수심
- 용존 산소
- 온도
- 염도
- pH
- 해류
- 수심에 따른 압력
- 부착물

이 파라미터들은 음극보호시스템의 설계에 경우에 따라 어느 것은 조금 더, 다른 것은 조금 덜 영향을 끼친다. 예를 들어, 용해된 산소는 지리적 위치, 수심 및 계절에 따라 상당히 다르다. 일부 데이터(Thomason and Fischer, 1991 OTC Paper 6588)는 노르웨이해 수심 1,300피트에서의 용존 산소는 8 ppm으로, 북대서양에서는 7 ppm으로, 멕시코만에서는 4 ppm으로, 남부 캘리포니아에서는 1 ppm으로 나타남을 보여 준다. 몇 마일 떨어진 위치에서는 데이터가 크게 달라질 수도 있다. 요점은 적절한 설계를 위해서는 그 장소에 대해 오랜 기간 충분한 데이터를 얻기 위한 상당한 주의가 필요하다는 것이다.

대부분의 해양시스템의 경우 음극보호시스템은 20~40년 사용을 위해 설계되었다. 실제로 많은 멕시코의 시스템은 30년이 지난 후에 제거되었으며 여전히 부식에 매우 효과적으로 작동되고 있다. 그림 8-17은 고정식 강재 플랫폼에 장치된 여러 개의 수동식 양극을 보여 준다.

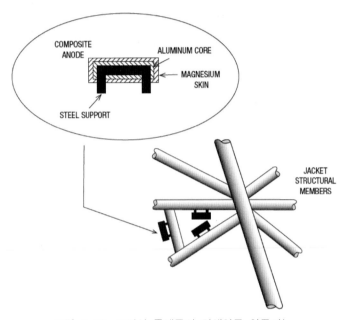

그림 8-17. 고정식 플랫폼의 희생양극 알루미늄

파이프라인 라이저 설치

때때로 플랫폼이 하나 이상의 송출 파이프라인에 연결이 되도록 계획이 되곤 한다. 마지막 작업으로 크레인 작업선은 라이저(플랫폼에 연결된 수직 파이프라인으로 갑판 위 배관에 연결되어 있다)에 연결하기 위해 각 파이프의 단부를 끌어올린다. 이에 대해서는 10장에서 상세히 다룰 것이다. 이 시점에서 작업반원은 유정을 시추하거나 사전에 시추한 유정을 완료하고 생산을 시작할 수 있다.

부유식 생산시스템

09 Chapter

> *이와 같은 밀물 위에 지금 우리가 떠 있도다. 그리고 우리는 이 밀물이 밀려올 때 그것에 올라타야 한다. 그렇지 않으면 우리는 싸움에서 질 것이다.*
>
> —윌리엄 세익스피어(1564~1616)
> 줄리우스 씨이저

자신의 타고난 천성과 훈련의 결과 석유 탐사자는 어디라도 탄화수소가 있는 곳이면 찾아 떠나며, 그러한 것이 그들을 종종 가장 험한 곳으로 인도하곤 한다. 실제 개발과 생산 방식이 항상 자신의 관심 목록에 상위를 차지하지 않을 수도 있다. 하지만 탐사자들이 지속적으로 점점 더 깊은 심해와 쉽지 않은 환경에서 유전을 찾아낼 때마다 시추 및 생산 엔지니어들은 지속적으로 난국에 대처해왔으며 기회로 삼기도 했다. 대부분의 경우 그들은 심지어 탐사자들을 금지구역에까지 밀어 넣기도 한다.

해양 작업이 현실적인 고정식 플랫폼의 한계를 넘어 확장되면서, 생산 엔지니어들은 얕은 수심의 한계에서 벗어나기를 요구했던 석유 탐사자들에게 반잠수식 플랫폼과 시추선으로 응답했던 시추 엔지니어가 고안한 개념을 빌렸다. 따라서 지금은 부유식 생산시스템(이에 더해 많은 경우 다음 장에서 다루는 해저유정과 함께)이 보다 깊은 심해에서 실행 가능한 옵션을 제공한다.

부유식 생산시스템은 다양한 크기와 형태로 나타난다(그림 9-1 참조). 어떤 것은 다른 것에 비해 더 많은 기능을 가지고 있다. 모든 경우에 그들은 스틸 하부구조가 아니라 구조물의 부력에 의해 지탱되기 때문에 고정식 시스템과는 다르다. 일반적인 범주에서 다양한 변형이 존재하지만 모두 네 개의 그룹 중 하나에 포함될 수 있다.

1. 인장각식 플랫폼(TLP: Tension leg platform)
2. 스파 플랫폼(spar)
3. 부유식 생산시스템(FPS: Floating production system)
4. 부유식 생산, 저장 및 하역 설비(FPSO: Floating production storage and offloading system)

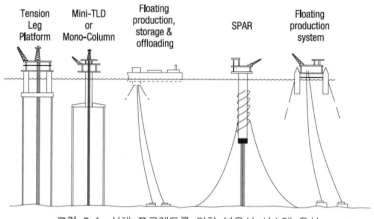

그림 9-1. 심해 프로젝트를 위한 부유식 시스템 옵션

이러한 부유식 시스템은 많은 공통부분을 가지고 있다(그림 9-2, 9-3, 9-4, 9-5 참조).

- **선체.** 갑판, 상갑판, 계류 하중 및 라이저 하중을 지탱하는 부력을 제공하는 구조이다. TLP 및 FPS에서는 기둥과 폰툰을 포함한다. 스파 플랫폼에서는 선체가 중앙 기둥이다. FPSO는 선박의 선체이거나 원통형 형상을 갖는다.

- **기둥.** TLP와 FPS에서는 사각형 또는 원형의 대형 부재가 상갑판을 지지하고 폰툰과 연결한다. 스파 플랫폼에서는 중앙 기둥이 선체 역할을 한다.

- **폰툰.** TLP와 FPS는 기둥의 밑면과 연결되어 선체의 일부를 구성하는 폰툰이라 하는 큰 구조 부재를 갖는다. 그 폰툰과 기둥들이 그 시스템에 수직으로 작용하는 하중을 지탱하는데 필요한 배수량을 제공한다.

- **갑판.** 선체의 꼭대기에서 탑사이드를 지지하는 구조물이다.

- **탑사이드.** 갑판 및 생산, 드릴링 및 보조 장비와 승무원의 숙소 등을 통털어 탑사이드로 부른다.

- **파일.** 강재 원통형 구조로 해저 바닥에 드릴 또는 흡인력(suction force)에 의해 박혀서 계류시스템에 대한 앵커로 사용된다.

- **라이저.** 유정 건설 및 수리 작업 동안에 부유식 플랫폼의 갑판으로 해저 유정 및 폭발 방지 장치를 연결하는 강관을 드릴링 라이저라고 한다. 부유식 플랫폼 바로 아래로 뚫어 시추된 해저 유정의 경우 생산시설이 완성되면, 생산 라이저는 갑판 위 크리스마스 트리와 해저 유정을 연결하는 데 사용되는 강철 케이싱 또는 파이프이다. 생산 라이저는 고정식 플랫폼에서의 유도관(conductor)과 매우 유사한 기능을 한다. 생산된 원유를 이송관을 통해 플랫폼에 보내는 해저 유

정의 경우, 해저 바닥에서 부유식 플랫폼까지 연결된 라인의 구간을 유동라인 (flow line) 라이저라고 한다. 처리된 석유 및 가스는 송출 라이저를 통해 아래로 파이프라인에 전달된다. 12장에서 라이저에 대한 자세한 내용을 다룰 것이다.

- **계류.** 와이어 로프, 폴리에스터 라인, 체인, 앵커 등을 포함하여 플로팅시스템을 원하는 위치에서 붙잡아 놓는 모든 장비이다. TLP의 경우 해저에 매우 작은 밑넓이(footprint)에 설치된 강관 텐돈에 의해 제자리를 유지한다(그림 9-6 참조). 다른 경우에는 계류라인이 사방으로 실제로 수 마일까지 뻗어나갈 수 있다(그림 9-7 참조).

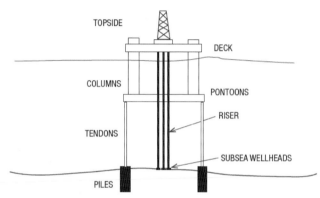

그림 9-2. TLP의 선체, 탑사이드, 계류(텐돈)와 라이저

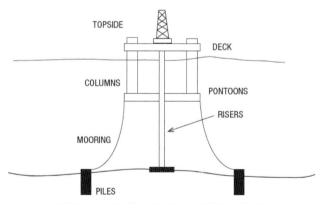

그림 9-3. FPS의 탑사이드, 계류와 라이저

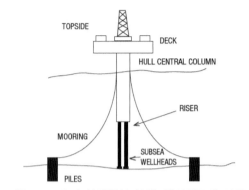

그림 9-4. 스파 플랫폼의 선체, 탑사이드와 라이저

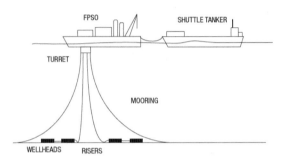

그림 9-5. FPSO의 선체, 탑사이드, 계류와 라이저

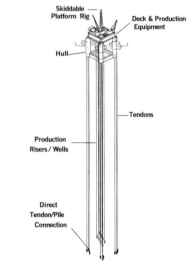

그림 9-6. 멕시코만 브루투수 유전의 TLP
(Shell E&P 제공)

그림 9-7. 아거(Auger) TLP의 비교 전경, 종종 "이 TLP가 뉴올리언즈를 집어삼켰다"라고 한다.(Shell E&P 제공)

인장각식 플랫폼

시추 플랫폼으로만 수년간 사용된 반잠수식 플랫폼이 TLP의 개념을 낳았다. 비슷한 디자인으로 인해 TLP의 부력은 폰툰과 기둥의 조합으로부터 나온다(그림 9-2 및 9-6 참조). 플랫폼의 각 모서리에서 아래로 해저 바닥 기초 말뚝에 체결된 수직 텐돈은 TLP를 해상에 고정시킨다. TLP 아래의 해저 유정에 직접 연결된 수직 라이저는 갑판에 건식 트리로 석유와 가스를 실어 나른다.

TLP에 걸리는 수직 하중은 선체에 의한 여분의 부력이 전달된 것이다. 따라서 항상 시스템의 사하중과 활하중(8장 참조) 그리고 텐돈에 걸리는 장력이 배수량과 균형을 이루고 있다. 텐돈에 위로 걸리는 힘은 사하중 및 활하중에 의해 야기되는 배수량에 의해 결정되는데, 이로써 장력은 일정하게 유지된다. 결과적으로 강체 수직 운동이 상쇄된다. 유일한 수직 운동은 텐돈 파이프에 나타나는 탄성 신축으로 나타나는데, 그 양은 무시할 만큼 작다. 물론 횡방향 움직임은 나타나는데 이로 인해 TLP가 수면에서 밑으로 살짝 가라앉는 셋다운(set-down) 현상이 나타나며, 이는 TLP의 텐돈이 해저면 앵커를 중심으로 옆으로 움직이기 때문이다. 셋다운으로 인해 추가로 발생하는 상방향 힘이 TLP가 다시 원래 위치로 돌아가게끔 원점으로 당기는 힘을 만든다.

텐돈의 장력은 소정의 설계 및 운영 범위 내에서 설정된다. 대규모 드릴 파이프 공급의 추가 또는 삭감과 같이 활하중의 큰 변화를 요구하는 작업이 있는 경우, 텐돈의 장력은 그 범위 내에서 밸러스트수를 주입하거나 내보냄으로써 일정량을 유지한다. 수직 텐돈은 강재 튜브이며, 벽두께가 1~2인치이고 직경이 일반적으로 24~32인치이다.

석유 및 가스 개발에서 TLP는 전형적으로 건식 트리가 장착된 생산 플랫폼 또는 시추 및 생산 겸용 플랫폼으로 사용된다. 그들은 가혹한 환경 조건에서 뛰어난 운동 성능과 앵커링에 소요되는 작은 해저면 밑넓이로 인해 종종 다른 종류에 비해 많이 선택된다. FPS, FPSO 및 스파와는 달리 계류를 위한 작은 해저 바닥 면적이 주는 장점은 향후 추가로 발생할 수 있는 시추, 탄성파 탐사, 건설 기회가 광범위한 계류시스템에 의해 방해되지 않는다는 것이다. TLP는 어떤 방향의 파도와 바람에서도 비교적 깊은 수심에서 안정적인 작업 플랫폼이다. 정상적인 조건에서 TLP의 움직임은 매우 작아서 마치 고정식 플랫폼에 있는 것처럼 느낄 수 있다. TLP는 설치지역의 기상과 해양학적(metocean) 조건과 요구되는 탑재 화물에 따라, 약 1,000피트만큼 얕은 수심부터 경제적인 옵션이며, 수심 5,000피트까지 매력적인 고려대상이 된다. 텐돈에 대한 보다 경제적인 재료기술이 개발됨에 따라 보다 더 깊은 수심에서도 적용될 수 있다.

종래의 TLP 선체는 기둥과 폰툰으로 구성된 4각형 형상이었다. 중간 크기 TLP의 예를 들면 75피트(25 m) 정도의 직경과 높이 170피트(52 m) 기둥과 폰툰은 깊이 30피트(9 m) 너비 40 피트(12 m) 정도이다. 기둥 및 폰툰 모양의 원형이거나 사각형일 수 있다.

전통적인 TLP의 설치(Installation of a conventional TLP)

TLP가 육상 건설 야드에 건설되는 동안 부유식 시추리그가 종종 해양 설치현장에서 여러 개의 유정을 바쁘게 시추하곤 한다. 드릴링 작업이 완결되면 나중에 생산 라이저에 연결될 해저 유정헤드 어셈블리를 뒤에 남긴다.

TLP 선체는 큰 강판을 사용하여 선박의 제조에 경험을 가지고 있으며, 대용량 크레인 설비, 건조도크, 안벽설비 등을 갖춘 조선소에서 건조된다. 하지만 일부는 제조 야드에서 건조된 후 스키드를 이용하여 바지선이나 대용량 인양선에 옮겨진 후 다른 곳으로 운송된다.

모두가 같은 야드에서 제작될 수 있지만, TLP 선체는 탑사이드 데크와는 별도로 제작된다. 선체와 탑사이드를 결합하는 다양한 방법이 있다.

- 선체와 데크/탑사이드가 동일한 야드에서 제작된 경우 이들은 전체 시스템이 인수 장소로 운송되기 전에 결합되어 완성될 수 있다.
- 종종 선체 및 탑사이드는 다른 나라의 다른 야드에서 지어진다. 이 경우 두 개의 섹션－선체와 탑사이드－은 조립을 위해 통합 현장으로 운송되며 거기에서 하나로 조립된다.
- 가능하기는 하지만 거의 사용되지 않는 방법으로는 선체를 설치한 후 대형 해양 인양 크레인으로 바다에서 탑사이드를 설치하는 것이다.
- 탑사이드는 다양한 공법으로 선체에 설치될 수 있다. 대용량 인양 크레인, 완성된 탑사이드를 특수 트러스시스템에 탑재한 후 선체에 설치하는 부양설치 공법 (Floatover, 그림 9-8) 또는 스티프 레그(stiff leg)나 스트랜드잭과 같은 육상 인양 장치(그림 9-9)를 이용하는 공법이 있다.

조립이 완성되어 인수된 선체/탑사이드시스템은 이제 조립현장에서 설치현장으로 예인되고 텐돈과 연결된 후 최종 설치작업에 들어간다.

그림 9-8. 탑사이드를 설치하기 위해 플랫폼 위로 띄우는 트러스 인양 시스템
(Versabar 제공)

그림 9-9. 육상 특수 인양장비를 이용한 탑사이드 조립(Shell E&P 제공)

인수된 선체/탑사이드시스템이 설치 장소에 도착하기 수 주 또는 몇 개월 전에 완공된 TLP를 현장에서 고정시킬 파일이 8장에서 논의한 대용량 해양 인양 크레인 및 수중 파일 드라이버를 사용하여 설치될 것이다. 그 후에 텐돈이 단위 길이 200피트 정도의 유닛을 각 부분 사이의 기계적 커넥터로 연결하여 설치된다(각 부분을 용접한다면 너무 많은 시간이 걸릴 것이다).

파일과 텐돈, 텐돈과 선체를 연결하는 두 가지 방법이 있는데, 동시 설치와 사전 설치가 그것이다.

- 동시 설치 텐돈은 반잠수 해상 크레인선(SSCV)의 크레인을 사용하여 약 200피트 길이의 긴 섹션이 차례로 설치된다. 텐돈을 하나씩 차례로 내려서 설치하고 선체의 귀퉁이에 걸어 놓는다. 이때 TLP는 예인선과 SSCV로 현장에서 자리를 잡고 있다. 4개의 텐돈이 이와 같은 방법으로 완성된 후 하나씩 원격 무인 잠수정(ROV)의 도움으로 해저 바닥 파일에 미리 디자인돼서 제작된 커넥터를 통해 연결된다. 이렇게 연결되면 상대적으로 거친 바다 조건에서도 TLP는 폭풍에 대해 안전하다. 각 모서리에 텐돈이 연결되면 이 프로세스는 모든 텐돈에 대해 반복되는데, 일반적으로 12개에서 16개의 텐돈이 연결된다. 그 다음 한 텐돈당 2,000톤만큼의 장력이 걸리도록 TLP는 선체 안의 밸러스트수를 내보낸

다. 이렇게 함으로써 인장각(tendon legs)이 어떤 환경이나 운영 조건에서도 절대로 느슨해지지 않도록 한다.

- 사전 설치 방법에서는 선체/탑사이드가 도착하기 며칠 또는 몇 주 전에 텐돈이 해저 바닥 파일에 삽입된다. 텐돈은 큰 부력 탱크(임시 부력 모듈 또는 TBMs)에 의해 수직으로 유지되고 이렇게 함으로써 일정한 상방향 부하를 유지하며 연결될 TLP가 올 때까지 위치를 지키게 된다. 그 후 선체가 텐돈의 그룹 위로 도착하고 텐돈의 상단이 사전에 미리 디자인되어 제작된 선체의 연결 슬롯을 통해 밀고 올라올 때까지 여러 구획으로 나누어진 격벽에 물을 주입함으로써 하강한다. 최종 연결은 유압잭과 기계적 래치를 통해서 이루어진다. 그림 9-10 은 사전에 설치된 텐돈이 TLP 선체에 연결되는 개략도를 나타낸 것이다. 네 모서리에 있는 텐돈 모두가 설치되고 나면, 선체 안의 상당량의 물을 밖으로 밀어내어 자연적으로 위로 떠오르는 힘을 야기함으로써 텐돈에 장력이 걸리도록 한다. TBMs(Temporary buoyancy modules)는 제거된다.

두 경우 모두 텐돈은 오랜 수명과 기능을 보장하기 위해 매우 높은 사양의 재료와 형상으로 제조돼야 한다. TLP는 최종적으로 제한적인 횡방향 이동과 보통 미미한 수준의 수직 운동 특성을 갖는 매우 안정적인 플랫폼이 되었다. 극단적인 허리케인 설계 조건의 경우 멕시코만 TLP는 수심의 8%까지 중앙 지점에서 이동하게 된다. 예를 들어, 수심 4,000피트(1,220 m)에서 쉘의 얼싸(Ursa) TLP는 설계 조건의 허리케인에서

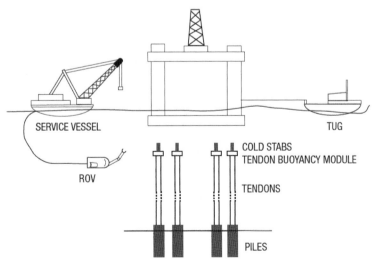

그림 9-10. 사전설치 텐돈에 연결되는 TLP 선체

320피트(98 m)만큼 이동할 수 있었다. 그렇게 큰 오프셋(offset)에서는 선체가 12피트(3.5 m)까지 가라앉게 될 것이다. 이 경우에도 파도가 갑판하부 데크장비를 치는 일이 없도록 갑판이 충분히 높은 레벨로 설정되어 손상을 유발하지 않기 때문에 그 정도 오프셋은 허용 가능한 수준이다. 세계 다른 지역에서 TLP의 횡방향 운동은 바람과 파도 조건에 따라 달라진다. 서아프리카의 경우 횡방향 운동은 멕시코만의 8%보다 훨씬 작다.

시추 파이프는 보통 바람이나 해류의 변화로 인한 측면 이동을 수용할 수 있다. TLP를 그 한계치까지 밀어붙이는 거친 해상에서는 어쨌든 시추작업을 하지는 않는다.

그 TLP가 안전하도록 하기 위해 갑판에 설치된 시추장비는 해저에 미리 뚫어 놓은 유정의 시추공에 라이저(또는 커넥터 파이프)를 한 번에 하나씩 끼워 넣어 연결 (또는 다시 삽입)해야 한다. TLP가 각 유정의 바로 위에 위치하지 않기 때문에 한 가지 방법은 와이어 줄에 작은 구조 프레임을 내려서 해저 유정에 연결하는 것이다. ROV는 그 프레임을 제자리로 안내하고 고정시키기 위해 잠금 장치를 조작한다. 그 후 라이저(또는 커넥터 파이프)는 와이어 줄을 가이드 삼아 유정에 도달하고, 거기에서 ROV의 도움으로 기계적 연결작업이 완성된다.

유정 바로 위에 있지 않으면서 어떻게 라이저가 정방형으로 타이트하게 연결될 수 있을까? 참고 프레임 삼아 10피트 길이의 강철 막대를 상상해 보자. 직경이 1/8인치이고 천장에 매달려 있다. 그 막대 바닥을 옆으로 10인치 이동하면 이는 3,000피트 길이의 텐돈 또는 라이저가 설계 폭풍 동안 240피트 오프셋을 갖는 것과 같은 규모이다. 10피트 막대를 하단에서 연결하기 위해 위에서 굽히면 알아차릴 수 없을 정도로 어느새 그 모양이 변형된다. 쉽지는 않지만 행할 수는 있다. 더욱 좋기로는 정렬 과정에서 막대 하단을 2인치 정도 미는 것인데, 이는 ROV를 조종하는 것과 유사하다.

TLP의 갑판에 있는 건식 트리는 라이저 파이프를 통해 올라오는 석유 및 가스 생산의 흐름을 제어한다. 그러나 다른 부유식 시스템과 마찬가지로 TLP는 멀리 떨어져 있는 해저 습식 트리 유정에 접속된 라이저를 통해서도 생산된 석유 및 가스를 받을 수 있다. 대부분의 TLP는 해저 라이저 바스켓을 가지고 있는데, 그것은 해저 유정으로부터 올라오는 라이저의 상단을 붙잡고 있는 프레임 구조물이다

단일 기둥 TLP와 확장 다리 TLP의 설치
(Installation of monocolumn and extended-leg TLPs)

수심이 얕은 곳이거나, 심해이지만 매장량이 많지 않은 곳 그리고 더 이상의 시추가 계획되지 않은 유전지대에서, 일부 기업은 변형된 TLP를 사용한다. 이러한 독자적인 버전의 이름은 다음과 같다

- 미니 TLP, 단일 기둥(monocolumn) TLP 또는 종종 씨스타(Sea Star)
- 확장 다리 TLP(ETLP; extended-leg TLP)

모노칼럼(단일 기둥)과 씨스타(독점 라벨)라는 이름은 부체 탱크의 형상에서 따왔는데, 대형 중앙 실린더에 바닥에서 튀어나온 3개의 별 모양의 팔을 가진 구조를 가졌기 때문이다(그림 9-11 참조). 중앙의 실린더는 직경 60피트, 높이 130피트의 크기이다.

그림 9-11. 토탈피나엘프(TotalFinaElf's) 마터호른
시스타, 단일기둥 TLP(Atlanta Offshore 제공)

밖으로 삐져나온 팔은 거기에 18피트를 더해야 한다.

다른 TLP와 마찬가지로 텐돈은 각각의 팔에서 2개씩 바닥으로 내려지며 TLP의 하부구조를 고정한다. 계류시스템, 라이저와 탑사이드는 보다 작아진 크기를 제외하면 다른 TLP와 마찬가지이다. 시추 장비를 없앴기 때문에 탑사이드 무게를 낮췄으며 따라서 축소된 버전이 가능해졌다.

확장 다리 TLP(ETLP – 고유의 라벨)는 네 모서리의 기둥을 그대로 유지하지만 각 기둥에서 폰툰 부분을 추가로 확장한다. ETLP는 종래의 TLP(CTLP)보다 작은 규모이기는 하지만 모든 기능을 가질 수 있다. 즉, ETLP는 다음의 목적에 사용될 수 있다.

- 온전한 시추, 생산 그리고 거주 플랫폼
- 유정헤드 플랫폼
- 텐더의 지원을 받는 시추
- 건식 또는 습식 트리 생산 플랫폼

부유식 생산, 저장 및 하역 설비

멀리 400야드 밖에서 보면 대부분의 FPSO는 유조선과 구별되지 않는다. 사실 많은 FPSO가 새로 지어지지만 나머지는 해저 유정에서 생산된 원유를 인수하고, 처리하여 저장하도록 유조선을 개조한다. FPSO는 유정을 시추하거나 유지보수하기 위한 플랫폼을 제공하지 않는다. 천연가스를 저장하지는 않지만, 가스와 오일이 함께 생산되는 경우 FPSO의 갑판설비에서 가스를 분리한다. 가스의 양이 상당한 경우 그들은 생산유전 또는 다른 근처의 지표면 아래 공간으로 재주입하기 위해 전용 라이저를 통해 아래로 다시 보내진다.

다양한 시스템에 의해 계류되는 FPSO는 심해와 초심해 유전 모두를 위한 효과적인 개발 솔루션이다. FPSO는 복수의 해저유정으로부터 유전 내의 이송파이프와 라이저를 통해 원유를 인수하는데, 종종 터렛과 회전시스템(추후 설명)을 통해 오일을 받아들인다(그림 9-12 참조).

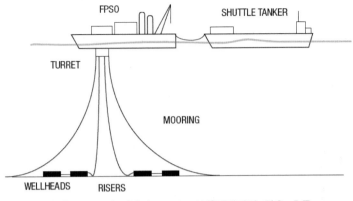

그림 9-12. 유정에서 FPSO, 셔틀탱커까지 원유 흐름

쉘은 지중해에 있는 규모가 작은 카스텔론(Castellon) 유전에서 생산하기 위해 1977년에 최초로 유조선 개조 FPSO를 설치했다. 그 이후로 업계는 FPSO 설계를 요구하는 원격지거나 거친 환경에서 유전을 많이 발견했다.

- 더 이상의 파이프라인 인프라가 존재하지 않는 바다
- 뉴펀들랜드(Newfoundland) 또는 북해 북부지역처럼 적대적인 해양환경
- 해안에 가깝기는 하지만 인프라와 시장조건이 취약하거나 그 밖의 현지 조건으로 인해 현지인의 접촉이 부적합한 곳
- 플랫폼을 설치하기에는 오일 매장량이 너무 적은 곳(그림 9-13 참조).

FPSO는 현장에 설치되고 나면 바람과 파도 때문에 선체가 방향을 틀어야 할 때가 있다. 마치 시원한 날 연못의 오리가 바람을 마주보는 것처럼 지속적으로 그렇게 회전하면 유정에 연결된 라이저 그리고 전기 및 유압 도관까지 고르디우스(Gordian)의 매듭처럼 꼬일 수 있다. 두 가지 방법으로 이 문제의 해결이 가능한데, 그것은 각각 더 싼 방법과 더 나은 방법이다.

- 방사 계류시스템은 선박을 영구히 하나의 방향으로 고정시킨다.
- 중앙 회전 계류시스템은 선박이 기상 조건을 극복하기 위한 최선의 방법으로 자유롭게 회전할 수 있게 한다.

그림 9-13. 북해에 설치된 FPSO 아나수리아(Anasuria)

사시사철 온화한 날씨에서 FPSO는 지배적 바람의 방향을 향해 앞뒤로 계류된다. 가끔 선박이 사파나 횡파를 경험하게 되는 경우 운영자는 작업을 중지시킨다. 그림 9-14는 나이지리아 근해에 8개의 계류선 방사 계류시스템으로 설치된 봉가(Bonga) FPSO를 보여 준다. 운영자는 바람과 파도가 비교적 온화하고 지속적으로 같은 방향에서 나타나며, 예측 가능한 서아프리카 기후의 이점을 이용한 것이다. 가끔 나타나는 파도에서의 선박 동요로 인한 최소한의 다운타임은 터렛시스템의 비용을 절약하는 하나의 좋은 거래이다.

가혹한 환경에서 더 비싼 FPSO가 파도와 바람의 방향을 수용할 수 있는 계류시스템을 가지고 있다. 계류 라인은 FPSO의 선체에 장착된 회전 터렛에 연결된다. 바람이 변화하고 파도가 작용함에 따라 FPSO는 그쪽으로 방향을 틀게 된다. 터렛은 선체에 내장될 수도 있고 선수 또는 선미에서 튀어나온 외팔보 구조(캔틸레버)에 장착될 수 있다(그림 9-15 및 9-16 참조). 어느 쪽이든 FPSO는 그것을 중심으로 회전하기 때문에 터렛은 영구적으로 콤파스의 원점이 된다.

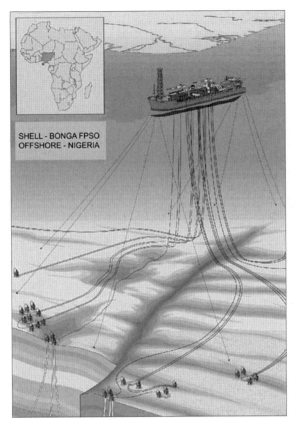

그림 9-14. 방사계류된 봉가 FPSO(Shell International 제공)

그림 9-15. 인터널 터렛/스위블 계류시스템(SBM
Offshore 제공)

그림 9-16. 익스터널 터렛과 스위블시스템(SBM Offshore 제공)

터렛은 또한 해저시스템과 탑사이드 생산 설비의 접속점 역할을 한다. 해저와 FPSO 사이의 모든 것이 터렛에 부착되거나 통과하는데, 계류선뿐만 아니라 터렛-생산 라이저, 송출 라이저, 가스 재주입 라이저, 해저 유정으로 가는 유압, 공압, 화학 및 전기 라인 등이 그것이다.

터렛은 회전 홈통(swivel stack)을 포함하여 일련의 유체 흐름 파이프와 전자 신호선이 상갑판에 연결되는 경로를 제공한다. FPSO가 터렛을 중심으로 회전하면 스위블은 유체 흐름을 인바운드 또는 아웃바운드의 새로운 경로로 재설정한다. 스택 안의 다른 스위블은 해저시스템과 연결된 공압, 유압 및 전기신호를 관장한다. 그림 9-17은 스위

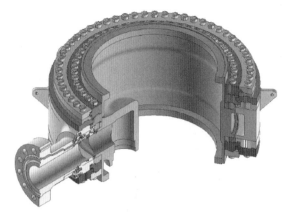

그림 9-17. 유체흐름 스위블; 외측링은 FPSO 프로세스
파이프에 연결되며, 내측링은 터렛에 연결된다.

블의 내부 동작을 보여 준다. 일부 설계에서 FPSO는 거친 바다 또는 접근하는 빙산처럼 배의 선장이 걱정하는 위험 상황에 대처하기 위해 터렛은 해저로부터(유정헤드에서 생산을 종료한 후) 분리될 수 있다. 계류, 라이저 및 그 밖의 해저장치에 연결되는 분리형 터렛의 일부분인 스파이더 부이는 FPSO가 현장을 빠져나오는 상황에서는 선체에서 분리되어 미리 지정된 깊이로 잠긴다.

페트로캐나다[10]의 FPSO 테라노바(TerraNova)에 탑재된 터렛은 전체 무게가 4,400톤 이상, 높이가 230피트에 달한다. 이 터렛은 9개의 계류 라인과 19개의 라이저가 연결된 직경 65피트, 무게 1,400톤의 스파이더 부이를 포함한다. 스파이더 부이가 분리된 상태에서도 계류선, 라이저, 그 밖의 연결장치들이 부이에 부착된 상태이기 때문에 FPSO가 제자리에 돌아와서 재결합 후 작업을 재개하는데 단 15분이 소요된다.

터렛을 통해 FPSO에 유전의 저류지로부터 기름이 올라오면 처리장치로 보내지고 처리가 끝나면 저장실로 보내진다. 봉가(Bonga) FPSO에 있는 15개의 저장탱크는 200만 배럴의 석유를 저장할 수 있다. 모든 신조 유조선 건조처럼, 봉가 FPSO는 이중선체로 되어있다. 오일 저장탱크는 내부 선체에 설치되는데, 이는 외부 선체와는 공실로 차단되어 있다. 이렇게 함으로써 사고로 외부 선체가 관통되더라도 기름 유출의 위험을 줄일 수 있다.

셔틀탱커는 주기적으로 FPSO의 증가하는 화물을 완화해야 한다. FPSO가 200만 배럴을 저장할 수 있다고 해도 FPSO의 높은 생산 속도 때문에 여전히 매주 1회 정도로 셔틀탱커가 방문해야 할 수도 있다.

원유 적하역을 위한 셔틀탱커와 FPSO의 연결은 다음의 여러 가지 형태 중 하나를 선택하게 된다.

- 셔틀탱커는 계류용 호저(hawser)와 하역용 이송호스를 통해 FPSO의 후미에 연결할 수 있다. 호저에는 약 수백 피트 길이의 일반 해양 로프가 쓰이며 셔틀탱커를 FPSO의 선미에 묶어서 두 선박이 터렛을 중심으로 같이 회전한다(그림 9-16 참조).
- 셔틀탱커는 FPSO에서 몇 백 야드 떨어져 부이에 계류될 수 있다. 유연한 라인들로 터렛을 통해 셔틀 부이에 연결한 후 셔틀탱커에 연결한다.

역자 주 10) PetroCanada: 캐나다의 석유회사

- 일부 셔틀탱커는 동적위치유지시스템(DPS: Dynamic Positioning System)을 가지고 있어 FPSO까지 접근할 수 있고 전후, 측면의 추진기를 사용하여 안전하게 자리를 유지할 수 있어 손이 많이 가는 부이시스템을 대체할 수 있다. 셔틀탱커는 원유 이송을 위해 유연한 하역용 이송호스를 FPSO에서 끌어온다.

약 하루에 걸쳐 석유는 직경 20인치의 이송호스를 통해 셔틀탱커로 하역된다.

원통형 FPSO

신개념 원통형 FPSO는 세반 11)에 의해 개발되었다. 원통형상이 되어 파도의 방향에 상관없이 계류할 수 있기 때문에 값비싼 터렛 및 회전시스템이 필요없다. 그림 9-18은 브라질 피라네마 (Piranema) 유전에 페트로브라스에 의해 2007년에 설치된 세반 피라네마를 보여 준다. 이것은 수심 3,000~5,000피트에 설치할 수 있고 30만 배럴의 원유를 저장할 수 있다.

그림 9-18. 세반 피라네마 원통형 FPSO(Petrobras 제공)

역자 주 11) Sevan Marine ASA: 부유식 해양플랫폼의 설계, 엔지니어링 및 프로젝트 수행에 특화된 노르웨이 상장회사

부유식 시추, 생산 및 하역 설비

FDPSO의 개념은 머피 오일(Murphy Oil)의 자회사가 이 플랫폼 아주라이트를 2009년 콩고 아주라이트(Azurite) 해역에 설치함으로써 실현되었다(그림 9-19 참조). 이 플랫폼은 서아프리카 특유의 온화한 파도와 바람 조건의 장점을 살려 방사계류를 채용하고 문풀을 통해 시추 작업을 수행한다. 시추단계에서 FDPSO의 자체 스프레드 계류장치를 이용하여 유정과 유정 위치를 횡방향으로 이동한다. 아주라이트는 시추 능력 이외에 하루에 40,000배럴 이상의 원유를 처리하고 1,400,000배럴의 저장용량을 가지며, 시간당 150,000배럴까지 하역할 수 있다.

그림 9-19. 최초의 FDPSO 아주라이트(Prosafe Production 제공)

부유식 저장 및 하역 유닛

기존의 파이프라인을 통해 오일을 펌핑할 수 없거나 다른 대안이 없는 경우, 이 특수한 선박은 고정식 또는 부유식 생산플랫폼으로부터 생산된 원유를 저장한다. FSO는 예외 없이 유조선으로 쓰였었기 때문에 갑판에 처리설비가 거의 없거나 전혀 없다. FPSO의 경우와 마찬가지로 셔틀탱커가 시장으로 생산된 기름을 운반하기 위해 FSO

에 정기적으로 방문한다.

부유식 생산시스템

이론적으로 FPS는 선박 형상을 가질 수도 있고 폰툰과 기둥으로 부력을 제공하는 TLP처럼 보일 수도 있다. 실제로는 거의 모두가 폰툰과 기둥 구조물이란 사실이다. 어느 쪽이든 FPS는 때때로 복수 유전으로부터 해저 습식 트리를 거쳐 생산된 오일을 인수하고 처리하기 위해 정박 상태를 유지한다. 원유와 가스가 처리된 후에는 송출 라이저를 통해 해변으로 이송되거나, 가스는 재주입되고 오일은 FSO에 저장된다.

전형적인 운영의 예를 들면 멕시코만의 쉘-BP 나키카(Na Kika) 프로젝트가 있는데 FPS는 수마일 떨어진 여섯 개의 석유와 가스 유전을 처리할 수 있도록 설계되었다. 생산된 원유가 유연 라이저 및 현수선 라이저(10장 참조)를 통해 해저 유정에서 FPS에 도착하면 송출 라이저를 통해 해안으로 떠나기 전에 처리공정 과정을 통과한다. FPS 전기 및 유압 엄빌리컬(umbilical) 케이블을 통해 연결된 해저유정을 제어하기 위한 시설을 제공한다.

페트로브라스는 1990년대 업계에 FPS 학습 곡선을 리드했다. 그들은 자신의 심해 유전의 대부분을 해저 유정으로 개발했다. FPS를 인수시스템의 노드로 사용하였으며 결과적으로 육상 또는 근처의 FSO에 석유와 가스를 펌핑해서 보냈다.

스파

스파(*spar*)라는 이름은 비록 요트 붐, 돛대 그리고 세일보트의 보조 돛대와 같은 항해 용어에서 유래됐지만, 스파는 부유식 시스템 중 가장 볼품없는 형태를 보여 준다. 길이 700피트, 직경 80~150피트의 가늘고 긴 원통형 구조는 빙산처럼 떠 있는데, 그것은 단지 상단에 항상 물이 들이치지 않는 갑판 조건을 만족하도록 충분한 건현을 보유하고 있다(그림 9-20 참조). 또한 속이 감싸진 실린더는 라이저 및 장비에 대한 보호작용을 함으로써 스파가 심해 개발을 위한 좋은 선택이 될 수 있도록 일조를 한다.

스파 선체 꼭대기에는 탑사이드가 얹혀지는데, 시추 장비, 생산 시설, 숙소 등이 자리하고 있다. 시추는 상갑판에서 인수/송출 및 생산라이저가 따라 내려가는 중공 실린더 선체를 통해 수행된다. 플랫폼 갑판 건식 트리에 라이저로 연결된 유정도 이 코어를 통해 올라온다. 해저시스템 라이저와 송출 라이저 또한 이 센터를 통해서 올라온다.

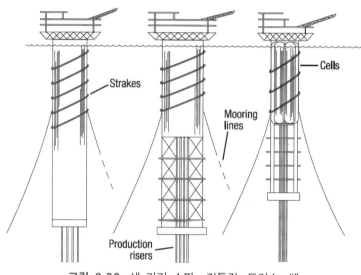

그림 9-20. 세 가지 스파―전통적, 트러스, 쎌

계류시스템은 해저 바닥 체인에 접속되는 스틸 와이어로프 또는 폴리에스터 로프를 사용한다. 폴리에스터는 물에서 중성부력에 가까워서 스파 플랫폼에 거의 중량을 추가하지 않기 때문에 계류시스템으로 인해 스파의 실린더 크기를 더 늘릴 필요가 없다. 스파는 물속 깊이 잠겨있는 형상과 거대한 질량으로 거의 수직 운동이 없는 안정적인 플랫폼을 제공한다. 무게 중심이 부력중심보다 충분히 아래에 있도록(스파 플랫폼이 뒤집히는 것을 방지), 스파의 바닥은 일반적으로 자철광(철광석)과 같이 물보다 무거운 물질로 채워진다. 부력 중심 아래에 있는 무게 중심을 갖는 스파의 독특한 디자인은 이 시설이 거친 해상환경에 의한 재해나 계류선이 끊어지는 경우에도 뒤집히는 일이 절대로 없도록 한다.

수중에 깊이 잠겨있는 형상으로 인해 스파 플랫폼은 해류에 노출됨으로써 와류로 인한 거동에 취약하게 된다. 실린더를 따라서 내려오는 특징적인 나선형 **외판**(*strake*)과 핀(그림 9-21)은 이 해류로 인해 작은 와류를 방출한다. 이러한 나선형 외판은 구조물의 크기를 늘려 높은 파도와 해류에서 횡방향 외력을 증가시켜 추가적인 계류용량을 요구한다.

스파는 여러 세대에 걸쳐 오리지널 스파 디자인에서 트러스(truss) 스파, 쎌(cell) 스파로 진화해왔다. 오리지널 디자인은 1990년대 중반에 멕시코만에서 하나의 원통형 선체로 구성된 디자인으로 만들어졌다.

그림 9-21. 제네시스(Genesis) 스파가 유전 현장으로 이송 중. 나선 외판에 주의하라(Chevron 제공).

다음 세대 디자인인 트러스 스파는 다음의 세 부분으로 이루어졌다. 단축된 "원통형 캔" 섹션; 그 아래로 이어진 트러스 프레임(중량 절감); 그 아래에 자철광으로 채워진 용골 또는 밸러스트 섹션. 트러스 섹션 부분에는 큰 수평 플레이트가 여러 개 설치되어 파로 인한 수직운동에 댐핑을 제공한다. 오리지널 디자인과 같이 원통형 탱크는 구조물에 부력을 제공하며, 여러 가지 크기의 밸러스트 구획으로 되어 있다.

3세대 쎌 스파는 큰 트러스 스파의 축소 버전이며, 규모가 작거나 경제적으로 어려운 분야에 적합하다. 그 디자인은 대량생산경제의 잇점을 활용하고 있다. 하나의 쎌은 거대한 핫도그처럼 보이는 여섯 개의 튜브묶음이 일곱 번째 기둥의 주위를 둘러싸고 갑판 아래로 연장되어 부력을 담당한다. 이 개념은 각 실린더의 직경이 약 20피트 길이 400 내지 500피트로 된 제작이 보다 용이한 압력 용기의 개념을 이용하고 있다. 트러스 구조가 밸러스트 섹션까지 확장되며 댐핑 플레이트를 포함할 수 있다.

스파 플랫폼은 원칙적으로 중요한 오일 저장기능을 가지고 있지 않다. 아이러니하게도, 가장 악명 높았던 **브렌트**(*Brent*) 스파는 북해에서 브렌트 플랫폼이 석유 송출시스템에 완전히 연결되기 전까지 저장시설로서 유용하게 쓰였다. 1995년부터 시작된 브렌트 스파 처분 사건은 사업/사회 관계에 하나의 획기적인 교훈이 되었다.

건조

배 형상의 선체(Ship-shaped hulls)

FPSO, FSO 등 배 형상의 부유식 생산플랫폼은 터렛시스템을 제외하면 전 세계 어느 조선소에서도 기술적으로 큰 문제가 없다. 따라서 터렛은 일반적으로 전문 생산업체에 의해 건조되고 설치를 위해 조선소로 운반된다.

오늘날 모든 선박 모양의 선체와 마찬가지로 건조는 드라이 도크에서 철강 노동자, 용접공, 파이프공 및 전기기술자 등에 의해 블록 단위로 이루어진다. 선체가 만족할만한 수준으로 조립되면 건조 도크로 물을 유입시켜서 선체를 띄워 안벽에 정박한다. 거기에서 터렛 또는 계류시스템의 특수 앵커 포인트 및 윈치와 같은 장비설치 및 외장공사가 이루어진다.

케이슨과 폰툰 선체(Caisson and pontoon hulls)

TLP와 FPS의 선체는 많이 닮았지만, 계류시스템의 세부사항은 다르다. 모두 갑판, 라이저 및 계류 라인 하중을 지탱하도록 부력을 제공하는 대형 폰툰과 기둥(또는 케이슨)이 있다.

많은 FPS 선체는 비싼 드라이 도크 사용료를 절약하기 위해 조선소 야드보다는 건설 야드에서 건조된다. 완성된 제품의 물리적 형상은 야드의 평평한 부지에서 스틸 작업 및 조립을 가능하게 한다. 이 거대한 구조물의 건조를 위해서는 수천 톤의 철강을

그림 9-22. 이탈리아 야드에 건설 중인 얼싸(Ursa) TLP 선체
(Shell Oil Company 제공)

사용하고 몇 달 동안 수백 명의 장인을 필요로 한다. 쉘 얼싸(Ursa) TLP(그림 9-22)는 이탈리아에서 건조되었으며 멕시코만 수심 3,800피트에 설치되었는데, 85피트 직경과 177피트 높이를 가진 4개의 기둥이 폭 38피트, 깊이 29피트의 링 폰툰에 연결되어 있다. 선체만의 무게가 28,000톤이다. 전체 철강 무게는 갑판, 선체, 텐돈, 기초 말뚝을 포함하여 63,000톤까지 추가된다. 대형 이동식 크레인이 각각의 조각을 처리하여 전체 구조를 완성한다.

스파(Spars)

스파의 건조에는 TLP 및 FPS 선체와 유사한 야드 시설이 요구된다. 부유식 실린더의 디자인에는 선체를 둘러싼 정수압의 힘을 수용하고 갑판과 계류 하중을 지탱하는 내부 보강재가 요구된다.

스파는 야드 크레인과 운송차량으로 처리할 수 있는 크기의 블록으로 건조된다. 이러한 블록은 순차적으로 용접되어 최종적으로 선체를 완성한다(그림 9-23 참조).

스파는 대규모 구조이다. 쉐브론텍사코(ChevronTexaco)의 제네시스(Genesis) 선체는 122피트 직경, 깊이 705피트 크기이며, 강철 26,600톤이 사용되었다. 그것은 핀란드에서 2개의 섹션으로 제작되었으며 대형 인양선으로 멕시코만 야드로 이송되었다.

그림 9-23. 핀란드 야드에서 하나로 조립되기 전의 스파
블록(Jack Kenny 제공)

그 후 두 조각은 용접되어 그림 9-21과 같이 하나의 커다란 선체가 되었다. 제네시스 선체 중앙에는 20개의 유정을 수용할 수 있도록 각 변이 58피트인 정사각형 유정구역을 포함한다.

쉘사의 페르디도(Perdido) 스파는 멕시코만 수심 7,817피트에서 운영되고 있다. 이 트러스 스파의 원래 디자인은 22개의 습식 트리와 또 다른 12개를 처리할 수 있도록 수직 액세스를 위한 6개의 슬롯을 가지고 있었다.

여기에서 저기까지

물론 부유식 시스템은 최종 목적지에서 멀리 떨어진 곳에서 건조된다. 멕시코만에 설치되는 TLP 선체의 대부분은 이탈리아와 한국에서 온다. 핀란드는 스파 선체에 특화되어있다. 배 모양의 선체는 세계 각지에서 온다.

배 모양의 선체 운송은 말 그대로 간단하다. 선체는 자체 엔진 동력이 있는 경우에는 설치현장에 스스로 오거나, 그렇지 않으면 예인선에 의해 견인된다. 그들의 주 임무는 제자리에서 작업하는 것이기 때문에 대부분의 FPSO와 FPS는 자체 추진기 시설이 없다.

폰툰/케이슨 선체는 건식 예인이나 습식 예인에 의해 운송된다. 습식 예인에서는 예인선이 3~4노트로 선체를 천천히 예인한다. 이탈리아에서 멕시코만까지 운송한다면 약 90일이 소요된다.

건식 예인 방법은 대용량 리프트 기능과 보다 더 항해에 친화적인 모양의 선박에 싣고 가는 방법이다. 때로는 자항으로, 때로는 예인되기도 한다. 두 경우 모두 10~12 노트의 속도이며 이탈리아/걸프만 여정에 약 25일이 소요된다.

안벽의 수심이 폰툰/케이슨 선체를 띄우기에 충분히 깊지 않을 수 있다. 선체가 건조현장에서 스키드에 바로 실려 운송선에 설치될 수 있을 만큼 수심이 충분히 깊을 수도 있다. 수로가 충분히 깊지 않은 경우 얕은 흘수 운송 바지선이 선체를 더 깊은 수심으로 옮겨야 하는데 이 경우에도 여전히 바다는 정온해역이다. 그 지점에서 바지선은 선체가 물에 뜰 때까지 밸러스트에 의해 침강한다. 더 크고, 더 깊은 흘수의 대용량 인양 선박이 선체 아래로 위치할 수 있도록 충분히 밸러스트를 유입하여 자리를 잡은 후 다시 밸러스트수를 배출함으로써 선체를 들어 올린다. 그림 9-24는 대용량 인양선박에 얹혀져 운송되는 브루투스(Brutus) TLP 선체를 보여 준다. 이 경우에 선체는 텍사스 잉글사이드(Ingleside) 안벽에서 하역되었다. 갑판과 탑사이드는 그곳에서 설치되었으며 이 설치된 시스템은 조립되고 인수되어 전체 선체/탑사이드 조합이 이 장 앞부분에 설명된 대로 텐돈에 연결되는 위치까지 예인되었다.

일부가 둘 또는 세 조각으로 나뉘어 조립현장으로 운송되고 조립을 거쳐 설치 현장에 습식 방법으로 예인되지만, 스파도 이와 다소 동일하게 운송된다.

FPS, FPSO 그리고 스파 플랫폼의 설치
(Installation of FPSs, FPSOs, and Spars)

모두가 계획대로 진행되면 플로팅시스템이 현장에 도착하는 시간에 앵커링시스템은 현장에 설치되어 있다. FPS, FPSO, FSO 그리고 스파의 경우 계류 라인과 체인도 설치되어 해저 바닥에서 대기하고 있다. 대형 크레인선이 한 번에 하나씩 계류라인을 끌어올려 선체에 연결한다. 그 계류라인은 정해진 장력과 위치가 되도록 윈치로 감고 그 자리에 고정된다.

그림 9-24. 대용량 인양선박에 실려 설치장소로 이동 중인 TLP
브루투스(Dockwise USA 제공)

600피트 또는 그 이상의 스파 운송에는 설치 현장까지 장거리 습식 예인(wet tow)
이 필요하다. 설치 현장에서는 작업선원이 조심스럽게 스파의 구획에 물을 채워 거의

그림 9-25. 부양 위치에서 직립하는 제네시스
스파(Chevron 제공)

가라앉은 상태에서 직립 위치로 회전하도록 한다(그림 9-25 참조). 대용량 인양 크레인선은 계류시스템을 끌어올려 스파에 대한 연결작업을 지원한다.

갑판의 설치

선체 및 갑판에 대한 전문가와 장인은 그 분야가 서로 다르기 때문에 TLP, 스파, FPSO 및 FPS에 대한 탑사이드는 일반적으로 선체와는 다른 야드에 건설된다. 스파를 제외한 모든 시스템의 경우 선체 및 탑사이드는 육상, 안벽, 인수장소 또는 해상에서 조립될 수 있다. 어느 쪽이든 갑판은 전체 또는 여러 조각으로 만들어질 수 있다.

조립 장소가 육상이든 바다든 간에 대용량 인양 크레인이 정박 선체의 상단에 갑판 또는 그 조각을 배치할 수 있다. 다른 대안으로 **플로트오버**(*float-over*) 방법이 사용될 수 있다. 2개 이상의 병렬 바지선 위의 얹혀진 갑판이 밸러스트된 선체 위에 떠 있다. 물은 방출되고 선체가 떠오르면서 플로트오버 바지선으로부터 갑판을 들어올린다.

대부분 FPS, FPSO 및 TLP는 탑사이드와 갑판 장비를 육상 또는 가까운 해상 위치에서 설치한다. 스파는 그들의 우스꽝스럽게 긴 600피트 정도의 높이로 인해, 설치 현장에서 직립하여 위치를 잡은 후에 갑판이 설치된다. 대용량 해양 크레인선은 종종 일체로 만들어진 탑사이드를 운송, 설치한다.

계류선을 펼치다

FPSO, FPS 및 스파에 쓰이는 전형적인 계류장치는 강철 와이어 또는 폴리에스터 로프이며, 해저면까지 뻗어내려 밑부분이 무거운 체인 링크에 연결된다. 수심 4,000피트에 설치된 얼싸(Ursa) TLP의 경우 각 체인 링크는 1,320파운드의 무게와 3피트 높이를 갖는다. 그림 9-26은 링크당 500파운드가 나가는 작은 체인을 보여 준다! 체인은 보통 해저면에서 보통 강철 말뚝으로 구성된 앵커시스템에 연결된다. 이 기초 말뚝은 수중 유압 해머에 의해 해저로 관입될 수 있으며, 다른 방법으로는 석션파일 방법에 의해 설치될 수 있다.

그림 9-26. 계류라인용 500파운드 체인링크(Offspring International 제공)

진흙에 빠진 고무장화와 마찬가지로 석션파일은 설치장소에서 주변 퇴적물의 흡인력에 의존해 지탱된다. 설치는 신발을 신는 것보다는 약간 더 복잡하다. 석션파일의 크기는 다양하지만, 나키카(Na Kika) 프로젝트에서 쓰인 파일이 하나의 예가 될 수 있다. 상단 커버를 포함하여 약 80피트 길이에 직경 14피트의 관이 바다의 바닥으로 내려졌다. 파일 바닥 모서리가 땅에 닿으면 파일 안에 갇힌 물이 상단의 개방된 밸브를 통해 빠져나갔으며, 강철 석션파일의 무게는 파일이 땅속으로 약 40피트를 관통하기 충분할 정도로 무거웠다. 관통이 진행되면서 물은 상단을 통해 빠져나가고 바닥을 통해서는 아무것도 빠져나가지 않는다. 그렇지 않으면 이 지역의 토양은 씻겨나가서 부하를 견디는 능력이 손실될 수 있다.

약 40피트 관입 후에 파일의 중량만으로는 더 이상의 침투가 불가능했기 때문에 ROV를 통해 운영된 펌프가 말뚝 상단으로부터 물을 더 뽑아 올리고 이로 인해 파일은 전체 길이 80피트까지 천천히 땅속 아래로 박혔다. 밸브가 닫히고 파일은 영구적으로 설치되었으며 고무장화와 같이 흡인력에 의해 고정되지만 그 깊이가 80피트에 달한다. 그림 9-27은 석션파일을 설치하는 과정을 보여 준다. 사실상 이러한 방법이 수백 개의 시추 및 생산 플랫폼을 계류하기 위해 사용되어 왔다.

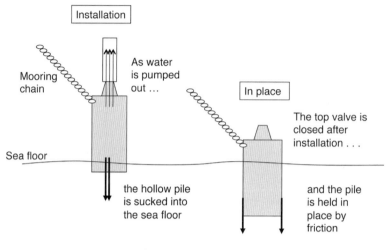

그림 9-27. 석션파일 설치

일반적으로 계류는 부유식 시스템으로부터 적어도 별도로 8개의 다리를 가지고 펼쳐진다. 일부는 16개까지도 있다. 바다에서 가장 안정적인 앵커시스템처럼 앵커라인의 길이는 수심의 1.5~2배에 달한다. 멕시코만 수심 6,500피트에서 나키카 프로젝트에 사용된 FPS를 예로 보면, 셸/BP는 16개의 라인 각각에 대해 길이 9,600피트 와이어, 길이 1,750피트 체인을 사용했다. 석션파일은 FPS에서 1.5마일 떨어져 설치됐다(그림 9-28 참조).

서비스 회사는 부유식 시스템이 도착하기 전에 기초 말뚝과 로프와 체인을 설치 후 해저에 밧줄을 남겨놓고(나중에 찾을 수 있도록 위성 식별 위치로 표시) 후크 업 시간이 될 때까지 기다린다. 그 후에 풀어놓은 로프의 끝을 찾기 위해 다시 위성위치확인시스템(GPS) 및 해저 음향 탐지장치를 사용한다. ROV 도움으로 로프 끝은 플로터 연결 지점으로 감아올리는 대용량 인양 크레인에 연결한다.

나키카시스템에서 보인 바와 같이 FPS, FPSO 그리고 스파의 초기 계류시스템의 대부분은 스틸 와이어 로프 및 체인 세그먼트로 구성되어 있다(그림 9-28 참조). 그러나 오늘날은 폴리에스터 로프 부분이 종종 와이어 로프를 대체한다. 멕시코만에서 수심 7,820피트에 설치된 페르디도(Perdido) 스파의 계류시스템은 길이가 2마일을 초과하

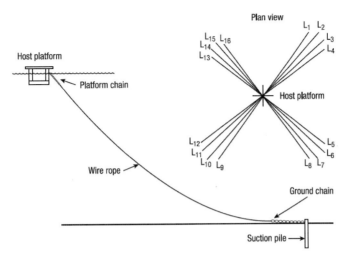

그림 9-28. 나키카 FPS의 계류 배치

고 체인/폴리에스터 세그먼트로 구성되었으며, 각 라인의 대부분이 직경 9.6인치 폴리에스터 로프로 되어있다(그림 9-29 및 9-30 참조). 각 라인의 상단은 짧은 길이의 플랫폼 체인으로 구성되어 있고 그 부분이 스파 플랫폼에 연결된다. 플랫폼 체인은 갑판 높이에서 단단히 고정되고 스파 선체 외부 수선 아래 페어리더를 통해 아래로 연결된다. 거기서 폴리에스터 로프는 플랫폼 체인에 접속되고, 로프는 수심의 대부분에 걸쳐 펼쳐지고 진흙 바닥 위에 약간 떨어진 거리에서 해저면 체인의 상단부에 연결된다. 해저면 체인의 하단부는 계류 걸쇠를 통해 석션파일에 체결된다.

폴리에스터 라인은 스파의 위치를 유지하기 위한 강도 및 강성 요건을 충족하고 강철 와이어 로프를 쓰는 경우 발생하는 아래 방향의 하중을 줄이는 중요한 잇점을 가지고 있다.

바닥 마찰로 인한 마모가 발생하지 않도록 폴리에스터 로프가 바다 바닥에 닿는 일이 없도록 해저면 체인의 길이가 결정된다. 그럼에도 불구하고 로프에는 마모와 미사(silt) 유입을 방지하기 위해 외피를 씌운다.

마모에 대한 우려 때문에 폴리에스터 로프의 설치 과정은 앞서 설명된 와이어 로프와는 다소 다르다. 스파, FPS 또는 FPSO가 설치현장에 도착하기 수개월 전에 해저면 체인이 부착된 석션파일 앵커가 설치된다. 그러나 폴리에스터 로프 구간은 플로터에 앞서 일주일 또는 이주일 전에 도착된다. 이러한 로프는 ROV의 도움으로 기계적 커넥터를 사용하여 해저면 체인에 부착된 후, 로프의 선단은 물위로 띄워지고 플로터가 도착하면 플랫폼 체인에 커넥터로 체결된다.

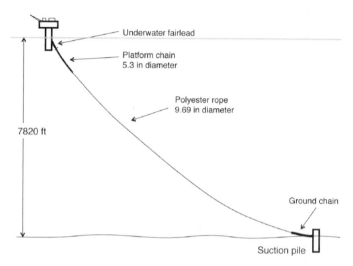

그림 9-29. 페르디도 계류 배치

그림 9-30. 페르디도 계류라인에 사용된 폴리에스터 로프(Heerema Marine Contractors 제공)

라이저

   부유식 생산시스템은 생산 라이저와 해저면 이송파이프의 조합에 의해 해저 유정에 연결된다. 12장에서 이 부분을 상세히 다룰 것이다.

해저시스템 10 Chapter

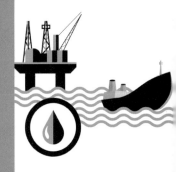

깊은 곳 상층부 천둥 아래;
심해 아래 아주 먼 곳

–알프레드 테니슨 경(1809~1892)
크라켄

냉난방 시설이 갖춰진 여러 개의 모니터 화면과 통제 패널 그리고 통신시설로 둘러싸인 사무실에 작업자들이 앉아 있다. 매순간 변화하는 통제신호가 모니터에 표시되고 시끄러운 알람 소리가 빠르게 키보드를 두드리는 근무자의 주의를 끈다. 여기는 존슨 우주 센터나 백악관의 지휘통제실이 아니다. 이곳은 바로 수심 수천 미터 아래에서 석유와 천연가스를 생산하고 있는 해양 플랫폼의 통제실이다. 최근의 해저시스템 통제 기술은 우주항공 및 군사용 원격 조작 시스템에 근접할 정도로 발전했다.

1961년 쉘사는 해저시스템을 멕시코만에 처음 설치하였다. 다이버에 의해 작업이 가능한 수심 55피트에서 심해 해저시스템 설치 테스트가 이루어졌다. 해저시스템은 브라질의 페트로브라스 및 북해의 유전개발자들이 1980년대부터 적용하였다. 초기의 해저시스템은 고정식 해양구조물 주변에 위치한 유정개발이었다. 이후 유정에서는 심해 트리를 적용하여 고정식, 부유식 또는 해안으로 직접 이송하는 해저시스템 방식이 사용되었다.

기술의 발전은 보다 깊은 수심에서 석유 생산이 가능하게 하고 있다. 현재 해저시스템 기술은 원유, 가스 산업에서 없어서는 안될 기술로서 생산, 시추 등 새로운 유정 개발에 널리 사용되고 있다.

해저시스템은 플랫폼으로부터 떨어져 있는 소규모 위성 유전(small satellite fields) 개발을 가능하게 하여 석유산업에서 각광받고 있다. 지속적인 플랫폼의 증가 또한 해저시스템이 기존 시설을 호스트로 사용하고 연결을 쉽게 하도록 함으로써 개발비용을 낮추는 데 기여하고 있다.

1990년대 초, 심해 유전 개발과 함께 해저시스템 이용이 크게 증가했다. 큰 개발 비용이 요구되는 여러 곳에 분산되어 있는 유전에 해저시스템을 적용하여 광범위한 유전 개발이 가능하게 되었다.

ROV(Remotely Operated Vehicle)의 개발은 다이버가 작업할 수 없는 깊이에서의 해저 개발을 가능하게 했다. 전체 개발 비용 절감, 유전 유지관리 및 유정 개입 비용 절감과 시스템 신뢰성 향상에 대한 수요로 해저시스템의 기술 수준은 점점 높아지고 있다.

석유와 가스를 생산하기 위해서 산업에서 2가지 방법의 해저시스템을 사용된다:

- 해저시스템은 유전개발 초기 단계에서 사용될 수 있다. 이 단계에서 호스트 시설은 최적화된 해저시스템을 수용하기 위하여 건조된다. 9장에서 소개된 멕시코만의 나키카시스템이 그림 10-1에 나타나있다. 나키카는 해저시스템을 이용한 유정개발의 사례로 전체 유전은 규모가 작은 여러 개의 유정이 모여있는 형태로 이루어져 있다. 각각의 유정은 하나의 플랫폼을 가지는 작은 규모이고 방향시추(directional drilling)로도 연결할 수 없는 조건이었다. 이곳에 공동 해양 플랫폼을 설치하고, 최적화된 해저시스템을 적용하여 여러 개의 작은 유정을 효율적으로 개발하였다.
- 해저 개발은 호스트 시설이 설계되거나 심지어 운영되고 있는 중에 요구되기도 한다. 이러한 경우는 해저시스템이 이미 설계 또는 설치된 해양 플랫폼의 한계

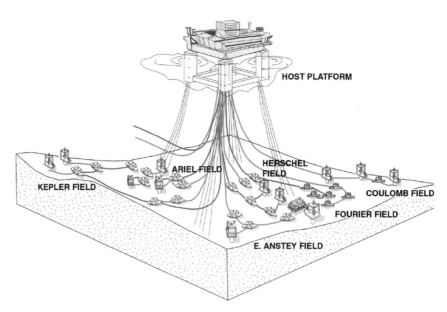

그림 10-1. 6개 해저 유전을 위한 Na Kika 개발 계획(Shell Oil Company 제공)

용량에 맞춰 설계된다. 멕시코만에 위치한 앙구스 유전(Angus field)은 이러한 사례의 한 예로서, 이미 설치된 플랫폼인 불윙클에 해저시스템을 적용하여 효율적으로 유전을 개발하였다(그림 10-2).

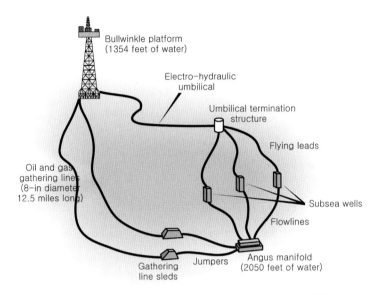

그림 10-2. Bullwinkle에 연결된 Angus 해저개발 계획
(after INTEC)

해저 유전 설계

유전 설계(field architecture)란 유정 및 플랫폼의 위치를 고려하여 이송관(flowline), 매니폴드(manifolds), 엄빌리컬(umbilical) 등의 해저시스템 요소들을 배치 및 배열하는 것을 의미한다. 이러한 요소들의 배치를 결정할 때는 해저지형, 흐름특성 그리고 호스트 시설의 용량 및 위치를 고려해야 한다

해저지형(Bathymetry)

해저면 높낮이는 조금만 떨어진 곳에서도 매우 크게 변화할 수 있으며 이송관 노선, 유정 노선 및 해저시스템 배치 결정에 큰 영향을 미친다. 대부분의 해저면은 큰 해저

돌출부 없이 평탄하다. 그러나 이송관과 연결부는 많은 협곡과 해저 돌출부 또는 불안
정한 토질을 지나간다. 그림 10-3은 노르웨이 해안의 심해 해저지형을 보여 주고 있다.
이러한 해저지형은 7,000년 전에 일어난 거대 해저지각 변동인 스토레가 슬라이드
(Storegga slide; Storegga는 노르웨이어로 '거대한 모서리')로 인해 형성된 것으로 알
려졌다. 오르멘랑에 (Ormen Lange)의 가스 유전은 이런 불규칙한 해저 지형에서 개발
되었다.

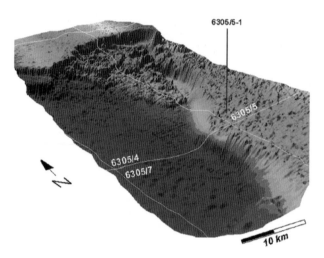

그림 10-3. 약 7000년 전 Storegga 슬라이드 이후
노르웨이 심해 지형도

유동 안정성(Flow assurance)

심해 유정 개발에 있어서 원유 및 가스의 안정적인 이송은 매우 중요한 공학적 문제
이다. 이송관의 개수, 배관의 온도에 따른 응결현상 및 피그(pig: 유동관 내부 관측 및
청소 장비)의 사용 유무 등 다양한 요소를 적절히 설계하여야 한다.

호스트 타이백(Host tieback)

모든 해저 유정은 고정식, 부유식 플랫폼 또는 해안 시설에 상관없이 호스트 시설에
연결되어야 한다. 공간, 적재 용량, 운용 및 상부 시설의 제한, 심지어는 호스트 소유권
까지 고려해야 한다. 예를 들어, 기존 시설물의 제한적인 요건들로 인해 여러 개의 이

송관이나 엄빌리컬을 추가로 설치할 수 없는 경우도 발생한다. 이는 기존 시설물의 원유 및 가스 처리과정에서 용량이 초과하여 병목현상이 발생할 수도 있기 때문이다. 또한 잠재적 폭발 가능성, 전체 시스템의 신뢰성 그리고 경제성 역시 설계 과정에서 고려되어야 한다.

심해 유전이 하나인 유정을 개발할 경우에는 한 개의 이송관과 엄빌리컬의 연결만 고려하기 때문에 유정 설계가 간단하다. 유정의 개수가 적다면 그림 10-2의 3개의 유정을 갖는 앙구스 유전과 같이 클러스터 형상으로 설계할 수 있다. 다수의 유정이 존재하는 경우에는 유정 패드 방식(well pad approach)이 이용된다. 각각의 유정 군집에 대해 패드를 적용하여 생산되는 원유와 가스를 매니폴드로 집결시키고 플랫폼으로 이송하는 방식이다.

일반적으로 기존의 해저 및 해상 플랫폼 시설에 추후 추가적인 시설물을 설치하는데 어려움이 있고, 이 경우 해저 및 해상 플랫폼의 추가 시설을 위해서는 배치, 크기 및 기타 부가 요소들이 설계되어야 한다.

앞서 언급된 모든 설계 고려사항으로부터 해저시스템 배치는 3가지 유형으로 구분할 수 있다.

- **단일 타이백**(Single tiebacks to a host): 이송관을 통해서 유정에서 호스트(host)로 직접 연결
- **데이지 체인**(Daisy chain): 두 개 이상의 유정을 화환모양으로 연결하여 석유 및 가스를 호스트로 이송하는 방식. 이 방식을 이용하면 양방향 이송과 피그(pig) 사용이 가능하다(피깅에 대해서는 12장에서 다룬다).
- **클러스터**(Cluster): 매니폴드 주변의 여러 유정들이 그룹화된다. 각각의 유정에서 점퍼(jumper) 또는 이송관을 통해 매니폴드로 이용하여 이송하다. 서로 섞인 유체는 매니폴드로부터 한 개 또는 두 개의 이송관을 통해 호스트로 이송된다.

그림 10-2는 클러스터시스템을 보여 준다. 그림 10-1은 규모가 매우 크고 더 복잡한 시스템을 보여 주며, 개발설계에 포함된 데이지 체인과 클러스터 그룹을 보여 준다.

유전 설계 및 시스템 설계 과정

최적의 해저시스템 배치 설계를 위해서 다양한 분야의 전문가들의 경험과 지식이 필요하다. 즉, 적어도 아래의 기술과 경험을 가진 전문가들을 포함한다.

- 지질학, 지구과학
- 시추
- 유전
- 해저
- 유동 안정성
- 해저관로와 이송관
- 생산
- 규제, 상업
- 프로세스
- 프로젝트 관리
- 설치와 해상작업
- 호스트 시설 기술 및 계약 대표자

해저 요소

해저시스템을 구성하는 하드웨어 부품(hardware components)들은 그림 10-4와 같이 다양한 요소로 구성되어있다.

- 유정
- 해저 트리
- 매니폴드와 슬레드(manifolds and sled)
- 이송관(flowline)
- 점퍼와 플라잉 리드(jumper, flying lead)
- 전기 및 유압 케이블
- 해저 및 해수면 제어

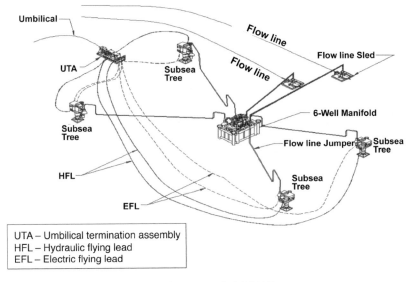

그림 10-4. 해저 장치들

그림 10-5는 유정에서부터 호스트까지 유체의 이동 경로를 보여 주고 있다. 각각의 유정으로부터 유체는 저류암에서 유정공(well bore)을 통해 트리로 이송되고, 트리와 매니폴드를 연결하는 점퍼를 통해 각각의 유정에서 생산된 원유 및 가스가 매니폴드로 집결된다. 매니폴드에서 혼합된 유체는 다시 점퍼를 통해 이송관으로 수송되며 이송관과 연결된 스틸 현수선 라이저(steel catenary riser, 12장)를 통해 정제와 처리 시

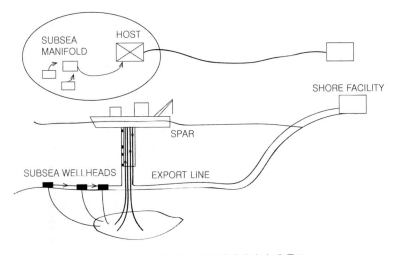

그림 10-5. 유전부터 해안터미널까지 흐름도

설이 있는 탑사이드(11장)로 이송된다.

트리와 매니폴드에 장착된 센서는 전기신호를 전달하는 엄빌리컬을 통해 유정의 온도, 압력, 유량 등의 측정 신호를 호스트로 전송한다. 또한 엄빌리컬은 하이드레이드(hydrate)와 파라핀 억제재(inhibition) 등의 화학약품을 첨가할 수 있고, 유압 유체나 압력을 통해 밸브의 개폐 조작, 초크 재설정 등의 기능을 한다. 이를 통해 해저시스템으로부터 수 마일 떨어진 호스트에서 전체적인 원격 제어가 가능하다.

유정(Well)

트리, 매니폴드, 엄빌리컬 등의 해저시스템 구성 요소는 유정의 특성을 반영하여 설계되어야 한다. 예를 들어, 일반 유정의 폐쇄압력(shut-in pressure)이 5000 psi 정도인데 반해 특정 유정의 폐쇄압력은 10,000 psi보다 훨씬 높다. 낮은 폐쇄압력을 가진 유정들은 유체를 처리시설로 뽑아 올리기 위한 하향공(downhole) 펌프가 필요할 것이다. 트리 및 기타 다운스트림 부품(downstream components)은 대부분의 경우 비슷한 특성을 갖지만, 하드웨어 및 다양한 제어장치들은 각각 강도, 재료, 제어, 부품 및 설치 방법이 다르다. 하지만 이런 특성이 다른 요소들이 합쳐져서 하나의 시스템을 구성하며 유전 특성 및 유정 조건들을 수용하게 된다.

트리(Trees)

해저 트리는 해저면의 유정 위에 설치된다. 육상에서 사용하는 크리스마스 트리와 다르게 생겼지만, 기본적으로 같은 기능을 가지고 있다. 트리는 유정에서 생산되는 원유를 흐르게 하고 기본적으로 원유와 가스 생산물을 가두며 밸브들은 생산과 안전을 위해서 필요하다. 호스트 플랫폼 운영자는 원격으로 트리에 있는 밸브를 조절하고 장착된 센서를 통해서 각종 정보를 수집한다.

접근이 제한되어 원격으로 운용되는 해저 트리(그리고 다른 해저 장치들)는 극한 환경에 적용 가능하도록 견고히 설계되어야 하고, 일체형으로 높은 제작 품질과 품질 테스트를 통과하여야 한다. 그러나 모든 것이 완전할 수는 없듯이 부품들이 가끔 분리되어 수리를 위해 해상으로 수송된다.

해저 트리는 그림 10-6과 같이 외부로 돌출된 조작부를 갖는 것이 통상적이다. ROV는 수중 작업이 용이하도록 설계된 트리의 조작부를 이용하여 밸브를 조작하거나 기타 통제시스템을 작동시킬 수 있다. ROV의 주요 작업 목적은 전기신호를 이용한 원격 조종이 실패할 경우 수중에서 직접 밸브 등 기타 통제시스템을 조작하며, 배선을 연결 또는 분리하거나 통제선을 바꾼다. 또한 ROV는 리깅을 설치하거나 다른 부가적인 유지작업을 수행한다. 그리고 해저에서 발생하는 일들을 가시화할 수 있다. 해저시스템 설계는 이런 모든 기능을 고려해야 한다.

그림 10-6. ROV 연결이 용이한 해저 트리

매니폴드와 슬레드(Manifolds and sled)

매니폴드는 개념적으로 아주 간단하다. 이는 이송관을 통해 호스트 플랫폼으로 이송되기 전 각각의 유정으로부터 모인 유체들이 섞이게 되는 집결점 역할을 한다. 슬레드(sled)는 또 다른 집결점으로 이송관이나 게더링 라인(gathering line)들이 해저 유정이나 매니폴드로 연결된다(그림 10-4). 슬레드를 사용하여 복잡한 해저 시설들을 설치할 수 있다.

간단한 단독 유정 개발의 경우 유정에서 생산된 원유와 가스는 점퍼를 통해 해저 트리에서 이송관 슬레드로 집결되어 호스트 플랫폼으로 이송된다. 하지만 많은 유전에서는 여러 개의 유체라인이 점퍼를 이용하여 중앙에 있는 해저 매니폴드로 집결되어 연결된다. 종종 여러 주변 유정들이 클러스터화되어 통합 매니폴드에 직접 연결된다. 많은 경우 매니폴드는 추후 개발되는 유정이나 자체로는 미완성인 다른 유전과 연결이 가능하도록 여분의 슬롯(slot)을 가지고 있다.

매니폴드와 슬레드 설계는 세련도와 복잡성 관점에서 다양하다(그림 10-7). 어떤 것은 단순히 생산 원유나 가스를 수집하여 호스트 플랫폼으로 운반하는 이송관을 고정시키는 역할을 한다. 다른 것들은 복잡한 제어와 분배시스템을 갖고 있다. 이런 역할은 호스트 플랫폼에 있는 작업자가 개별 유정이나 유전으로부터 유체를 분리하는 제어를 가능하게 하며, 유전 감시와 제어에 필요한 유정 유체 데이터를 제공한다.

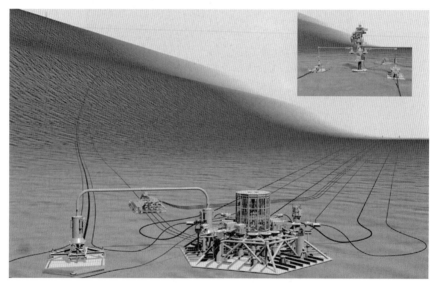

그림10-7. Mensa 해저 필드의 매니폴드, 점퍼, 플라잉 리드
(flying leads)와 슬래드

이송관, 점퍼, 게더링 라인(Flowline, jumper, gathering line)

해저관로와 이송관에 대한 자세한 내용은 12장에서 다루어지며, 여기서는 간단한 소개를 한다. 유정으로부터 원유와 가스가 약 50피트 정도 떨어져 있으면 점퍼를 사용

하고 이보다 더 멀리 떨어져 있으면 이송관을 통해 매니폴드로 운반된다. 점퍼는 미리 제작된 강재(그림 10-8a)나 일정 길이의 유연한 복합재료의 배관(그림 10-b)이며, 구조적, 기계적으로 강하고, 양단은 압력밀폐로 연결된다. 점퍼의 길이, 위치 및 각도 등의 형상 설계는 슬레드와 매니폴드 그리고 유정의 위치가 정확히 결정된 후에 결정된다.

그림 10-8. (a) 스틸점퍼 설치 (b) 유연점퍼
(FMC technologies 제공)

멕시코만 해저 5,400피트에서 고압 가스를 추출하는 멘사(Mensa) 유전(그림 10-7)은 각 트리부터 각 유정의 게더링 라인(gathering line) 위에 있는 슬레드까지 짧은 점퍼를 사용하여 연결한다. 그 다음 3개의 독립라인이 약 5마일 떨어진 통합 매니폴드까

지 연결된다. 그곳에서 혼합된 유체는 통합된 이송관을 통해 약 63마일 떨어진 플랫폼으로 이동되어 처리되고 가공된다.

해저 매니폴드에서 2개의 이송관이 나오는 경우도 있다(그림 10-2). 이 경우 호스트 플랫폼에 있는 관리자가 각 라인을 통해 전달되는 유량을 통제할 수 있게 된다. 만약 이송관 1개를 정비해야 한다면 다른 이송관을 통해 생산을 지속할 수도 있다. 한 생산 유정이 일시적으로 특별한 유동 조건(다른 유정과 다른 압력)을 필요로 하는 경우, 이 유정을 이송관 1개에 연결시키고 다른 유정들은 나머지 이송관에 연결시키면 방해 없이 생산을 지속할 수 있다.

엄빌리컬과 플라잉 리드(Umbilicals and flying leads)

동물세계에서와 같이 엄빌리컬(umbilical)은 시스템이 원활히 작동할 수 있도록 유체를 운반한다. 엄빌리컬은 호스트 플랫폼 위에 설치된 탑사이드와 매니폴드, 슬레드, 터미네이션 어셈블리(termination assemblies, 그림 10-4), 해저 트리, 제어 장치 등의 여러 해저 부품들 사이에 전기, 유압, 화학물 주입, 광섬유 라인의 연결 통로이다.

엄빌리컬의 수와 특성은 각 시스템의 요건과 개발 계획에 따라 다양하다. 엄빌리컬은 유압관(hydraulic line)과 같은 단 한 가지 기능만을 가질 수도 있다. 보통은 유압관, 전선, 화학물질을 매니폴드와 트리에 전달하는 라인으로서의 다양한 기능을 지닌 복합적인 엄빌리컬을 더 많이 사용한다. 그림 10-9는 이러한 다목적 엄빌리컬의 단면을 보여 준다. 외경에 있는 강관을 이용하면 화학물질을 생산 스트림(production stream)으로 펌핑할 수 있다. 다른 강관들은 유압액을 전달하여 해저 밸브를 가동시킬 수 있다. 일부 엄빌리컬에는 저압의 화학물질을 주입하기 위한 열가소성 배관이 포함되어 있다.

그림 10-9의 엄빌리컬 중앙에는 해저 장치의 계측기에서 전송한 신호(온도, 압력, 건전성 검사)를 관제소로 전달하는 여러 가지 전도체가 존재한다. 엄빌리컬을 통해 전력을 전달하여 해저 제어 포드(control pod) 위의 솔레노이드 밸브를 가동시킬 수 있으며, 이 밸브는 매니폴드, 트리, 슬레드의 해저 밸브에 공급되는 유압을 제어한다. 필요하다면 유정공 또는 해저 펌프에도 전력을 공급할 수 있다.

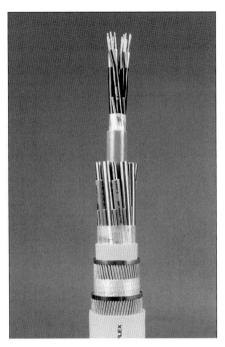

그림 10-9. 전기 하이드로릭 엄브리컬 케이블 단면도
(Oceaneering Multiflex 제공)

엄빌리컬 하나가 복합 기능을 담당한다면 제조비와 설치비를 줄일 수 있다. 그러나 거리, 깊이, 무게 등의 조건에 따라 여러 개의 엄빌리컬이 필요한 경우가 있다. 나키카 유전에서는 호스트 플랫폼과 다양한 트리, 매니폴드, 슬레드 사이의 해저에 여러 개의 엄빌리컬을 설치하였다.

엄빌리컬의 해저 끝단에는 분배 장비, 즉 엄빌리컬 종단(umbilical termination assembly, UTA)과 연결되는 터미네이션 헤드(termination head)가 존재한다(가끔 매니폴드 대신 엄빌리컬이 이 연결을 담당한다). 엄빌리컬이 전달한 물질은 이 UTA에서 트리나 플라잉 리드(flying leads) 주변의 해저 연장선과 같은 여러 장치에 분배된다 (그림 10-10 참조). 직경이 작고 짧은 엄빌리컬은 ROV에 의해 연결이 가능하고 대기 유입구(waiting receptacles)에 연결될 수도 있다. 그러나 간단하게 들리는 것과 달리 엄빌리컬 코드(umbilical cord)와 플러그(plug)는 양면접속 연결(two-prong connection) 고무로 둘러싼 구리선에 비해 훨씬 복잡하다.

그림 10-10. 플라잉리드 릴(Oceaneering
Multiflex 제공)

제어시스템(Control system)

해저시스템의 운용을 위해서는 호스트 시설에서 여러 유정들과 매니폴드 기능을 확실하고 안전하게 감시하고 제어하는 능력이 매우 중요하다. 트리와 매니폴드에는 전기유압 통제(electro-hydraulic controls), 연산 소프트웨어, 통신신호장치를 갖춘 모듈인 제어 포드(control pod)가 있다. 시스템 내에는 데이터와 명령을 송수신하기 위한 대안으로 여분의 장치가 존재하여 대부분의 제어 포드는 고장이 나면 대체될 수 있도록 설계되어 있다. ROV는 윈치를 내장한 모선과 협력하여 제어 포드를 지지 구조물로부터 분리시키고, 리프팅 슬링(lifting sling)에 연결시킨 후, 윈치를 사용하여 수면으로 끌어낸다. 이 해저 작업은 컴퓨터의 카드를 교체하는 것과 비슷하다.

호스트 플랫폼 관제실의 마스터 컴퓨터로 해저 제어 포드(subsea control pod)와 교신하면 포드는 매니폴드에 있는 밸브 및 기타 장치를 가동시켜 유량을 조절하거나, 필요한 경우에는 완전히 차단한다. 또한 이 시스템에는 자동안전장치가 포함되어 있어서 시스템이 막혀 유정의 압력이 매우 높아지거나, 이송관이나 다른 부품이 고장나서 압력이 급격하게 줄어드는 등 정해진 기준치를 벗어날 경우에는 자동으로 시스템이 차단된다. 가끔은 느리지만 최후의 수단인 ROV를 이용하여 기계적으로 직접 밸브를 여닫거나 다른 장치를 가동시킬 수 있다.

정상적인(그리고 효율적으로) 가동을 위해 관제실 전자 감시 장치의 피드백에 기반하여 해저 생산시스템을 감시하고 교정한다. 이는 좀 더 접근하기 쉬운 드라이 트리시스템을 사용하는 것과 같다.

유동 안정성

유정에서 생산되는 유체는 가스, 원유, 응축액, 물 그리고 하이드레이트, 파라핀, 아스팔텐(asphaltenes), 스케일(scale), 불순물 등의 부유물과 모래, 진흙 등 여러 물질로 혼합되어 있다. 이 해저 생산시스템은 약 32°F(섭씨 0도) 부근을 맴도는 매우 차가운 환경 속에 있기 때문에 파라핀, 스케일, 하이드레이트가 축적될 수 있고, 이것들로 트리, 이송관, 라이저가 막히면 시스템에 큰 문제가 발생한다.

하이드레이트는 물과 천연가스(메탄)의 혼합 결정체로, 눈이나 슬러시와 비슷한 형태와 거동을 보이는데 특정한 기온과 압력 조건 하에서 단단하게 굳어 덩어리가 된다. 하이드레이트는 밸브를 흐르는 유체 등의 압력이 급감하여 빠르게 형성되거나, 유정의 흐름을 차단했을 때 해저 라인과 장비가 냉각되며 서서히 형성된다. 하이드레이트는 3가지 요건, 즉 온도, 압력, 물 중에 하나라도 형성조건을 만족하지 못하면 생성되지 않는다. 이러한 특성을 고려하여 단열(heat containment)과 생산수(co-produced water) 처리 설계를 해야 한다.

왁스와 파라핀은 원유를 구성하는 자연 요소이다. 유체가 흐르면서 기온이 떨어져 왁스가 굳는 점에 도달하면 왁스결정이 응결될 수 있으며, 이러한 작용은 모든 원유의 개별 특성에 따라 다르다. 상당히 낮은 온도에서 일부 원유에 있는 왁스 파라핀이 파이프라인 벽에 쌓여 유동을 제한하고 심지어 완전히 막히게 할 수도 있다.

이러한 하이드레이트와 왁스 문제에 유동 안정성팀(assurance team)이 많은 시간을 소모하게 만든다. 이 팀은 초기에 유체 샘플을 가지고 하이드레이트와 왁스의 형성 가능성과 싱질을 심층 분석하고, 유전 수명도 고려한다. 유전 압력이 감소함에 따라 유체의 구성 요소도 변화한다. 예를 들어, 원유와 가스가 적고 물이 많다면 하이드레이드 또는 왁스의 생성이 적어지거나 많아지기도 한다. 계획에 있던 없던 간에 셧다운과 가동 시에 생기는 변화가 설계 및 운용계획을 복잡하게 만든다.

그림 10-11은 이러한 문제를 제대로 대처하지 못해 장치가 고장난 경우이며, 하이드레이트 덩어리를 피그 캐쳐(pig catcher)에서 빼내는 모습과 파라핀 때문에 막힌 파이프 단면을 보여 준다. 현재까지 해저시스템 설계자와 관리자들이 가장 우려하는 문제는 이처럼 라인이 막히는 것이다.

왁스/파라핀이나 하이드레이트 문제를 피하기 위해 유체가 유정을 빠져나갈 때 자연열을 유지하게 하거나, 따로 열을 가하거나, 화학첨가물을 주입하는 방식이다. 때로는 이들 방식을 모두 사용하기도 한다. 주입된 화학물은 하이드레이트 형성 온도나 왁스의 어는점을 변화시킨다.

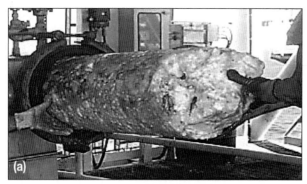

그림 10-11. (a) 하이드레이트 플러그, (b) 파이프에서 제거된 파라핀 플러그(Chevron 제공)

보온 방법(Heat retention alternatives)

온도가 떨어지는 현상을 완화시키기 위해 이송관과 다른 해저 장치는 단열 처리를 한다. 이송관이 막힐 가능성이 큰 경우에는 효과적인 단열시스템으로 이중 파이프라인을 사용한다. 긴 파이프 사이의 공간을 일부 비워서 폴리머 같은 단열재로 채운다. 그 결과 파이프는 긴 보온병 같이 작동하여 유정 유체가 흘러가면서 발생하던 열 손실이 대부분 사라지게 된다. 이렇듯 효과적인 이중배관시스템은 유정 유체가 멀리 운반되면서도 기존의 열을 거의 그대로 유지하도록 도와주며, 하이드레이트와 왁스의 생성을 방지한다.

그 외에 일반적으로 사용되는 보온방법과 각 방법의 상대적 효과는 그림 10-12a에서 확인할 수 있다.

- 이송관 설치 시에 손상되지 않는 폴리머와 같은 보온 재료로 단열 처리를 한다.
- 이미 단열처리가 된 또는 일반 파이프 유동 라인을 땅에 묻어 주변 토양이 단열재 역할을 하도록 만든다.
- 구성 재료로 인해 원래 단열성을 지니는 유연 파이프와 이중 파이프를 번들로 사용한다.

보온 방법이 충분하지 못할 경우 외부 소스를 통해 파이프라인의 온도를 높일 수도 있다. 그 예로는 이송관을 따라 전류가 흐르게 하여 이 전류에 대한 전기저항을 통해 이송관의 온도를 높이는 직접적인 전기 가열 방식이 있으며, 이는 토스터와 비슷한 원리이다. 또 다른 기술로는 뜨거운 유체가 파이프 번들을 순환하게 하는 방법이 있다. 이 경우에는 열이 침투되어서 생산된 유체에 전달된다.

보온 방식에 대한 결정은 위험성 평가와 투자비 평가에 따라 좌우된다. 가장 비용이 많이 드는 방식은 당연히 보온 효과가 가장 뛰어난 파이프 번들이다. 그 다음은 그림 10-12b와 같이 이중 파이프 방법이다.

유동 안정성팀은 대개 유전 특성에 관해 제한된 정보를 갖고 있어 보온 방식을 결정할 때에 어려움을 겪는다. 이로 인해 소개된 방법 중 한 가지로 보온 방식이 적용되었더라도 설계자는 화학적 방법도 적용하는데, 이는 앞서 언급한 비화학적 방법과 달리 엄빌리컬이나 별도의 배관을 통해 하이드레이트와 파라핀 억제제를 트리로 투입한다.

보온 방법을 결정한 뒤에도 유동 안정성팀은 유정 스트림에 주입할 화학물질의 양과 종류에 대해 다루어야 한다. 하이드레이트의 생성은 주로 메탄올을 사용하여 막는다. 주입 지점 또한 중요한데, 매니폴드나 트리 또는 생산 튜빙의 다운홀이 가장 좋은 장소이다. 이 모든 과정은 추가 비용이 들게 되고, 장치가 막힐 위험은 줄어들지만 고장의 위험이 커진다.

다른 원유 및 가스 생산 시설처럼 해저 시설도 가끔씩 가동을 중지해야 한다. 이 시기에는 유체가 흐르지 않고 이송관과 게더링 라인(gathering line)에 고여 있다. 이중 파이프라인, 폴리에스터 코팅, 파이프 번들 등 최고의 단열 방식을 사용한다고 해도 이송관이 냉각되는 것을 언제까지나 막을 수는 없다. 가동 중지 기간이 길 때에 발생하는 문제의 해결책은 다음과 같다.

- 가동 중지 직전에 엄빌리컬이나 별도의 화학물질 주입 라인을 통해 생산 스트림에 소량의 슬러그(slug) 화학물질을 주입시킨다. 가스 수분 함량의 25~50% 정도 양의 메탄올이나 글리콜을 주입하면 어는점이 해저 온도 아래로 낮아져 하이드레이트 생성을 막는 부동액 기능을 한다.
- 가스의 수분 함량이 높은 경우에는 메탄올이나 글리콜 주입은 비용이 많이 든다. 이럴 때에는 관리자들이 이송관의 압력을 낮추어 하이드레이트가 생성되지 않도록 주위 환경 조건을 변화시킬 수 있다.
- 엄빌리컬 케이블 같은 장치를 통해 드라이 오일을 내려 보내어 이송관을 청소할 수 있다.

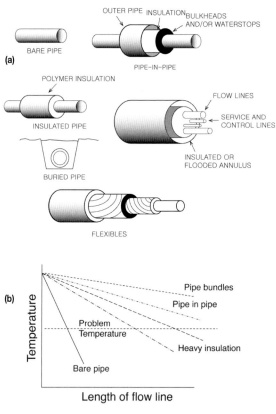

그림 10-12. (a) 파이프라인의 단열 방법, (b) 다양한 방법에 의한 이송관 단열 개념

- 이송관을 전기로 가열할 수 있다. 현재 멕시코만에서 이용하는 전기 가열시스템은 이중 파이프라인에 있는 파이프 2개에 가열에 필요한 전류를 전달하는 회로로 사용한다.
- 유정 스트림에 화학 첨가제를 주입하여 파라핀과 왁스가 굳거나 파이프 벽에 쌓이는 것을 방지한다.

파라핀과 하이드레이트로 인한 막힘 현상 외에도 스케일이 끼거나, 아스팔텐 (asphaltenses)으로 알려진 유기물질이 쌓이거나, 부식 문제로 인해 유동 안정성이 약화될 수 있다. 이러한 문제는 주로 화학첨가제로 해결할 수 있다. 그 효과는 입증되었으나 관리자들에 따르면 이러한 화학첨가제는 비쌀뿐더러, 연속적이고 효과적이고 적은 비용을 투입하기 위해서는 광범위한 고려가 요구된다.

시스템 구조 설치

초기에 해저 개발시스템은 강하고 단단한 템플릿으로 만들어졌으며, 제한된 설치 장비와 특별한 장비 및 장치를 사용하여 정해진 순서에 따라 설치되고 연결되었다.

현재의 해저시스템들은 설치의 유연성을 가장 우선시하여 설계된다. 시간이 지남에 따라 엔지니어들은 심해 환경에 적합하며 신뢰할 수 있고 유연한 모듈시스템을 개발했다. 주요 부품이자 모듈인 트리, 매니폴드, 이송관, 엄빌리컬은 각각 따로 조립될 수 있고, 목표 지점에 따로 설치될 수 있다. 이 모든 부품에는 각각 해저 측정 작업을 돕기 위한 장치들과 다른 시설과 연결할 수 있도록 도와주는 하드웨어가 탑재된다. 특별히 설계된 연결 장치가 있는 점퍼와 플라잉 리드를 이용하여 이러한 부품과 모듈에 연결을 한다. 해저 장치들과 연결할 수 있는 기능으로 판매처, 설치업체 그리고 장비업체 선택의 폭이 넓어진다. 이로 인해 프로젝트 일정을 개선할 수 있고, 상호 연관관계가 있는 설치 시 발생하던 작업 충돌 등을 개선할 수도 있다. 슬레드, 점퍼 그리고 다른 터미네이션 구조물(termination structure)을 사용하면 주요 작업 모듈을 각각의 작업 일정에 따라 설치할 수 있다. 유정, 매니폴드 설치 및 파이프 설치는 작업선과 장비가 이용 가능해지면 많은 비용을 절약할 수 있다.

해양 계측학(Subsea metrology)

모듈 방식은 거리, 고도, 수평 및 수직 위치, 해저 경사도 등에 따라 결정되며, 이를 통해 정확한 치수와 각도로 점퍼를 제조하고 해저에 설치하며, 구조적, 기계적으로 안정하고 누수 없는 정확한 연결을 가능하게 한다.

계측학은 과학적인 측량을 말한다. 해양 계측학은 차고, 수중의 칠흑같이 어두운 해저 세계에서 적시에 정확하게 거리, 각도, 경사도를 측정한다. 해저에서 필요한 수치를 얻기 위해 일반적으로 사용하는 방법으로 각 부품과 모듈에 있는 음향 트랜스폰더를 이용한다. 음향 핑거와 데이터 기록 장치가 탑재된 ROV는 각 트랜스폰더에 신호를 전송한다. 물속에서 신호의 속도를 알면 다양한 해석과 공식에 대입하여 수학적 분석을 통해 정확한 거리와 각도를 추정할 수 있다.

다른 기술로는 눈금을 매긴 강철 줄자를 통한 직접 측정법(taut-wire 측정법), 레이저 기술, 사진측량법과 관성계측법을 비롯한 다른 기술들이며, 이를 통해 최종적으로 필요한 측정값을 얻을 수도 있다. 최종 결과는 높은 신뢰도를 제공하며, 이를 통해 점퍼의 최종 치수가 정확하게 설계되고 추후 정확하게 설치될 수 있다.

해저 커넥터(Subsea connectors)

해저 유전에는 점퍼, 엄빌리컬, 플라잉 리드(flying leads)에 대한 다양한 연결방법을 활용해 왔다. 사이즈는 2~36인치까지 다양하지만 크게 수직형과 수평형 두 개로 분류할 수 있다.

수직형 커넥터는 미리 설치된 허브에 한 번에 바로 연결하는 형태이다. 풀다운 스트로킹(pulldown stroking)과 최종 연결은 커넥터 자체와 함께 외부에서 유압을 공급받거나 ROV에 의해 설치되는 장치로 이루어진다. 수직형 점퍼 커넥터는 상향 리시버와 연결되고 기계적, 구조적, 압력에 견디는(혹은 전기 혹은 광섬유) 수밀이 된다. 종종 ROV가 시각적, 기계적으로 지원이 가능하다.

수평 커넥터는 우선 미리 설치된 소켓에 세팅하고 터미네이션 헤드(termination head)는 해저 윈치를 사용하여 당기거나 유압으로 연결장치(mating connection)에 측면으로 밀어 넣는다. 수평 커넥터는 이송관이나 엄빌리컬에 직선으로 연결된다. 관련

사이즈에 따라 이러한 커넥터 상당수는 일반 수준 사양의 ROV로 설치될 수 있다.

매니폴드(Manifolds)

매니폴드는 크기와 모양이 다양하기 때문에 여러 방식으로 해저에 내릴 수 있다. 시추선 크레인으로 많은 매니폴드를 설치했지만, 보다 경제적인 방법은 보통 크레인 선박을 사용하는 것이다. 크레인은 매니폴드를 수송선의 갑판에서 들어올려 수중에 설치한다(그림 10-13 참조). 일반적으로 크레인이 매니폴드를 내리지만, 심해에서 작업할 경우에는 더 많은 와이어 로프가 필요하다. 이 경우 하중이 윈치로 전달되고 윈치는 스풀로부터 와이어 로프를 지지하면서 매니폴드를 내리게 된다. 어떤 경우는 매니폴드가 부력 제어를 통해 해저로 하강하는데 이때 많은 케이블이 달린 저용량의 윈치가 사용될 수 있다. 어떤 설계는 작업 보트 후면에서 내린 다음 작은 용량의 가이드 윈치로 해저면 목표 지점까지 제어하면서 하강시킬 수 있다.

시추선, 크레인 선박 또는 작업선이든 GPS를 사용하여 매니폴드를 설치한다(1장 참조). 매니폴드의 위치 혹은 다른 수중 장치의 위치는 해저면, 매니폴드, 설치장비에 부착한 음향 트랜스폰더로 결정한다. 작업선에서 핑잉(pinging)으로 물속에서 음속을 고려하여 해저면과 매니폴드와 작업선의 트랜스폰더의 거리와 각도를 알 수 있다. 삼각

그림 10-13. 해저 매니폴드를 크레인으로 하강
(FMC Technologies 제공)

측량을 사용하여 내려지는 매니폴더의 위치를 알 수 있다. 심해 조류로 매니폴드가 설치선박 바로 아래로 내려지지 않으므로 매니폴드가 정해진 지점에 도달하기 위해서 반복 수정을 하여 위치를 조정해야 한다. 인내심을 갖고 세심한 작업을 통해 짧은 시간에 매니폴드는 정확한 위치에 설치할 수 있다. 일반적인 사양에 따르면 매니폴드는 정해진 지점에서 5피트 이내, 5도 이내 방향, 5도 미만 수평성 조건 내로 설치해야 한다.

엄빌리컬(Umbilicals)

공장에서 대형 직경의 강재 릴(steel reel)로 운송된 엄빌리컬은 작업선 후미에서 스풀을 풀면서 해저면으로 내려진다(그림 10-14 참조). 길이가 짧은 엄빌리컬은 강하지만, 호스트 플랫폼에서 매니폴드에 이르는 긴 거리에 걸쳐서 엄빌리컬은 현수선(catenary) 모양으로 휘어지며, 좌굴 없이 장애물 주변에 설치될 수 있고, 좌굴이 발생하면 기능을 상실한다. ROV는 점퍼와 마찬가지로 엄빌리컬의 해저 커넥션을 담당한다. 엄빌리컬의 호스트 끝단은 설치선에서 플랫폼으로 이송되고, 접근 환경이 쉬운 갑판 위에서 연결된다.

그림 10-14. 릴의 엄빌리컬 케이블(Oceaneering 제공)

통신이나 다른 엄빌리컬 서비스를 제외하면 대부분 전기 또는 유압(hydraulic), 화학 라인 (chemical line)들 만이 매니폴드와 유정 또는 슬레드와 연결된다. 작은 엄빌리컬 은 ROV로 신속하게 원하는 장소로 이송하여 연결하고 기계적 완전성을 체크할 수 있다.

설치 연출구성(Choreography)

해저시스템에는 많은 요소들이 연관되어 있어서 시스템 설계자들은 작업선의 일정 간섭을 줄이고, 다양한 작업선의 작업 시간 및 필요 공간을 최소화해야 한다. 예를 들어, 특정 해저시스템 계획에 다음의 설치 과정이 있을 수 있다. (a) 해저 트리 설치, (b) 모든 이송관 설치, (c) 매니폴드 설치, (d) 게더링 라인(gathering line)과 엄빌리컬 설치, (e) 점퍼와 플라잉 리드 설치. (e)번 순서가 최종 과정으로 지켜진다면 적절한 설계와 계획에도 불구하고 필요에 따라 순서는 다른 조합으로 수정될 수도 있다. 이러한 유연성으로 불가피하면서도 예기치 못한 일정 변화에 대응할 수 있고, 상황에 따라 다양한 선박을 사용할 수 있는 기회가 생긴다. 이런 일정과 여러 노력을 적용하기 위해 새로운 전문가인 설치 코디네이터가 안전하고 효과적인 프로젝트 수행을 위해 설계자와 시공자가 협력할 수 있도록 도와준다.

시스템 신뢰성

해저 장치들은 해수면 아래에 있고 도달하기 어렵기 때문에 설계자 및 시공자들은 이중장치 마련과 신뢰성을 중요시 하는데, 이는 우주 산업과 다르지 않다. 그러나 우주 차량과 마찬가지로 장치가 고장나면 대안이 요구된다. 트리의 제어 포드(control pod) 와 기타 여러 시스템의 부품들은 모듈화되어 있어서 비교적 쉽게 제거 및 교체 가능하다. 비록 ROV 운영자는 항상 부족하다고 느끼지만, 시스템 설계자들은 ROV 친화적인 커넥션과 연결 지점을 설계하고 이를 통해 ROV의 작업을 단순하면서도 명확하게 만든다.

해저시스템의 평균 운영 가동 시간은 놀라울 정도로 높고, 여러 종류의 육상작업 가동시간에 근접한다. 해저 유정 문제는 대개 하드웨어가 아닌 유전 자체의 문제와 관련이 있다.

해저 공정, 펌핑, 압축 및 계량

기업들은 두 개의 주요 목적을 이루기 위해 해저에서 많은 작업을 할 수 있는 방법들을 요구하고 있다.

- 해양 호스트 시설에 대한 설비투자 및 이에 수반되는 운영비 감축
- 궁극적 회수량 증가와 이로 인한 경제성 개선

자연적으로 흐르는 유정/가스정에서는 저류지 압력이 감소해 유정이 시스템 압력—이송관, 공정 장비 및 시추공 내부의 마찰 손실과 수두 손실—을 극복할 수 없는 시점이 도래하는데, 이때 생산이 중단된다. 일부 경우에 유정에 상당량의 석유가 남아있다. 남아있는 석유를 꺼내는 유일한 방법은 유정이 다시 흐르도록 후방 압력(back pressure)을 줄이는 것이다.

육상에서는 수천 개의 이른바 스트립퍼 유정(stripper wells)이 펌프잭(pump jacks)으로 구동되는 기계식 펌프를 장착하고 있으며, 생산을 가능하게 하는 어디에나 있는 말머리(ubiquitous horse heads, 일부에서는 'nodding donkey'라고 불림)가 달려있다. 유정으로부터 석유를 직접 펌핑해서 시추공(well bore)의 후방 압력(back pressure)을 극복하고, 보다 많은 원유가 시추공에 흐르도록 만든다. 그런 다음 펌프로 원유를 수면으로 올린다.

해양과의 유사점은 무엇인가? 해저에 혹은 플랫폼에 펌프잭을 놓는 것은 완전히 비현실적이다. 그러나 유정헤드(wellhead)의 펌프와 압축 시설은 해저와 수면 사이에 수천 피트의 유체로부터 나오는 배압을 극복할 수 있다. 만약 원유, 가스, 물이 해저에서 분리될 수 있다면, 훨씬 더 나은 압력 조건을 유정 내에서 만들 수 있다(그림 10-15 참조). 유전에서 원유 및 가스 회수에 따른 증가율은 경우에 따라 다양하고 해수 깊이, 이송관 길이, 수용 시설의 유입구 압력에 따라 다르다. 일부 유전의 경우 보유량을

20~30% 증가시킬 수 있는 기회가 존재한다. 회수량 증가는 자본 및 운영 비용 대비 상쇄되어야 한다. 또한 어떤 경우는 초기 생산율이 증가하면 보다 빨리 상환이 가능하고 현재 가치를 더하게 된다(그림 10-16). 어떤 상황이건 각 경우별로 면밀히 분석되어야 한다.

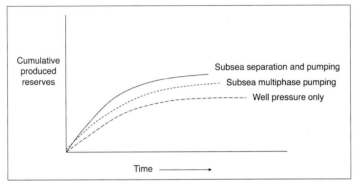

그림 10-15. 해저 펌핑과 분리로 유전량 증가

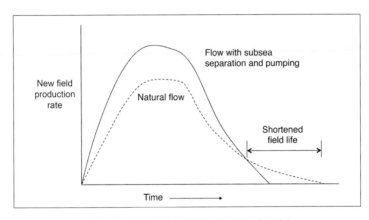

그림 10-16. 해저 펌핑과 분리로 생산가속

해저 펌핑(Subsea pumping)

다상 펌프(multiphase pump)는 연구 개발을 통해 많은 발전이 이루어졌으며, 증기와 액체 혼합물을 수송할 수 있고 심지어 일부 고형물질도 가능하다. 액체와 가스를 신별 조합하는데 나상 펌프는 매우 성공적으로 활용되었다. 이외에 유량과 궁극적 회수량(ultimate recovery)의 증가로 해저 다상 펌프는 호스트에 필요한 장비와 공간을 줄여주며, 이는 벤처 수익성(venture profitability)에 영향을 줄 수 있다.

해저 분리(Subsea separation)

액체를 수면으로 펌핑해 올리기 전에 이루어지는 해저 분리는 다상 펌프가 가지는 혜택들을 보여 주고, 이를 통해 탑사이드 장비와 공간 축소가 가능하다. 그러나 해저 분리 장비 설치는 비용과 리스크가 동반되고 항상 높은 수익성을 보장하지는 않는다.

멕시코만에서 쉘이 운영하는 페르디도(Perdido) 유전과 브라질 해양에서 파크 다스 콘차스(Parquedas Conchas) 유전 설계에는 직경 3피트에 높이 350피트에 달하는 수직 케이슨(vertical caisson)을 사용하고 있다. 여러 유정의 생산물이 각 케이슨에서 혼합된다. 본질적으로 이 케이슨은 원통형 사이클론 분리기로서, 유정에서 유체가 외벽으로 회오리치면서 액체와 가스가 분리되는 원심력에 의존한다. 내부에 배치된 전기 수중펌프(ESP)는 추가 처리를 위해 액체를 라이저를 통해 호스트 시설로 끌어올린다. 그림 10-17은 페르디도 유전에서 사용되는 분리기 케이슨의 개념을 보여 준다. 케이슨에서 나오는 가스와 액체는 3개의 성분으로 이루어진 단일 라이저로 보내진다. 외부 환형관은 상대적으로 건조한 가스가 표면으로 흐르도록 한다. 중간 환형관은 ESP에 의해 펌핑된 액체를 위한 복도(corridor) 역할을 한다. 그리고 중간의 작은 직경의 파이프는 액체를 보내 수중펌프를 식힌다.

ESP가 액체를 포함하는 적정량의 가스를 취급할 수 있기 때문에 케이슨에서 가스와 액체를 완벽하게 분리할 필요가 없다. 이러한 설계는 폭넓은 유정 흐름의 특징들, 특히 유전 수명 동안 발생되는 가스/원유 비율, 워터컷(water cut) 특징들을 다룰 수 있다.

북해의 토르디스 (Tordis) 유전에는 다른 접근법이 사용된다. 석유, 물, 가스가 분리되는 해저에 분리기가 설치되었다(그림 10-18 참조). 물은 재주입되고 석유와 가스는 재혼합되어 다상 펌프로 수면에 끌어올려진다. 토르디스의 생산 가능한 증가치는 기존 대비 대략 3,500만 배럴로 자연 고갈로부터 12% 증가된 것이다.

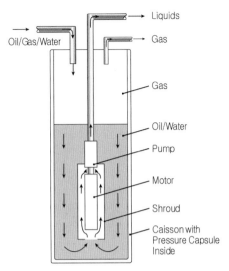

그림 10-17. Perdido에 사용된 전기 수중
펌핑 장치

그림 10-18. 다상 펌프 및 유량계를 갖춘 Tordis 해저 분리
모듈(FMC Technologies 제공)

해저면 가스 압축(Sea floor gas compression)

이 기술은 장거리 해양 가스전에 적용 가능하며 호스트 역할을 하는 중간 해양 플랫
폼이 없는 연안 기지에 적용된다. 또한 이 기술은 해저면 파이프라인이 선호되는 매우
거친 환경이나 가스를 마켓까지 보내기 위해서는 부스팅이 필요한 저압력 유전에 사
용된다. 해당 기술의 잠재 적용분야는 북극과 심해, 거리가 먼 곳에 있는 전 세계의

지역이다.

해저 다상 계량(Subsea multiphase metering)

각 유정에서 생산되는 석유, 가스, 물의 양을 결정하는 일반적인 방법은 유정 액체를 3개의 성분으로 분리한 후 계량한다. 11장에서 언급하였듯이 이는 시험설비(test facilities)를 사용하여 각 유정에서의 전체 생산량과 그 구성성분이 얼마나 되는지를 결정한다. 유전 조사와 유전 관리 활동을 위해 해당 데이터가 필요하다. 추가적으로 공통 호스트를 갖고 있는 해저 유전의 소유권이 각기 다른 경우가 있고, 이러한 데이터는 수익을 공평하게 분배하기 위해 필요하다. 추가로 각 유정의 흐름이 가지는 특징이 중요한데, 이는 유전 엔지니어와 운영직원이 유전의 생산량을 최대화하기 위함이다.

대부분의 경우 몇몇 해저 유정은 공통 매니폴드로 이송되고 그 이후 이송관을 통해 흐른다. 실제 유정에서 생산되는 양을 알 수 있는데 이는 각 유정에서 생산량을 측정하거나 지속적인 생산 시험(production tested, 일반적인 경우는 아님)을 통해 가능하다. 그러나 다상 유동 계량기가 해저 유전에서 오랫동안 운영되었어도 이들의 정확성과 신뢰성은 단상 계량기보다 훨씬 낮다. 설사 그렇다 하더라도 경우에 따라서는 이 장치가 유정 흐름에 대한 지속적인 현상을 제공하는 유일한 수단인 경우가 있다. 지속적인 연구 개발과 유전 시험은 다상 계량 기술을 발전시키고, 이는 미래 해저 개발의 중요한 요소가 될 것이다.

동력

해저 생산 스테이션은 전기적으로 펌프를 돌리고 가스 압축으로 가스와 석유를 호스트 혹은 해안 기지로 수마일 떨어진 곳까지 수송한다. 이를 위해서는 원거리 호스트나 육상 기지로부터 정교하고 강한(hardy) 전기 및 배전시스템이 필요하다. 전기시설은 원거리 타이백(tieback)과 관련되고 상당한 테스트와 개선이 필요하다. AC이든 DC를 사용하든지 전력 케이블의 평행 고조파 공명과 배전 손실이라는 복잡하고 도전적인 주제들은 호스트와 유전의 거리 증가에 따라 그 중요성도 커진다.

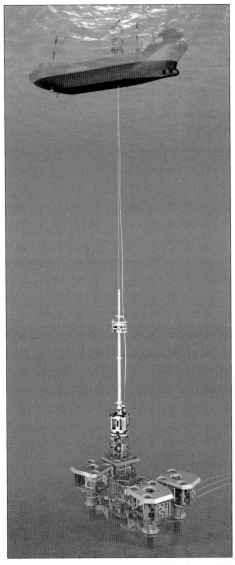

그림 10-19. 라이저가 없는 경량 유정 작업
(FMC Technologies 제공)

해저 작업(개입)

전 세계 수천 개의 해저 유정 증가는 시설의 수리를 위한 접근성을 향상시키는 기회가 되었다. 전통적으로 이러한 작업은 반잠수식 시추선 또는 드릴쉽을 통해 이루어졌고, 여러 문제, 즉 계약 기간, 느린 이동, 비용 등의 문제들을 수반하고 있다. 많은 경우 라이저 설치에 대형 반잠수식 시추선 또는 드릴쉽이 필요하다. 그러나 대형 드릴쉽이 필요 없는 육상의 유정이나 호스트의 건식 트리(dry tree) 등 유사 작업에 비해 많은 위험요소가 존재한다. 스케일과 왁스 제거, 로깅(logging), 다른 시추공(downhole) 수리를 위한 구역분리, 재천공, 화학 처리에 경량 유정작업 유닛(light well intervention unit: LWI)을 사용할 수 있다(그림 10-19 참조). 이러한 작업선들은 라이저 없이 유정에 접근할 수 있고, 5장에서 언급한 드릴쉽과 반잠수식 시추선 그리고 13장에서 언급될 작업선박을 대신할 수 있다. 이러한 배모양의 작업선들은 신속한 동원과 포지셔닝이 가능하여 작업을 원활하게 한다.

사례연구 Subsea Springboard

시작이 미약하고 겉으로 보기에 이해하기 어려운 경우도 있다. FMC 테크놀로지의 제네시스(genesis)는 1884년으로 존 빈(John Bean)이 농업용 살충제 적용을 위해 설계한 고압 연속 작동 스프레이 펌프의 특허 출원으로 시작되었다. 그 이후 100년 동안 Bean Spray Company 그리고 Farm Machinery Company, 이후 FMC Corporation으로 이름을 바꾸면서 세계적인 농업 기계 제조업체로 성장했다. 그 후 1930년대 FMC는 깊은 지하에서 물을 끌어오기 위한 펌프 제조업체를 인수함으로써 그 핵심 역량을 확대했는데, 이것이 향후 FMC의 해양 사업의 전조가 되었다.

1950년대 다양한 장치 제작이 유행하자 FMC는 군사용 수륙양용 자동차 제조, 석유 탐사 및 생산, 항공기 제빙기, 화물 처리시스템, 섬유, 필름, 농업화학, 크리스마스 트리라고도 불리는 유정헤드(wellhead) 유량제어장치 등 여러 사업에 뛰어들었다. 그 후 10년간 FMC는 유체 기계의 지식을 활용하여 해저 유정헤드 초기 적용을 위한 기기를 개발하고 공급하였다. 곧 이 모든 관련 역량을 결집하여 기계 장비 개발 및 제조를 위한 별도의 사업 부서를 발족했다.

1980년대 FMC는 해저시스템 전반에 걸친 제품 생산 라인을 확립하고 Kongsberg Offshore를 1993년에 인수하면서 세계 최대 해저 엔지니어링, 공급 및 시공회사가 되었다. 일련의 관련 기업 인수-National Oilwell's Fluid Control System, 석유 측량의 선두 기업인 Smith Meters, CBV 서브시스템을 통해 해저 기술과 관련된 역량을 발전시켰다 (그림 10-20 참조). 이러한 사업체에 FMC는 기계공학 원칙과 기계도구를 적용한 문화를 도입했다.

그림 10-20. 심해 수직트리
(FMC Technologies 제공)

결국에는 강도 높은 관리와 노력이 요구되는 복잡한 사업 특성상 2개의 기업으로 분리되었다. 2001년 FMC 테크놀로지는 모회사인 FMC로부터 분사했다. 2008년 다시 FMC 테크놀로지는 농업 기계 및 공항시스템 운영을 John Bean Technologies로 분사시켰고 해당 기업을 원래 기업으로 복귀시켰다.

2000년대 FMC 테크놀로지는 일련의 첨단 해저 제품을 설계했는데, 이는 주로 심해용으로 전기 초크와 매니폴드, 고압, 고온 트리, 수중펌프, 해저 압축, 해저 분리, 다상 유동 계량기, 배관통과(through-tubing) 시추, 경량 유정작업시스템(light well intervention systems), 원격 조정 차량이 있다. ROV 개발은 ROV 툴세트와 해저 패키지(package)용 패키징 하드웨어(packaging hardware)와 소프트웨어 전문기업인 Schilling Robotics에 투자함으로써 개선되었다. 기술 혁신을 가속화하기 위해 FMC 테크놀로지는 자사의 오랜 동맹이었고, 특수한 해저 원유/가스 분리 기술을 보유한 CDS 엔지니어링사를 인수했다.

한편 FMC 테크놀로지는 심해 사업의 선두주자인 일부 E&P 기업들과의 동맹을 추구했다. 이를 통해 생각만으로는 불가능한 새로운 해저 부품과 역량을 개발할 수 있는 기회를 갖게 되었다.

물론 타이밍이 매우 중요하다. 1990년대와 그 이후 FMC 테크놀로지는 심해에서 해저 공정을 마무리할 수 있는 기술을 요구하던 석유회사들에게 선택되었다. 새로운 역량과 보다 저렴한 솔루션을 제공함으로써 FMC 테크놀로지는 상업적으로 매력적인 개발 규모의 경제적 경계를 낮추는 데 기여하였다.

FMC 테크놀로지의 빠른 성공에는 한 가지 중요한 전략이 있는데 자사의 기계공학 문화를 중심으로 핵심 역량을 적극 활용하는 한곳을 파는 집념 그리고 지속적으로 관련 없는 조직적 연결고리를 끊어버리는 경영진의 마음가짐이다(그림 10-21 참조).

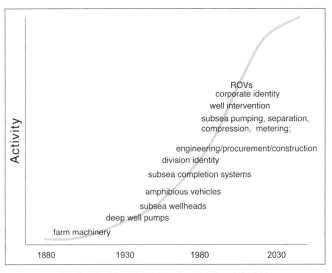

그림 10-21. FMC Technologies 발전사

끝까지 영광스런 행동, 그리고 충만하고 고귀한 위험감수

－월터 스코트 경(1771~1832)
파리의 로버트 백작

명칭으로부터 알 수 있듯이 탑사이드(topsides)는 시추 및 정제 장치가 놓인 플랫폼의 맨 윗부분이며, 수많은 보조 장치가 연속적으로 작동되고, 작업자들의 임시 거처가 있는 곳이다. 부유식 원유생산저장 하역 설비(FPSO)의 상부설비는 다른 부유시스템 및 고정식 플랫폼과 상당히 다른 것처럼 보일 수 있지만 필수 품목은 동일하다.

생산 엔지니어들(production engineers)들은 시장성 있는 석유 및 가스가 발견되기를 바라지만 대부분의 유전은 이들을 실망시킨다. 거의 매번 석유, 가스, 물, 고체가 섞인 상태로 시추되어 라이저를 통해 플랫폼으로 올라온다. 이러한 혼합물은 가스가 일부 포함된 원유이거나 그 반대일 수 있다. 두 가지 경우 모두 물과 탄화수소가 섞여 있다. 설계자들이 시설을 계획할 때 다양한 현실적인 가능성을 고려하기 때문에 실제 상부시설의 배치 및 용량은 매우 유동적이어야 한다.

탑사이드라는 용어는 다음과 같은 절차 및 기능에 부합하는 구조물의 갑판에 설치된 장비 및 시스템을 의미한다.

- 석유, 가스, 물 분리 및 안정화
- 석유, 가스, 물 처리
- 유전 조사를 위한 유정 실험
- 압축
- 가스 탈수
- 계량
- 직원 숙소(숙소 제공)
- 공공 시설 및 보조 장치
- 안전시스템
- 제어 및 동력시스템

- 유정 시공 및 서비스
- 시장에 운반하기 위해 처리한 석유 및 가스를 배송 지점까지 이송

유정의 유체는 우선 석유, 가스, 물이라는 세 가지 주요 구성요소로 분리된다. 가스 단계는 해저 파이프라인으로 시장으로 보내기 전에 처리, 압축, 탈수가 이루어져야 한다. 원유 단계에서는 우선 수분을 가능한 많이 제거하고 소금, 무기물 스케일(scale), 모래, 먼지, 스케일, 부식 산물을 제거하기 위한 처리가 이루어져야 한다.

처리가 끝나면 석유는 선상 저장소로 보내져 해저 파이프라인 또는 선박을 통해 운반된다. 원유에 포함된 물은 처리되어 바다에 버리거나 유전에 다시 주입할 수 있다. 그 후 잔여 폐기물 처리를 위해 환경적으로 허용 가능한 시설을 찾아야 한다. 기본적인 원유 처리 과정을 보여주는 개념도는 그림 11-1과 같다.

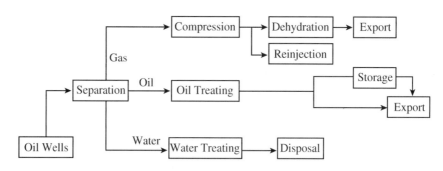

그림 11-1. 심해 플랫트폼의 원유 정제(after Paragon Engineering)

다행히 지질학적 특성상 대부분의 해양 천연가스에는 이산화탄소(CO_2), 황화수소(H_2S)와 육상지역에서 많이 발생하는 기타 산성 가스가 적게 함유되어 있다. 이러한 물질의 농도가 낮기 때문에 이들을 제거하기 위한 값비싼 장비는 필요하지 않다. 하지만 천연가스 내에 다량의 수증기가 존재할 경우 소량의 산성 가스만이 용해될 수 있고, 상부설비 장비를 손상시키고 파이프라인을 파손시키는 부식성 화합물을 형성할 수 있다. 이 경우 처리 또는 운반 이전에 부식 방지 화학물질을 첨가한다. 일부는 특수 부식방지 합금강으로 만든 처리 장비도 필요하다.

심해 원유는 대부분 스위트 오일이다. 즉, 대부분 황이 1.5% 이하 함유되어 있다. 그 이상을 함유하고 있는 원유에도 천연가스 내의 산성 가스처럼 잠재적 부식성을 보

여 주지 않는다. 석유에 함유된 황은 다양하고 복잡한 탄화수소 복합물로 형성되고 이는 부식에 반응하지 않으므로 원유를 특별히 플랫폼에서 처리되지 않고 정유공장에서 처리하도록 한다.

파이프라인 회사 또는 유조선 회사와 거래가 가능한 판매 원유의 최소 허용 사양 (loose specification)은 일반적으로 기본 침전물과 물(BS&W)을 0.5~3.0% 이하로 포함하는 것이다. 이런 BS&W는 일반적인 해수보다 소금 함량이 몇 배 더 높은 염분을 포함할 수 있다. 하지만 원유의 소금 함량이 10~25 pounds per thousand barrels을 초과할 수 없다는 추가적인 조건이 있다. 원유를 받는 정유공장 시설이 나머지를 정제한다.

상부시설은 모든 개발 단계에 맞춤화되어 있다. 일부 심해 개발의 경우 생산물이 허브 시설로 운반되면 아주 적은 원유 처리 장비만 필요할 수 있다. 다른 경우는 시추 장비 및 또는 유정만을 지원할 수 있는 설비만 갖추어져 있다. 최적의 상부설비는 기존 인프라를 고려한 전반적인 현장 설계, 운영자의 리스크 및 허용 비용에 따라 달라질 것이다. 상부시설 설계는 현장 설계가 결정된 후 시작한다.

처리 시설 설계의 중요한 과정은 현장 개발에 사용될 기본 처리 옵션을 선택하는 것이다. 해당 범위는 다음을 포함한다.

- **최소 유정 시설(Minimum Wellhead Facilities)**: 모든 유정 유체가 처리를 위해 다른 시설(육지 또는 해양)로 운반된다.
- **중간 유정 시설(Medium Wellhead Facilities)**: 유정 유체는 가스와 액체 단계로 분리된 후 처리를 위해 다른 시설로 운반된다.
- **최소 공정 설비(Minimum Process Facilities)**: 유정 유체는 가스, 액체 탄화수소, 수분으로 분리된다. 가스 및 액체 탄화수소는 추가적인 처리를 위해 다른 시설에 운반된다. 수분은 최초 생산 시설에서 세척 및 폐기된다.
- **전 공정 설비(Full Processing Facilities)**: 유정 유체는 분리와 전처리 공정을 통해 판매가 가능한 가스 및 액체 탄화수소로 된다. 수분은 지정된 시설에서 세척 및 폐기된다.

지역의 규정 및 기존 인프라는 해양 시설 처리량에 상당한 영향을 미칠 수 있다. 멕시코만에서 이루어지는 통상적인 업무는 액체 탄화수소를 판매 가능한 수준까지 처리한 후 일반적인 파이프라인을 통해 수송하여 판매처에 보내는 것이다. 가스는 보통 탈수되어 육상의 가스 처리 공장으로 운반된다. 다른 국가에서는 해양 인프라 및 육상 수용량에 따라 다양한 접근방법이 사용된다. 예를 들어, 북해 대부분의 지역에서 육상의 처리 공장으로 보내지는 액체에는 여전히 천연가스와 천연가스 액체가 포함되어 있다. 추출된 천연가스들은 완전히 처리되어 판매 시장까지 직접 운반된다.

원유 처리

모든 플랫폼은 서로 다른 유전 및 해저 개발로부터 예상되는 미래의 생산품을 포함하여 라이저를 통해 전송되는 여러 조합의 유체를 고려하여 설계되어야 한다. 물론 설계자가 항상 완전하게 설계를 할 수는 없다. 해당 지역 근처에서 새로 발견한 다른 시설과 연결될 수도 있고, 새로운 구역에서 나온 원유는 다양한 특징을 가질 수 있다. 따라서 플랫폼 전체 수명에 걸친 다양한 규모 및 원유 특성을 처리할 수 있는 상부시설의 개선이 필요할 수 있다.

상부시설이 복잡하고 고가인 경우가 많지만 정유공장 또는 가스 처리 및 화학 공장처럼 복잡하지 않다. 상부시설은 생산된 석유, 가스, 물을 분리, 처리, 계량하기 위해 상대적으로 기본적인 기능을 수행한다. 정유공장에서는 정교한 처리를 통해 휘발유, 등유, 연료유, 경유, 항공유, 윤활유, 아스팔트 등 시장성 있는 제품으로 원유를 분리하고 세분화한다. 이와 유사하게 육상의 가스처리 공장에서는 해양에서 처리하는 정도를 넘어 액체 천연가스, 에탄, 프로판, 천연 휘발유에서 메탄을 분리하는 추가적인 처리가 이루어진다. 하지만 해양 상부시설의 분리시스템은 지역 발전소 및 지역 주민에게 공급하는 필요에 따라 제한된 공간에 설치해야 하기 때문에 매우 상세하고 복잡한 시설 설계가 요구된다.

분리(Separation)

이 절에서는 부수적인 가스가 함유된 원유의 형태로 라이저를 통해 이송되는 탄화수소를 다룬다. 그림 11-1의 첫 번째 블록은 액체에서 가스를 분리하는 과정이다. 라이저에서 수송된 원유는 수직 또는 수평의 원통형 압력용기인 분리기로 들어간다. 갑작스런 유량 증가와 압력 감소는 '맥주병' 효과를 유발한다. 맥주병 뚜껑이 뻥 하고 터지면서 탄산이 나오는 것처럼 천연가스가 눈깜짝할 새에 빠져나와 원유에서 분리된다. 중력에 의해 가스는 끝까지 밀어 올려져 기체가 빠지고 바닥에 액체가 남는다.

사실 액체/가스 분리는 몇 가지 단계를 포함한다(그림 11-2 참조). 갑작스런 압력 하락으로도 수반가스(associated gas)가 아주 소량만 형성되어도 일부 가스는 기름에 용해된 채로 남아있을 수 있다. 액체는 고압 분리 단계인 첫 번째 단계를 거쳐서 압력 감소로 인해 더 많은 가스가 분출되는 두 번째 및 세 번째 단계로 흐르게 된다. 첫 두 단계에서 액체는 기름과 물의 조합이다. 공기가 포함되어 있는 물은 기름과 같은 경로로 흐르게 된다. 물과 기름이 섞이지 않는다는 것은 다 아는 사실이다. 그리고 세 번째 단계에서 물 또는 대부분의 물이 분리기 바닥까지 떨어지고 중간에 기름이 남게 된다. 세 가지 분리 단계에서는 별도의 노즐을 통해 분리기가 작동되고 다음 단계인 처리 단계로 넘어간다.

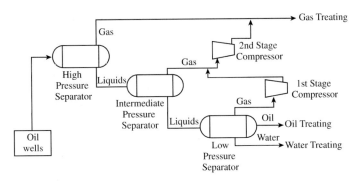

그림 11-2. 심해 플랫트폼의 가스 분리(after Paragon Engineering)

이 단계에서 라이브 오일(live oil)이 데드 오일(dead oil)로 변형된다. 증기/액체 상 평형 원리에 따라 여러 단계를 거쳐 유정의 유체 압력이 낮아지면 단일 분리기보다 가스/석유가 더욱 잘 분리되고, 운반하기에 좋은 저 증기압의 데드 오일이 발생한다. 대부분의 가스가 추출되는 첫 번째 단계에서는 라이저 수송 조건보다 높은 압력을 가한다. 이런 식으로 하층 단계 처리를 통해 압력이 하락한 가스는 추가 압력 증가 없이 송출(export) 라인으로 보낼 수 있다. 가스 재주입 시 추가적인 압축이 필요하다. 후처리 단계에서 나온 가스는 첫 번째 단계의 가스와 혼합하는데 필요한 압력을 맞추기 위해 압축기를 거쳐야 한다.

예상했듯이 위와 같은 분리시스템은 여러 변화를 줄 수 있다. 3가지 시스템이 공통적이지만 일부 시스템에서는 유정 시추공 및 운반시설의 유체 특징에 따라 2단계 및 4-5단계 분리가 이루어진다. 뿐만 아니라 일부 분리기는 '2단계'이며 일부는 '3단계'로 처리한다. 2단계 분리기는 유정 유체를 기체 및 액체로 분리한다. 3단계 분리기는 액체를 통해 한 단계 더 나아가며 해당 액체를 기름 및 수분으로 나눈다. 앞서 논의한 예에서 해당 시스템은 한쌍의 2단계 분리기와 하나의 3단계 분리기로 구성되어 있다.

3단계 분리기는 수평 또는 수직형의 대구경 강관 압력 용기이다. 수평형 압력 용기 (그림 11-3)는 해양의 수직형 분리기와 달리 보편적이지만 다양한 형태로 존재한다. 실제로 대부분의 틈새 산업은 이처럼 간단한 개념을 전문화시킨 것이다.

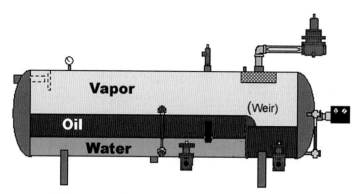

그림 11-3. 삼상 수평 분리기(United Vessel 제공)

유정 유체가 분리기로 흘러 들어가면서 에너지를 흡수하기 위한 강철판에 부딪혀 분산된다. 압력의 갑작스러운 변화로 인해 대부분의 액체/기체 분리가 이루어진다. 가스는 분리기 위쪽으로 올라가고 액체는 바닥으로 떨어진다. 물과 기름은 혼합되지 않으며 중력과 밀도차로 인해 물과 기름이 분리된다. 분리기는 기름/물 분리가 충분히 이루어질 수 있을 만큼 크기가 크다. 기름은 위어(weir)를 통해 석유 보관 구역으로 흘러가고 물은 용기의 아래쪽에 모여 관을 통해 제거된다. 기계 또는 전기 장비는 액체 수위를 조절하고 물과 기름을 흘려 보낼 수 있도록 덤프(dump) 밸브를 여닫는다.

가스는 안개 추출기(mist extractor)를 통해 측면으로 흐른다. 안개 추출기는 가스가 흐를 때 기름 방울을 모아 기름으로 변화시킨 후 선박에 일정 압력을 유지해 주는 압력 조절 밸브를 통해 상단의 이송관으로 흘러가게 한다.

안개 추출기는 다양한 유형 및 재질로 구성된다. 일반적인 추출기는 철 또는 기타 물질로 제작한 철망이다. 가스 단계의 액체 기름 방울은 철망에 부딪히고 모여서 기름 단계로 다시 변화되어 떨어진다.

처리기(Treaters)

분리기의 침전 – 플래싱(settling-flashing) 기술의 가장 기본적인 기능은 물/기름을 분리하는 것이나, 질이 매우 낮은 기름의 경우 분리가 제대로 이루어지지 않을 수 있다. 물 함량이 너무 높으면 물 – 제거 처리기로 기름을 보낸다(그림 11-1 참조). 이 단계는 매우 다양한 설계가 적용될 수 있다. 처리기는 점도를 낮추거나, 기름/물 혼합체를 분리하거나, 전류, 교반 또는 다른 방법을 동원하여 기름에 포함된 물방울의 크기를 증가시킨다. 이를 통해 물이 바닥에 가라앉은 침전 부분이 형성된다.

처리기를 통하면 드라이원유(dry oil) 또는 BS&W 사양에 명시된 건조 상태의 기름이 런다운 탱크(rundown tank)로 흘러 들어가며, 런다운 탱크는 펌프로 기름을 지속적으로 수송 라이저나 셔틀 유조선에 마련된 큰 규모의 탱크로 보낸다.

대부분의 심해 플랫폼에 도달하는 거의 모든 물질에는 적당량의 고체만이 포함되지만, 퇴적물 정착 탱크, 하이드로사이클론, 필터 등을 사용하여 분리시켜야 한다. 이러한 고체 물질은 그 후 상대적으로 기름이 포함되어 있지 않은 유전의 물로 충분히 씻은 후 배 밖으로 버리거나 플랫폼에서 소형선박에 실어 육상의 폐기장까지 실어 운반한다.

수처리

분리기에서 배출된 기름에 물이 포함되어 있는 것처럼 분리기에서 나온 물에도 기름 일부가 함유되어 있다. 물의 최종 종착지는 배 밖이지만 품질 및 환경적 우려로 인해 해저면 아래로 재주입할 수 있다. 두 가지 경우 모두 기름이 물에서 분리되어야 하고 고체 물질을 제거할 필요도 있다.

여러 과정 중 스키머는 작은 기름 물방울이 떠오를 수 있도록 큰 표면이 있는 용기에 잔류 시간을 길게 하여 사용한다. 기름이 많은 최상층은 위어(weir)를 넘어가고 기계적인 스키머로 걷어낸다. 물속에 함유된 일부 다루기 힘든 혼합물질은 화학 첨가제를 사용하는데 이는 분리 과정을 가속화하기 위해 필요하다.

다른 분리 과정 대안인 판 코어레서(plate coalescer)는 촘촘하게 간격을 둔 정전기 충전판을 사용하여 물과 기름 이온을 끌어당기거나 밀어내어 물과 기름을 분리시킨다. 이처럼 촘촘한 간격으로 설치된 판은 작은 기름방울들이 판에 포집되고 스키밍을 위해 최상층으로 이동하는 거리를 줄여준다.

또 다른 혁신적인 장비는 하이드로사이클론(hydrocyclone)이다. 물/기름 혼합물은 접선 유입을 통해 고점도로 원뿔 내부로 높은 속도로 분리된다. 이를 통해 유체가 높은 속도로 빠르게 회전하여 무거운 물이 아래로 내려가고 원뿔의 안쪽 표면을 따라 돌다가 바닥으로 배출된다. 가벼운 기름은 원뿔의 중앙축 위쪽 및 안쪽으로 모여 맨 위로 배출된다. 표면에서는 물에 포함된 기름 함유량을 지속적으로 낮추기 위해 이와 같은 2개 이상의 과정이 차례로 진행된다.

2008년 기준으로 전 세계 다양한 지역에서 바다에 버려도 되는 허용 수중 기름 농도 기준은 표 11-1과 같다. 다양한 기름/물 분리 과정 중 일부 천연가스가 분리된다.

표 11-1. 방출 워터에서 최대 허용 원유 농축도, 2008년 기준

Location	Maximum Concentration (mg/l), monthly average measurement
North Sea	30
USA Offshore	29 avg/42 max
NE Atlantic & Arctic	40
Mediterranean Sea	10-15
Caspian Sea	20(under review)
Red Sea	15
Nigeria	15(creeks) 30 offshore
Indian Ocean	48
Western Australia	30(50 max)

분리된 가스는 가스 처리시설의 지정된 주입점까지 용기 상단의 수송 관로를 통해 운반한다.

가스 처리

열처리(Heating)

전형적인 가스정은 유정에서 평방 인치당 수천 파운드의 압력을 가지며 이러한 수치는 플랫폼에서 가스를 처리하고 추출하기 위해 필요한 수치보다 훨씬 높다. 가스가 설계된 이송관 수축장치인 초크(choke)를 천천히 통과하면서 보일(Boyle)의 법칙에 따라 압력저하 및 부피팽창이 발생하며, 온도가 가파르게 떨어진다. 이는 가정 및 상업용 에어컨도 다음과 같은 동일한 원리를 따른다. 즉, 가스가 팽창하면 온도가 떨어진다.

해저 또는 상부 유정 등 위치에 관계없이 온도가 떨어지면 가스 배출물질의 수분이 액체로 바뀔 수 있고 더욱 악화되면 수화물(hydrate)을 형성한다. 상세 검사를 통해 눈(snow) 또는 슬러쉬(slush) 같은 형태를 확인할 수 있고, 얼음처럼 찬 크리스탈에 갇힌 메탄이 수화물을 형성한다. 이러한 수화물은 관로를 막게 할 수 있다. 수화물은 라인 압력과 가스 내 수분함량이 조건에 맞으면 30~80°F 사이의 온도에서도 형성될 수 있다.

수화물이 유정 또는 관로를 막으면 이 물질을 해동하기 위한 작업은 어렵고 위험할 수 있다. 일단 흐름이 멈추면 수화물을 다시 흐르게 하는 것은 봄까지 기다려야 하며, 알래스카의 냉동관로를 해동시키는 것과 유사하다. 그리고 녹은 수화물이 정체된 압력을 배출할 때 다운스트림 장비에 매우 위험하게 큰 충격을 줄 수 있다.

수화물 형성과 그에 따른 막힘을 피하기 위해 공기 흡입 조절 장치와 탑사이드 유정 헤드에 연결된 유동관로 일부는 고온으로 유지되는 뜨거운 수조에 에워싸여 있어서 가스는 수화물이 형성되는 온도보다 항상 높게 유지된다(그림 11-4 참조).

분리(Separatoin)

가스정으로부터 라이저를 통해 가스가 수송되면 석유와 동일한 방식으로 응축물 및 물을 제거하기 위해 분리기를 작동시킨다. 물은 바닥으로 떨어지고 기름은 중간층에 남고 가스는 가장 위쪽에 뜨게 된다. 그림 11-4에는 보여지지 않고 있지만 분리는 그림 11-2의 3가지 단계에서 진행될 수 있다. 응축물은 가벼운 경질원유(very light crude oil)의 구성요소 및 기타 특징을 갖는다.

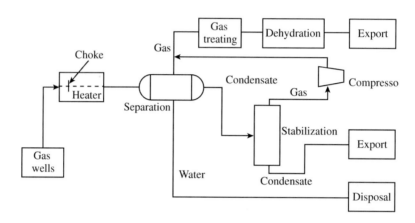

그림 11-4. 심해 플랫폼의 천연가스 정제(after Paragon Engineering)

안정화(Stabilization)

때로는 다단계 분리 과정이 응축물을 안정화시키기에 충분하지 않을 수도 있다. 간단한 장비로 처리할 경우 기름/응축물에는 예상보다 더 많은 휘발성 가스가 용해되어 있다. 응축물은 상부시설의 보관탱크에 일시적으로 또는 간혹 하루 이상 저장되기 때문에 휘발성은 위험한 조건을 초래할 수 있다. 부탄, 프로판, 에탄, 메탄 등과 같은 가벼운(light gases) 가스 함량의 척도인 응축물의 증기압은 안정기(stabilizer)를 통해 응축기를 통과하면서 낮춰질 수 있다. 응축물은 우선 가열기를 거쳐 운반용 용기나 내부가 패킹되어 있는 30피트 높이인 기둥의 중간까지 흘러 들어간다. 가벼운 가스는 상부로 가면서 액체를 최대한 분리하여 아래 쪽으로 내려가게 한다. 액체가 바닥에 가라앉으면서 트레이 또는 패킹에서 흔들어 주면서 모든 휘발성 물질을 위로 떠오르게 한다. 이러한 쥐어짜기(wringing) 및 흔들기(agitation) 두 가지 동작 때문에 각 트레이 또는 패킹 단계에서 추가적인 분리가 이루어진다. 즉, 가스에 녹아있는 고농도 탄화수소는 가스가 위쪽으로 이동하면서 감소하고, 원유에 녹아있는 휘발성 가스 농도는 기름이 바닥으로 내려갈수록 낮아진다.

이 단계에서 가스는 압축기를 통과하고 처리 및 탈수를 위해 고압 기류와 혼합된다.

가스 탈수(Gas dehydration)

수송 라이저로 유입되는 가스는 최대 수분 함량에 부합해야 한다. 그렇지 않으면 수분이 낮은 지점에서 응축 및 축적되어 수화물을 형성하거나 유량을 제한할 수 있다. 뿐만 아니라 소량의 산성 가스와 물이 결합되면 파이프라인, 처리기, 압축기, 기타 선박에 설치된 장비 등 접촉하는 거의 모든 장치에 서서히 부식 반응을 발생시킬 수 있다.

글리콜 탈수시스템(glycol dehydration system)은 가스에서 나온 물을 제거하기 위해 주로 사용된다. 가스는 트레이가 있거나 패킹을 갖춘 기둥(column) 아래쪽으로 흘러 들어간다(그림 11-5 참조). 트리에틸렌 글리콜(TEG) 또는 유사한 화학물질이 기둥의 위쪽에 유입된다. TEG는 물에 친화성이 있으며 가스를 지나 분산되어 있는 대부분의 수분을 흡수하고 기둥 아래쪽으로 물을 이동시킨다. 탈수된 가스는 위쪽으로 배출된다. 탈수된 가스는 **천연 가솔린**(natural gas liquids, 프로판, 부탄, 천연 휘발유)이 제거된 천연가스인 **드라이 가스**(day gas)와 혼동하지 말아야 한다.

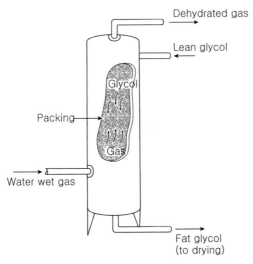

그림 11-5. 가스 디하이드레이션 컬럼

이후 TEG는 재생 단계로 이동한다. 우선 유입유를 걷어낼 수 있는 분리기로 이동한다. 그 후 온도가 약 400°F까지 올라가는 가열기로 이동한다. 여기에서 물이 증발하고 끓는 온도가 549°F인 TEG를 남기게 된다. 재생된 TEG는 재사용을 위해 접촉 기둥의 맨 위로 돌아간다. 수증기는 대기 중으로 배출되거나 전체 과정에서 발생된 모든 탄화수소를 응집 및 포집하기 위해 냉각기로 이동한다.

다음 탈수 방법은 건조제 또는 두 개의 평행한 강제 탱크 안에 있는 흡수제인 실리카 또는 알루미나 겔이 수분을 포집한다. 기체 흐름(gas stream flow)은 탱크 내에서 번갈아 이루어지며. 탱크에 모인 수분을 대기 중으로 발산시키기 위해 흡수제가 가열되면 가스는 다른 탱크를 거쳐 증발한다. 일부의 경우 냉장 또는 막투과 시스템을 통해 탈수가 진행된다.

일단 가스가 적절히 처리되면 송출 라이저를 통해 판매 시장으로 보내진다. 대부분의 심해 환경에서 해저면 기온은 30~35°F 사이이다. 가스 추출 라이저와 파이프라인이 해저를 따라 이어지기 때문에 가스는 짧은 시간 내에 주변 기온으로 떨어진다. 전형적으로 수분 함량(수증기 형태)은 가스 백만 입방 피트당 3~4파운드로 제한된다. 추출 라인의 정상 운전 압력(1000~1,100평방 인치당 파운드)에서 다량의 수분과 함께 가스는 약 °F의 이슬점을 갖는다(이슬점은 물이 물방울의 형태로 응축되기 시작하는 온도이다. 이슬점은 압력에 따라 다양하게 나타난다). 이로 인해 증기 단계에서 허용 수분 안전 범위는 +30~35°F로 나타난다.

유정 테스트

유전 감시 및 원유 관리를 적절하게 수행하고 필요에 따라 유정의 문제를 진단하기 위해서 각 유정의 가스, 석유, 물 생산량 관리가 필수이다. 일부의 경우 각 유정의 소유권이 다르기 때문에 개별적인 유정의 전체 생산량을 효과적으로 할당하기 위한 방법이 필요하다. 전형적인 자료 확보 방식은 각 유정을 주기적으로 테스트하는 시스템을 마련하는 것이다. 이를 통해 테스트 결과를 기반으로 총 생산량 비율이 각 유정에 할당될 수 있다. 유정 테스트 빈도는 몇 가지 요인에 따라 달라진다. 전체 유정의 공동 소유권 및 유전 관리보다는 신용발행 문제가 더 많이 다루어진다.

테스트시스템은 크기가 작더라도 전체 운영에 사용된 3단계 분리 장치와 동일한 유형을 갖는다. 유효 테스트는 일반적인 유량으로 생산되는 동일한 유정과 같다. 테스트 분리기는 혼합된 유정의 유량처럼 동일한 압력 및 온도에서 작동되어야 한다.

육상 유정 또는 해양의 건식 트리(dry tree) 지역은 대체적으로 확실한 단계에 따라 한달 일정으로 모든 유정을 테스트한다. 테스트 분리기로 추출한 유체는 플랫폼 생산물과 함께 하류 유량(downstream flow)으로 돌려보내기 때문에 전체 생산량에 대한 손실은 없다. 하지만 해저 생산의 경우 유사한 테스트를 실시할 수 있는 유일한 방법은 테스트 유량이 이송관에 완전히 접근할 수 있도록 다른 유정을 닫거나 각 유정에 전담 유동라인을 제공하는 방법(비용이 많이 든다)이 있다.

10장에서 언급한 것처럼 제한은 있지만 다상 유량계는 해저 유정에 대한 대비책이다. 실제로 일부 해상 시설(surface facility)에서 현재 사용되고 있으며 정확성이 향상되면 기존의 테스트 분리기를 완전히 대체할 것이다. 다상 유량계에서 계측되는 데이터는 각 유정의 수명 전반에 걸쳐 지속적이고 충분하게 추출될 것이며, 유정 테스트에 의해 끊기지도 않을 것이다. 뿐만 아니라 다상 유량계에는 단지 작은 상부시설의 공간과 파이핑만이 필요하다.

측량

석유 및 가스를 송출 라이저로 보낼 때 정확한 측량이 이루어지지 않는다면 배 밖으로 돈을 던져버리는 것과 같을 수 있다. 원유의 경우 생산 임대지 자동 거래(LACT) 단위를 사용한다. LACT 단위는 다양한 크기 및 복잡한 형태로 나타난다. 보다 큰 규모의 유전은 내장된 계측기가 있고, 이는 자동적으로 일정 기간별로 교정시험을 한다. 대부분의 LACT는 BS&W 함량을 측정하기 위한 계측기를 갖고 있다. 일부 계측기는 원유가 BS&W 조건을 충족시키지 못한 경우 유량계로 들어가지 못하게 막는다. 누구도 물과 침전물이 섞인 기름을 제 가격에 지불하기를 원치 않기 때문이다.

LACT 장치의 메커니즘은 직접적인 측정 장비인 용적 유량계(positive displacement

meter)이다. 이 유량계는 유량을 별개의 패킷으로 나누고 유량계를 지나는 숫자를 센다. 용적 유량계는 유량이 바람개비, 피스톤 또는 회전자 등의 내부 구조물을 움직여 측정하며, 각 회전에 따른 유량을 예측한다. 회전은 기계적 장치 또는 보다 일반적으로 전기 펄스를 읽어 총량을 계산한다. 판독기는 지속적인 상태를 업데이트하여 제공한다.

또 다른 형태인 터빈 유량계(turbine meter)는 간접적으로 체적 유량을 측정한다. 해당 유량계는 '추정(inferential)' 유량계 계통에 속한다. 터빈 유량계는 유량에 의한 터빈의 회전 속도를 측정하여 그 양을 추정한다. 용적 유량계가 거래용 이송량 측정을 위해 보다 폭넓게 사용되지만, 두 가지 모두 잘 검정되고 유지하여 사용한다면 어느 방법이나 적용할 수 있다.

또 다른 형태인 초음파 유량계는 전송 시간 개념을 사용한다. 변환기에서 방출된 신호는 유량의 반대방향보다 유량에 따라 이동할 때 더욱 빨리 움직인다. 전송 시간의 차이로 유량을 계산할 수 있다. 초음파 유량계는 가스 파이프라인에 적용되기도 한다. 이 방법은 정부 세수용(fiscal) 계량기 수준의 정확성과 신뢰도를 갖도록 개발되고 있다.

가스의 경우 **오리피스 유량계**(orifice meter)가 유량 측정에 사용되는 경우가 많다. 오리피스 유량계는 세 가지 필수 요소를 갖는다. (1) 기체가 흐르는 도관 또는 파이프, (2) 가운데에 정확한 구멍이 있는 납작한 철판인 오리피스판, (3) 오리피스판의 상류쪽에서 하류쪽까지 오리피스판에 의한 방해로 생성된 압력 차이 측정. 이러한 압력차는 유량 속도 제곱에 비례하기 때문에 유량 속도는 압력 차이에 의해 계산할 수 있다. 오리피스 유량계는 이탈리아 물리학자인 지오바니 벤투리(Giovanni Venturi)까지 거슬러 올라가는 오래된 역사를 갖는다. 이 유량계는 ±0.05%의 오차를 갖고 있어 신뢰성이 있으며 이런 정확성에 대해 이의를 제기하는 경우가 거의 없다.

탑사이드 제작 옵션

상부시설(탑사이드)은 다양한 크기 및 형태로 설치되지만 크게 다음의 3가지 주요 유형으로 구분된다.

1. 스키드 장착(skid-mounted) 장비

2. 통합 갑판
3. 모듈화된 갑판

초기에는 상부시설을 제작하기 위한 가장 효과적인 방식이 먼저 제작된 갑판의 구조를 만드는 것이었다. 처리장비는 제작공장에서 옮겨져서 갑판에 설치하는 것이었다. 압축기, 숙소 건물, 헬기 착륙장 등 각 아이템은 운반 및 설치에 필요한 강도를 갖기 위해 충분한 지지 구조용 강재를 확보해야 했다. 즉, 개별적 장비마다 독립 스키드에 제작되므로 각 장비의 스키드 강재는 전체 갑판 하중에서는 포함되지 않는다.

이러한 장비들의 스키드는 해양 또는 제작장에서 들어올리기 위해 상당한 양의 구조 강재를 필요로 한다. 필요한 이송관, 압력 파이프, 전기장치, 공기 및 유압 라인의 대부분은 스키드에 장착되어 이송된다. 나머지는 스키드가 설치된 후 추가될 수 있다. 예를 들어, 스키드는 각각 '연결'될 수 있으며, 이런 방식은 해양에서 흔한 방법이다. 이러한 설계의 장점은 해양 시설 갑판에 우선 시추 및 마감 장비를 설치하고 추후 생산 스키드들을 설치할 수 있다. 단점은 해양 조립 비용이 육상보다 5~15배 높다는 것이었다.

통합 갑판 및 상부시설의 경우 각 생산장비들이 제작되면서 해양구조물의 갑판에 설치되며, 강재 ┼조로 된 갑판에 요소장치들이 각 지지대에 통합적으로 설치된다. 개별적 스키드 연결이 아니라 전체 시설의 전기, 공기, 압력 파이프시스템이 제작 및 설치된다. 이를 통해 구조용 강재를 절약하고 전체 상부시설의 무게를 줄일 수 있다. 하지만 장비 및 구조물 장착작업 일정은 제한된 갑판 공간을 고려하면 매우 복잡하다.

심해용 갑판이 더욱 커지면서 갑판의 작고 리프트가 가능한 부분으로 나누고, 적절한 하청사를 통해 보다 비용 절감을 통한 설치가 필요했다. 상부시설은 기능별로 압축 모듈, 웰베이(well bay) 모듈, 숙소 모듈 등으로 모듈화되었다. 이런 방식은 스키드 장착 및 통합 갑판 상부시설의 특징을 모두 가지고 있고 프로젝트별로 매우 다양하다.

마스(Mars) TLP 상부시설(그림 11-6)은 5개의 제작사가 제작하고 접안시설 쪽에 모듈별로 설치하였다(그림 11-7 참조). 몇 주 동안 연결, 테스트, 시운전 후 모듈이 완성되었다.

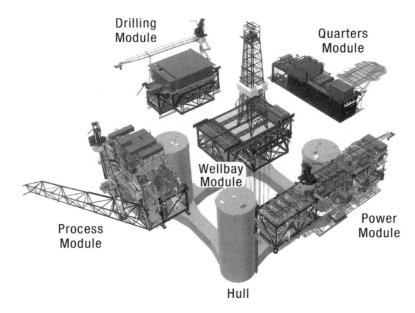

그림 11-6. Mars TLP 상부 장치도(Shell E&P 제공)

그림 11-7. Mars TLP에 설치되는 상부모듈(Shell E&P 제공)

연결 및 시운전

연결 및 시운전 현장 작업은 모든 상부 모듈 또는 스키드가 호스트 구조물에 설치되면 시작된다. 성공적인 프로젝트에서는 개념개발 초기 단계부터 이러한 작업을 계획한다. 그림 11-6의 모듈은 개별적으로는 완벽하게 그리고 기능적으로 테스트되었지만, 전체 시스템을 통합하고 완전한 기능 점검까지 모듈간 연결 및 테스트가 많이 남아있을 것이다. 건설 엔지니어를 위한 종합 지침서에 따르면 전기, 공기, 유압, 컴퓨터, 구조 용접공, 구조 설비 기술자, 파이프 용접공, 파이프 설비 기술자, 용접 엑스레이(x-ray), 초음파 기술자, 크레인 작동, 안전 요원, 부식 전문가 등 수많은 기술자, 전문가, 기능공이 조립 및 테스트 작업에 참여한다.

이 작업을 위한 최적의 장소는 육상 또는 부둣가로 시설을 해양으로 옮기기 전에 진행하는 것이 좋다. TLPs, FPS, FPSOs, 콘크리트 중력 기반 플랫폼은 부둣가를 떠나 설치 현장으로 이동하기 전에 해당 플랫폼의 모든 상부시설 갑판 및 시설을 완전히 통합하여 제작할 수 있다. 스파와 고정식 플랫폼은 항상 현장에 설치된 후에 상부 모듈을 설치한다. 그렇게 하려면 해양에서 설치 및 시운전에 상당한 비용을 감수해야 한다. 육상 작업에 참여하는 많은 노동자의 일정 관리, 조직 그리고 안전 관리는 어렵다. 동일한 일을 해양에서 수행하면 해양 숙소 및 식사제공, 보트 및 헬리콥터로 필요한 물품 운반, 육지에서보다 훨씬 많은 긴급사태 대책 마련의 필요성 등 많은 추가적인 사항을 고려해야 한다.

예를 들어, 숙소 이용은 일정에 따라 근무하는 기술자의 인원 및 유형을 제한할 수 있다. 많은 인력을 투입하기 위해 숙소용 선박을 이용하기도 하지만 높은 비용이 따른다.

성공적인 프로젝트는 개념 개발 초기 단계에서 모듈의 연결 및 시운전 계획을 포함한다. 설계 및 건설팀과 긴밀한 업무 관계를 갖는 엔지니어링 및 관련 직원들은 준비를 철저히 하고, 제작부터 연결 및 시운전까지 원활하게 이행하기 위해 프로젝트를 진행하면서 작업 순서를 개발 및 수정한다.

인력 및 숙소

예비 인력(Complement)

해양 시설의 작업인력 규모는 유정의 개수 및 복잡도, 장비, 운영기업의 종합적 철학에 따라 달라진다. 일부 플랫폼은 고급 전자기기 및 컴퓨터 지원으로 작동을 관장하는 제어 체계를 갖는 반면, 다른 플랫폼은 작동 시 인력에 많은 의존을 한다. 예를 들어, 한 특정한 시설을 운용 및 유지하려면 이를 담당하는 60명의 상근 직원이 필요하다. 낮 근무자는 40명, 밤 근무자는 20명이 필요하다(일부 업무는 낮 근무만 한다). 또 다른 60명은 일차를 갖고 약 15명은 휴가, 병가, 기타 긴급사태를 대비하기 위해 항상 근무해야 한다. 모두 포함하면 일일 근무자의 2.25배인 최대 135명이 요구된다.

순환근무(Shifts)

대부분의 해양 작업에서 작업자들은 1주일간 12시간마다 순환근무를 하며, 선상에서 지내며 기계를 작동시키고 1주일을 휴가를 갖는다. 심해의 경우 작업자들은 2주 동안 근무하고 2주 동안 휴가를 갖는다. 외딴 지역에서는 4주간 근무하고 4주간 휴가를 갖는 일정이 일반적이다.

그림 11-8. 심해 플랫트폼의 선원 거주시설(Shell E&P 제공)

숙소(Quarters)

모든 작업자가 플랫폼에서 휴식 시간을 즐길 장소가 필요하다. 이들에게 숙소, 음식, 식수, 전기, 세탁, 보관, 의료 시설, 휴식 공간, 운동 공간이 필요하다. 그림 11-8은 멕시코만의 TLP 램 파월(Ram Powell) 호의 직원용 숙소에서 식사하는 모습이다. 높은 안전상의 이유로 직원용 시설은 시추, 유정, 탄화수소 처리 장비에서 가능한 한 멀리 떨어져 있다. 이러한 시설의 디자인, 안락함, 안전성이 직원들의 작업 효율성 및 효과에 도움이 된다는 사실은 의심할 여지가 없다.

생산 플랫폼의 식당은 보통 매일 4끼가 제공된다. 삼시 3끼에 밤 근무자를 위한 야식이 더해진다. 간식은 낮 시간 동안 자주 제공된다. 작업 성수기의 일주일 동안 램 파월 호의 식당에서는 계란 160판, 고기 1,350파운드, 감자 500파운드로 2,600끼니를 만들고 작업자들은 세탁을 840회 한다.

인력 수송(Personnel transportation)

대부분의 심해 플랫폼에서 작업자들은 대형 헬리콥터를 타고 이동하며, 최대 24명까지 수송하기도 한다. 그렇지만 대형 시설은 근무인원 순환 시 여러 차례의 왕복 운송이 필요하다. 헬리콥터 착륙 플랫폼은 일반적으로 작업자 숙소 위 갑판 상부에 설치된다. 이는 착륙장 또한 안전상의 이유로 가능한 한 운영 장비에서 멀리 떨어진 곳에 위치해야 하기 때문이다. 일부 심해 작업은 해안 기지와 가깝게 위치하고 작업자들이 값싼 작업자용 보트로 이동할 수 있는 잔잔한 수역에서 이루어지기도 한다. 작업자들은 보트에서 갑판까지 플랫폼 크레인이 들어올리는 '빌리 푸(Billy Pugh)' 바스켓을 타고 이동한다.

안전시스템

작업 환경 자체가 복잡한 곳일 경우 이러한 환경에서 복잡한 기기를 다루는 근로자의 안전을 위해서는 시스템 설계자뿐만 아니라 실제 운전자도 세심한 주의를 기울여야 한다.

프로세스는 항상 제어가 잘 되고 있고, 기기 상의 오작동은 전혀 없으며, 작업자가 항상 주의를 기울인다면 체계적으로 안전을 다룰 필요가 없겠지만, 현실에서는 거의 불가능한 일이다. 기기, 설비의 설계 단계에서는 작업 안전을 고려해야 한다. 실제 작업 시 압력, 온도를 측정하거나 플랫폼상의 다양한 위치에서 변수를 체크하고, 피드백 체계를 통해 수정하며, 프로세스에서 안전 기준점을 넘을 경우 폐쇄 조치를 취할 수 있어야 한다. 즉, 구조물을 보호하는 방화재, 필요한 경우 세척실(wash station), 위험 감지시스템, 스프링쿨러시스템, 기타 피해 통제 장치들을 갖추어야 한다.

운전 절차는 주기적으로 점검, 검사하고 안전 기기는 보정해야 한다. 미국석유협회(API: American Petroleum Institute), 노르웨이석유국(NPD: Norwegian Petroleum Directorate), 영국해상운전자협회(UKOOA: United Kingdom Offshore Operators Association), 국제표준화기구(ISO: International Standards Organization) 등은 철저한 검토를 거쳐 안전 가이드라인을 제공하고 있다. 안전에 있어서 가장 중요한 것은 무엇보다 안전의식의 확산이다.

설계 단계에서 위험성 있는 운전 요소를 검토하여 '만약(what if)'의 경우를 가정하여 평가한다. 특정 밸브의 오작동을 가정해 보자. '엄청난 피해가 예상되는 오작동을 어떻게 방지할 것인가,' '압력 모니터에 오류가 발생한다면,' '백업 대책은 무엇인가,' '압력 방출 밸브가 튀어 나간다면' 등의 경우를 가정해야 한다.

또한 설계 단계에서 작업자를 대상으로 설비 운전 교육뿐만 아니라 위험 상황의 발전 단계를 인지하고, 다양한 종류의 재난 상황에 대처하는 방법도 교육시켜야 한다. 설계 단계에서 안전 부문에 지출되는 비용은 상부설비 비용의 50% 이상을 차지한다.

대규모 플랫폼의 경우 최후의 비상탈출 수단으로 탈출 캡슐(crew capsule)도 구비해야 한다. 디자인은 다르지만 여객선의 구명보트와 같은 역할을 한다. 폭발, 통제 불능의 화재 또는 플랫폼 전체의 고장 등 심각한 사태의 발생 시 작업자는 캡슐을 이용해 플랫폼을 탈출해야 한다. 플랫폼 둘레 주요 위치에 캡슐을 배치해 두고 안전 프로그램의 일환으로 진입로에 항상 장애물이 없도록 유지한다. 그림 11-9는 40인용 탈출 캡슐 사진이다. 승선한 작업자수의 1.5배까지 충분히 수용 가능한 캡슐을 비치해야 한다.

그림 11-9. TLP의 서바이벌 캡슐
(Survival Systems International 제공)

보조시스템

보조시스템은 앞서 설명한 메인 설비만큼이나 범위가 광대하고 (높은 비용) 엔지니어링 시간과 노력, 비용이 메인 설비보다 더 많이 요구될 때도 있다. 그림 11-10과 11-11

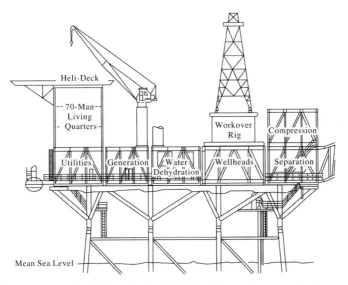

그림 11-10. 고정식 플랫폼의 상부배치도(after Paragon Engineering)

은 고정식 플랫폼, FPSO의 상부설비의 배치도 예시이다. 일반적으로 규정에 따라 숙소 구역(living quarters)은 가능한 한 프로세스 구역에서 멀리 배치하도록 한다.

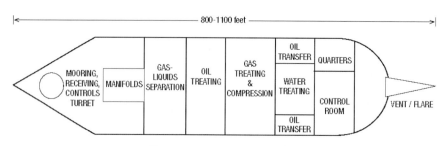

그림 11-11. FPSO의 상부배치도

보조장치(Auxiliaries)

보조시스템들은 메인 기능만큼이나 광범하고 운용하기 위해 더 많은 시간, 비용, 때로는 유지 비용도 더 많을 수도 있다. 보조장치는 주 보조장치와 2차 지원설비 두 부류로 나뉠 수 있다.

주 보조장치(Major auxiliaries)

- 전력(Power)
- 펌프(Pumps)
- 크레인(Cranes)
- 비상 연소(Emergency flaring)
- 중앙 제어실(Control centers)
- 전기 스위치 기어실(Electrical switch gear rooms)
- 계기 장비(Instrumentation)
- 작업자 숙소(Crew quarters)
- 이송 파이프라인(Export pipeline)
- 압축(Compression)
- 화재 감지 및 예방 설비(Fire detection and protection)
- 비상 차단(Emergency shutdown)

2차 지원 설비(Secondary support)

- 연료 가스 처리(Fuel gas treatment)
- 계기용 공기(Instrument air)
- 디젤 저장(Diesel storage)
- 세탁(Laundry)
- 식수(Potable water)
- 하수 처리(Sewage treatment)
- 피깅 설비(Pigging capabilities)
- 보일러 급수(Boiler feed water)
- 재주입수(Re-injection water)
- 증기 보일러(Steam boilers)
- 폐열 회수시스템(Waste-heat recovery systems)
- 글리콜 재생산(Glycol regeneration)
- 탈염 담수화(De-salters)
- 가스 리프트(Gas lift)
- 염소처리(Chlorination)
- 탈기(De-aeration)
- 화학물 주입(Chemical injection)
- 유압시스템(Hydraulic systems)
- 공압시스템(Pneumatic systems)
- 보건 복지(Health and wellness)
- 난방, 환기, 공조(Heating, ventilation, and air conditioning)
- 우수 배출 및 처리(Rain water drains and treatment)
- 물, 가스 주입시스템(Injection systems: water, gas)
- 유지 보수 부품창고(Maintenance and repair shops)
- 전자제품 수리(Electronics repair)

위의 보조설비가 플랫폼마다 모두 요구되는 것은 아니며, 어떤 경우 2차 지원 설비가 주 보조장치인 경우도 있다. 각각의 보조장치는 설계, 제작, 설치, 상부설비와 연결, 운전 시 상당한 수준의 엔지니어링, 운전 전문 기술이 요구된다. 상부설비의 성공여부는 폭넓은 기술, 자재, 시스템을 기반으로 작업자를 포함하여 모든 설비를 효과적으로 통합시키는 데 있다.

전력(Power)

플랫폼 상에 설치된 대부분의 설비는 전기 구동으로 펌프, 조명, 개인 설비, 아이스크림 기계, 컴퓨터까지 다양하다. 종종 상부설비에 가스 또는 디젤 연소 엔진을 사용하기도 하나, 전기 구동식 설계와 유지보수, 운전이 더욱 적합하다.

천연가스 공급이 원활한 플랫폼의 경우 가스 연소 전력 발전기가 적합하다. 그 외에 전력 생산 방법으로 경유 연소 발전기를 들 수 있는데, 이 경우 디젤 연료를 플랫폼까지 운송해야 하고 플랫폼 상에 보관해야 한다. 디젤로 전력을 생산하여 컴프레서, 펌프 등 회전 설비를 구동하는 것이 플랫폼 곳곳에 가스 또는 디젤을 직접 연소하는 엔진을 여러 대 설치하는 것보다 더 현명한 선택이다. 그러한 이유로 가스 또는 디젤의 직접 연소 엔진은 전력 생산용, 대형 컴프레서(1,000마력 이상), 펌프 등을 제외하고 플랫폼에서는 거의 사용되지 않는다.

최대 가동 시간대에는 전력 소비가 상당하여 가스 또는 경유 소비량이 급등한다. 멕시코만의 램-파월 TLP(Ram Powell TLP)의 경우 시추 및 완료 단계에는 약 7,000가구에 공급 가능한 정도의 전력을 생산한다. 램-파월 상부설비에는 다양한 터빈, 엔진이 배치되어 있고 포드 V8s 모델 대형 픽업트럭 약 225대 구동과 맞먹는 전력을 소비한다.

펌프(Pumps)

상부설비에서 흔히 볼 수 있는 기기 중 하나가 펌프이다. 대형 펌프는 원유를 LACT 유닛으로 운송하고, 물을 재주입 또는 배출시키고, 원유를 처리 시설로 운송한다. 소형 펌프는 걸러진 오일, 메탄올, 냉각수, 소방수 등을 이송하는 데 사용된다.

크레인(Cranes)

설비, 유지보수 물품, 보급품 대부분은 공급선을 통해 심해 플랫폼 설비에 운송되기 때문에 플랫폼에는 최소 1개의 크레인이 설치되어 있어 공급품을 하역하는데 사용되며, 2 ~ 3개의 크레인이 설치된 경우도 있다.

연소(Flares)

대부분의 해역에서는 천연가스 시추 시, 천연가스 연소를 최소한으로 유지하도록 요구하고 있다. 천연가스의 경우 석유와는 다르게 서지 탱크(surge tank)에 저장할 수가 없어 안전과 엔지니어링 설계 측면에서는 비상 시 천연가스를 배출할 수 있는 배출구를 확보해야 한다.

시추설비에서부터 파이프가 상부설비를 지나 라이저를 거쳐 연소 타워 또는 플레어 붐(flare boom)까지 연결된다. 이를 통해 설비 및 작업자로부터 연소 화염을 가능한 멀리 방출할 수 있다. 연소를 위한 발화설비와 상시 점등된 파일럿 램프가 구비되어 있어야 비상시 즉각적으로 대응할 수 있다.

생산수 주입(Produced water injection)

유전의 원유(well stream)에서 생산수 및 분리된 물을 처리하기 위해서는 파이프, 펌프, 밸브 등의 장비와 그 운용기술을 확보해야 한다. 이 물은 생산에 재활용하거나 다른 용도로 활용할 수도 있다.

저류암 공극부피(reservoir's pore volume) 차단으로 인한 주입용량의 손실을 막기 위해, 앞에서 언급한 오일 제거 후 물 처리 과정을 추가할 필요도 있다. 이 경우 보통 추가 장비가 요구되며, 펌프를 사용하여 물을 유전으로 보내기 이전 단계에서 화학적 스케일 첨가 처리가 필수적이다.

프로세스 제어시스템(Process control system)

보조장치를 포함한 상부설비 내 전체 프로세스는 간단한 또는 복잡한 제어시스템으로 제어, 운전할 수 있다. 대체적으로 기존 플랫폼에서는 기기별로 현장 제어를 해왔다. 전자 또는 공압 방식을 사용하거나 두 가지 방식을 복합해서 사용하기도 한다. 최근 들어 컴퓨터 기반의 중앙 통제 방식이 주를 이루고 있다. 피드백 체계, 추세 예상, 사전 진단을 통해 운전자가 사후 대처뿐만 아니라 미리 예상하여 운전할 수 있도록 도와준다. 운전자는 외부로 나갈 필요 없이 중앙 제어실에서 밸브, 레벨 세팅 등의 제어를 할 수 있다(그렇지만, 전문 기술자가 설비를 직접 체크하며 실제 운전 상태를 재

확인하는 것도 필요하다).

비상 차단시스템(Emergency shutdown system)

ESD(비상차단시스템) 버튼을 누르면 전체 설비가 설계된 차단 순서에 따라 신속하게 차단된다. 과거 플랫폼의 경우 공압(pneumatics) 차단 방식을 사용하였다. 현재는 공압식, 전자식 컴퓨터시스템을 결합하여 사용한다. 제어실, 시추갑판(rig floor) 또는 숙소, 구명보트 탑승구 등 특정 대피구역에서 비상 차단을 실행할 수 있다.

연료-가스 시스템(Fuel-gas system)

대부분의 대규모 해양 플랫폼들은 자체 전력을 생산한다. 일부의 경우 케이블을 연결하여 해안으로부터 필요한 전력을 공급받기도 하나, 심해에서는 불가능하다. 전력 생산 및 기타 소형 발전기 구동을 위한 연료를 사용한다. 가스 생산 플랫폼의 경우 천연가스를 연료로 사용하여 자체 공급이 가능하다. 그 외의 경우 지원선(service vessel)으로 경유를 운송해야 한다.

전형적인 해양설비에서 연료 가스 소비원은 다음과 같다.

- 전력 생산용 가스 터빈
- 컴프레서 및 대형 설비용 가스 터빈
- 시추 및 작업 리그(workover rigs)

연료 가스 등급은 조건이 가장 까다로운 설비 기준으로 공급해야 하며, 처리장치(treater)를 사용하여 시추하여 이송되는 가스의 품질보다 양질의 연료를 확보해야 한다. 이러한 처리장치는 유체의 캐리오버(carryover)나 상류공정(upstream process)의 혼입 고체(entrained solid)로부터 연료 가스시스템을 보호하기 위한 것이다. 또한 처리장치는 몇 초의 가스 '체류시간(retention time)'을 확보해야 하므로, 연료 이원화가 가능한 전력 생산 터빈을 사용하여 연료 가스 공급이 일시 중단될 경우 경유로 연료를 전환할 수 있게 한다.

폐열 회수(Waste heat recovery)

상부설비의 주요 열수요 설비는 다음과 같다.

- 분리 및 원유 안정화를 위한 석유/물/가스 가열
- 글리콜 재생(Glycol regeneration)
- 연료 가스 가공(Fuel gas processing)
- 숙소의 HVAC(난방, 환기, 공조) 설비(가끔 글리콜/물 간접 이용)
- 증류식 담수화 설비

대부분 해양설비의 주요 열공급원은 가스 터빈의 배기열이다. 각기 다른 물리적 및 열 특성을 가진 열전달 유체가 다양하게 사용되고 있으며, 사용 시 주의를 요하며, 플랫폼 상에 저장한다.

식수(Potable water)

담수는 위생시설, 식수, 세탁 등 일반 생활뿐만 아니라 눈 세척, 안전 샤워, 엔진 냉각수, 시추액 등에도 필수 요소이다. 식수는 지원선을 통해 공급하고, 그 외 용도의 물은 진공 증류 또는 더욱 보편적으로 사용되는 역삼투압 방식 중에 한 가지 방식을 사용하여 해수를 담수화하여 공급한다.

우수 수집(Rainwater collection)

상부설비 데크에는 일반적으로 개방 드레인(open-drain) 중력시스템이 설치되어 있어 우수 또는 표면수를 하부의 수집조(collection sump)로 모은다. 수집된 액체에는 데크, 기기의 드립 트레이(drip tray), 데크 돌발 유출물 등에서 흘러온 석유, 오염물이 섞여 있다. 수집조의 유수(oily water)는 보통 처리 프로세스로 재순환된다.

화재 감지(Fire protection)

대부분의 해양 플랫폼에는 방화재(fire retardant), 소방수(firewater) 설비가 갖추어져 있다. 소방수 설비는 노즐이 부착된 소화전(ring main)이 화재 발생 위험이 높은 구역 방향으로 설치가 되어 있으며, 최대한 폭넓게 발수하기 위해 다양한 스프레이,

일제개방 노즐(deluge nozzle)이 배치되어 있다. 이들 장치에 소방수 공급을 위한 충분한 용량의 펌프도 설치되어 있다. 방수가 필수인 주요 구조물에는 방화 처리를 실시함으로써 스틸 구조물의 경우 구조 건전성(structural integrity) 훼손에 걸리는 시간을 늘여 화재 진압 시간을 더욱 길게 확보할 수 있다.

송출관 연결(Export connections)

상부설비의 분리 및 처리 설비는 라이저를 통해 상부설비로 올라온 액체(석유, 가스, 물, 산성 가스, 침전물, 모래 등이 섞인 액체로 마치 '마녀의 비약'처럼 들릴 수 있으나)를 시장 공급용 탄화수소 연료로 처리하여 송출 라이저(export riser)로 흘러간다. 12장에서 라이저, 파이프라인, 이송관(flowlines)에 대해 자세히 다루고 있다.

 대용량 리프팅의 대명사

지난 40여 년간 피터 히레마(Pieter Heerema)는 전 세계 플랫폼 설치 산업을 선도하며 사업을 운영하였다. 그가 교육한 두 아들은 각자 성공적인 해양제작 및 설치회사를 세웠다.

그는 동료들 사이에서 '영감'이라고 불리며, 1948년 해양사업을 시작으로 업계에 첫 발을 내딛었다. 부두 및 선창 건설, 마라카이보(Maracaibo) 호수 벌크헤드 건설과 플랫폼 건조 사업도 간간히 수주하였다. 1956년 프리스트레스트 중공 콘크리트 파일링(pre-stressed hollow concrete piling)이라는 혁신적인 설계 기법을 선보이며 마라카이보 호수 지역의 100여 개의 플랫폼 제작 및 설치사업을 수주하였다.

1960년대에 들어 마라카이보 호수 지역 개발은 성숙 단계에 든 것으로 보고, 흐로닝겐 유전(Groningen Field) 발견 소식을 접하고 모국 네델란드로 돌아왔다. 기존 플랫폼 설치에 사용되던 평저 바지선(flat-bottom barge)이 설치 환경이 험한 북해 해역에는 부적합하다고 보고, 1969년 배 형태의 800톤 능력의 크레인의 선박(SSCV)인 글로벌 어드벤처(Global Adventurer호)를 건조하였다. 이에 성공한 후 2년 안에 인양능력을 더욱 증가시킨 토르(Thor)호와 오딘(Odin)호를 건조하였다. 오딘호는 당시 세계에서 가장 큰 시추 해머를 보유하고 있었다.

1986년 그는 기존 업계에서 사용 중인 공법을 검토, 연구하여 반잠수식 크레인선(Semi-submersible crane vessel)을 설계, 발더(Balder)호, 허모드(Hermod)호를 새롭게 건조하며, 기존 업계에서 사용되던 크레인선들을 모두 대체하였다. 발더, 허모드 호의 인양 능력은 14,000톤에 육박하여 전체 상부설비를 들고 설치하기에 충분하였다. 이를 기반으로 여러 개로 분리된 프리패브(pre-fab) 모듈을 플랫폼 상에서 조립하던 기존의 표준 건조 모델에서 벗어나, 육상에서 모든 조립을 완성하는 기법으로 전환했다. 3 ~ 4개월이 소요되던 상부설비 설치 기간을 몇 주 이내로 단축하였다. 그렇다 보니 기업들이 히레마의 인양선 가능 일정에 맞춰 공사 일정을 조정하는 정도였다.

히레마 그룹은 다른 한편으로 스틸 자켓, 상부설비, 교량, 수문 제작 건조야드(construction yard)를 인수하여 업스트림 사업까지 진출하였다. 피터 히레마가 직접 설계한 J-Lay 파이프라인 설치 기술을 접목하여 발더호, 허모드호를 개조하였다. 1992년 히레마 그룹은 뉴질랜드 해안에서 360피트 떨어진 해역에서 업계 최초로 J-Lay 파이프라인 설치에 성공하였다. 히레마 그룹은 1997년 14,200톤급 세계 최대 인양 능력의 티알프(Thialf)호까지 추가하며 중량 화물 인양 부문에서의 입지를 더욱 공고히 하였다(그림 11-12). 티알프를 인수하는 한편, 핵심 사업에 집중하는데 방해가 되는 사업과 활동들(McDermott, Willbros Group과의 공동 벤처 Hermac 등)을 정리하였다.

그림 11-12. Heerema의 반잠수식 크레인선 Thialf
(Heerema Marine Contractors 제공)

그가 은퇴한 후 아버지의 사업수완을 물려 받은 세 아들들(Pieter, Edward, Hugo)도 각자 사업을 확대해갔다. 1980년대 Pieter Jr.는 동생들로부터 지분을 사들여 히레마 그룹을 이끌었다. 에드워드(Edward)는 해양 파이프라인 설치 및 해저 건설 전문 기업인 올시스(Allseas)를 설립하며, 세계 최대 규모의 파이프설치선에 투자하여 아버지의 이름을 딴 피터 쉘트(Pieter Schelte)호로 명명하였다. 휴고(Hugo)는 블루워터 그룹(Bluewater Group)을 설립하고 해양 계선시스템 설계 및 공급 전문 업체로 시작하여, 이후 FPSO 설계, 건조, 설치, 리스 사업으로도 확장시켰다(그림 11-13).

히레마 가족들은 원유, 가스 산업의 급성장 분야를 공략하며 가문의 입지를 공고히 하였다.

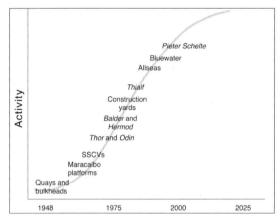

그림 11-13. Heerema 발전사

파이프라인, 이송관 그리고 라이저 12 Chapter

> *오, 왜 그들은 나를 충분히 깊이 묻지 않았는가?*
>
> — 알프레드 테니슨 경(1809~1892)
> 모드

"파이프라인을 설치할 때까지 아무 일도 일어나지 않는다"라고 해저 파이프라인 엔지니어가 말하는데 이는 사실이다. 원유와 가스는 유전으로부터 정유소 또는 가스 전송 시스템으로 전송되어야 유정, 플랫폼, 탑사이드(topsides)의 투자를 회수할 수 있다.

이 주제를 다루는 논리적인 방법은 그림 12-1과 같다. 유체는 유정헤드(wellhead)로부터 **점퍼**(*jumper*)를 통해 매니폴드로 흐른다. 매니폴드에서 혼합된 유체가 **이송관**(*flowline*)을 통해 이동하는데, 이송관은 **생산 라이저**(*production riser*)까지 가스는 70마일 이상, 석유는 10 ~ 20마일에 이른다. 이송관은 정제가 가능한 생산 플랫폼(production platform)까지 유체를 이동시킨다. 유체는 플랫폼을 거쳐서 **송출 라이저**(*export riser*)를 통해 **해저 파이프라인**(*subsea pipeline*) 및 수 마일 떨어져 있는 해안으로 이동시킨다.

이송관 및 파이프라인은 다른 이름을 갖고 있지만, 대개 크기 차이로 구분된다. 기타 특성 및 설치 기술은 유사한다. 10장에서 언급한 점퍼와 이 장에서 다루는 라이저는 서로 다른 기술적 쟁점을 가지고 있다.

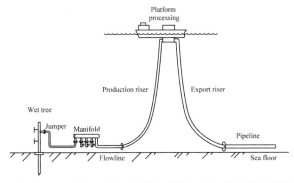

그림 12-1. 유정으로부터 해안 연결부까지 유전개발 장치

파이프라인시스템 구조

해양 이송관/라이저/파이프라인시스템에서 운반되는 유체는 개발 단계 초기에 유전 분석과 예측으로부터 결정된다. 물론 유체(가스, 물 및 석유)의 속성, 구성성분 및 부피가 유전의 수명에 따라 다르고 설계 단계에서 고려되어야 한다. 일부는 전반적인 파이프라인부터 마켓시스템(pipeline-to-market system)이 완전히 새롭고 독립적일 수 있는데, 예를 들어, '그린필드(Greenfield)'는 그 자체 설계 용량에 의해서 운용된다. 그러나 다른 경우 수송 라인(export line)은 제약 및 한계를 가진 기존 인프라에 연결될 것이다. 전체 시스템 레이아웃은 다음의 문제들을 고려해야 한다:

- 유체 용량(Flow capacity)
- 저장(Storage)
- 펌핑(Pumping)
- 압축(Compression)
- 계측(Metering)
- 피깅(Pigging)
- 통신(Communications)

수리학(Hydraulics)

유정에서 나오는 유체의 예상 부피 및 특성 그리고 그 부피 및 특성의 유전의 운용 기간 중 변경가능성을 고려해서 이송관, 라이저 및 파이프라인을 설계해야 한다. 파이프라인을 통한 이송량은 대부분 입구 압력(inlet pressure), 파이프의 내경, 유체의 점도 및 온도, 라인이 통과해야 하는 고도의 변화 및 해저 특성, 유체가 흐를 때 파이프 벽과의 마찰로 인한 압력 손실, 인수 시설에서 파이프라인에 작용하는 배압에 의해 결정된다. 이 모든 요소를 고려한 최종 결과는 예를 들어, 송출 라인(export line)에서 원유는 초당 3~15피트의 속도로, 천연가스는 초당 10~30피트로 수송하는 것이다. 다상 이송관(multiphase flowlines)의 입구 압력은 알려진 저류지 압력(reservoir pressure)이나 또는 해저 펌핑설계(subsea pumping design)에 의해 결정된다. 이송관에 대한 배압은 인수 호스트(receiving host)에 대한 프로세스 및 처리 트레인(treatment trains)에 의해 결정된다. 내부 직경은 이미 언급된 모든 요소를 고려하여 계산된다.

11장에서 언급한 바와 같이 분리 및 처리 과정은 클린 오일(clean oil, 대부분의 경우)의 압력을 대기압 수준으로 떨어뜨리므로, 처리된 오일을 송출 라인(export line)을 통해 이동시키는 데 펌프가 사용된다. 이 때문에 펌프에 흡입력을 공급하기 위해서 해양 호스트(offshore host)에 일정량의 저장공간이 요구된다. 이는 약 수백 배럴에서 2,000배럴이 보통이다.

가스의 경우 초기 분리 단계에서는 송출 라인 압력 이상으로 가능한 한 많은 가스를 보존한다. 두 번째, 세 번째 및 후속 단계 분리기에서 방출되는 가스는 수송 라인 압력 이상으로 압축되어 파이프라인에서 1단계 가스(phase-one gas)와 합쳐진다.

경우에 따라 라인이 길거나 많은 굴곡이 있으면(유체 속도, 파이프벽 조도(pipe wall roughness) 및 유체 점도와 관련된) 높은 마찰 압력 손실이 발생하여 적절한 수준으로 압력을 강화하고 석유 또는 가스를 인수 터미널(receiving terminal)로 보내기 위해 중간 펌핑 또는 압축 스테이션(station)이 요구된다(그림 12-2 참조).

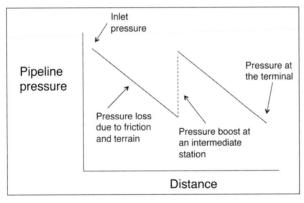

그림 12-2. 파이프라인에 따른 펌핑 또는 압축 필요성

기계적 특성(Mechanical)

대부분 내부 유압 및 해수에 의안 외부 수압과 같은 현장(in-place) 압력 조건을 고려한 이송관, 라이저 또는 파이프라인의 설계는 상대적으로 명확하다. 설치 및 운영 하중 관련 설계 조건은 이 장의 뒷부분에서 논한다. 설치 조건을 적용할 경우 파이프

두께가 현장조건보다 두껍게 되는 경우는 드문 일이 아니다. 그림 12-3은 이송관의 최소 두께를 결정하는 "인플레이스(in-place)" 압력 상태를 나타낸다.

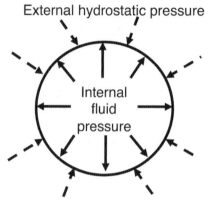

그림 12-3. 해저 파이프에 작용하는 압력

파이프 제조에 사용되는 스틸 등급(steel grade)의 선택은 많은 요소로 결정된다. 압력 범위(pressure regime) 및 유체의 부식 성분 이외, 시스템의 기대 수명 및 설치의 용이성 또한 고려되어야 한다. 특히 낮은 압력을 받는 천해의 파이프라인은 이 점을 고려하여 저등급 스틸이 사용된다. 심해의 경우 고강도 파이프가 사용되고 두께가 얇기 때문에 중량이 가볍다. 더 높은 등급의 강재는 운용 기간 동안 생산성 향상으로 몇 배 이상 이득이 된다.

설치

해양 파이프라인 부설법은 이해하기 쉬운 4가지 일반적인 방법이 있고, 이는 S-lay, J-lay, Reel-lay, 예인(tow-in)이다. 이 모든 경우 제철소로부터 파이프는 40피트 길이로 만들어져 공급되고, 맞대기용접(butt-welded)으로 연결되어 목표지점까지 수십 마일 부설된다.

S-Lay

S-Lay 선박(S-lay vessel)은 데크에 여러 용접 스테이션이 있고 바람이나 비의 영향 없이 파이프를 40~80피트 길이로 용접할 수 있다. 이송관이나 파이프라인은 설치선의 선미에서 내려지면서 전진한다. 파이프가 착저점(touchdown point)에 도달할 때까지 물 아래로 커브를 형성하며 내려진다. 접지(touchdown) 후 후속 파이프가 계속적으로 연결되면서 파이프는 그림 12-4와 같이 일반적인 S-형태를 띤다.

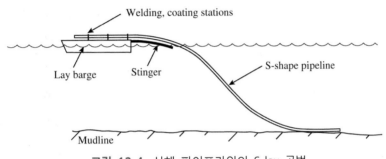

그림 12-4. 심해 파이프라인의 S-lay 공법

바지선에서 부설되는 동안 파이프 곡률(pipe curvature) 제어를 위해 바지선 선미에 부착된 긴 강철 구조인 스팅거(stinger)가 파이프를 지지한다. 어떤 스팅거는 300피트에 달한다. 일부 바지선은 스팅거의 형태를 변경시키는 조절 가능한 힌지(hinges)가 있는 분절 스팅거(articulated stingers)를 갖추어 파이프의 궤적을 관리한다. 이는 S-Lay 공법 바지선에 유연성을 제공하여 천해에서 심해까지 다양한 수심에서 작업이 가능하게 한다.

이중 곡률 S-형(double curvature S-shape)은 접지 지점과 부설 바지선 위치의 신중한 제어를 필요로 한다. 바지선은 적합한 수준의 장력(tension)으로 파이프를 잡고 있어야 하는데, 그렇지 않으면 파이프라인 곡률을 이탈하여 좌굴(buckling)이 발생하는 최악의 사태가 발생할 수 있다. 장력 롤러(tensioning rollers) 및 세심하게 제어된 전진 추력(controlled forward thrust)은 적절한 인장 하중을 제공한다.

피딩(feeding), 용접, 코팅, 설치의 조립 라인 공정은 작업이 진행됨에 따라 운송 바지선에 도달하는 파이프 하중을 지지한다. S-Lay 바지선은 1일당 4마일까지 파이프라인을 부설할 수 있다. S-Lay 공법은 8,000피트 이상의 수심에도 사용된 바 있다. 그림 12-5는 작업 준비가 갖춰진 세계적 수준의 S-Lay 공법 선박을 보여 준다. 올시스(Allseas)사 소유의 솔리테어(Solitaire) 부설선은 스팅거를 제외하고 300미터 길이이고, 420명을 수용할 수 있다. 2개의 파이프 이동용 크레인(pipe transfer cranes), 40피트 길이를 연결하는 이중접합설비(double jointing plants), 7개의 용접 스테이션, 1개의 품질 관리 스테이션(quality control station)을 갖추고 있다. 파이프라인에 대해 580톤 장력을 유지하고, 2 ~ 60인치의 파이프를 부설하는 용량을 가진다. 15,000톤의 파이프를 보관할 수 있어 재입고 전에 수 마일의 파이프라인을 부설할 수 있다.

그림 12-5. S-lay 선박, 솔리테어(Allseas 제공)

J-Lay

S-Lay 공법의 일부 난점(인장 하중, 전진 추력, 이중 곡률)을 피하기 위해 J-Lay 공법은 파이프를 착저점까지 거의 수직으로 내린다. 그 후 파이프는 그림 12-6과 같이 J-형태를 띤다

J-Lay 설치선은 선미에 높은 타워가 있거나 해양에 부설하기 전 파이프를 여러 층으로 보관하고, 접합하고, 용접하고, 코팅하는 측면 공간이 있다. 높은 탑은 현실적으로 오직 1개의 용접 스테이션만 사용 가능하므로 파이프는 240피트까지 사전 용접된 긴 길이로 운송 바지선에 도착한다.

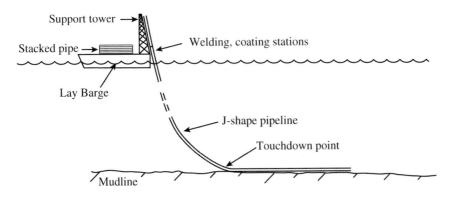

그림 12-6. 심해 파이프라인의 J-lay 공법

보다 단순한 파이프라인 형태를 보이는 J-Lay 공법은 S-Lay 공법과 달리 심해에서 사용 가능하다. 부설 진행 기간 동안 파이프라인은 좌굴을 발생시키는 바지선의 운동 과 해류를 더 잘 견딜 수 있다. 그림 12-7은 대형 크레인 선박 발더에서 작업하는 J-Lay 타워이다.

그림 12-7. 인양 선박 Balder에 장착된 J-lay 타워(Heerema Marine Contractors 제공)

파이프라인 텐셔너(Pipeline tensioners)

S-Lay 및 J-Lay로 파이프 설치 과정에서 불도저의 트랙과 아주 유사해 보이는 하이

유압 또는 전기 구동의 트레드(treads)에 의해 파이프라인 장력이 유지된다(그림 12-8 참조). 파이프에 작용하는 수직 압력은 S-Lay 공법의 경우 수평방향 당기는 힘(horizontal pull)에 저항하는 힘을 생성하고, J-Lay의 경우 수직 무게에 저항하는 힘을 생성한다. J-lay시스템에서 하중을 지지하는 다른 방법은 각각의 긴 섹션에 업셋 칼라(upset collars)를 사용하는 것이다. 이 방법은 텐셔너가 필요하지 않지만 육상 용접 시간을 증가시킨다.

Reel-Lay

일반적인 인식과는 달리 강관의 긴 섹션은 매우 유연하다. 40피트 길이의 파이프는 아주 단단해 보일 수 있지만, 지지되지 않는 24인치 5,000피트 길이는 후크에 10파운드 송어를 매단 낚싯대와 같이 처진다. 그리고 낚싯꾼의 비유를 계속하면 동일한 파이프는 운송용 릴에 감길 수 있으며 설치를 위해 나중에 풀 수 있다.

2차 세계 대전 동안 영국 엔지니어 그룹이 이 파이프 릴 방식의 초기 버전을 개발했다. 연합군에게 휘발유를 공급하기 위해 현대식 릴 방식의 변형방식을 이용하여 영국

그림 12-8. 단위 파이프를 잡고 있는 Caterpiillar 트랙
텐셔너(SAS Gouda BV 제공)

에서 대륙으로 17개의 소구경 라인(4인치)이 부설되었다. 현재 버전은 설계 및 장비 성능에서 훨씬 발전되었지만, 전쟁 동안 필요에서 태어난 발상이 이용되는 것이다.

파이프를 낚싯줄처럼 릴에 감을 수 있다는 것을 깨닫자 파이프라인 부설 회사(pipeliners)는 이런 방법을 부설선의 선미에 적용했다. 경우에 따라 릴은 수평이나 수직으로 풀 수 있다(그림 12-9 참조). 수평 릴은 S-lay 형태로 파이프를 부설한다. 수직 릴은 일반적으로 J-lay로 부설하나 S-lay도 가능하다.

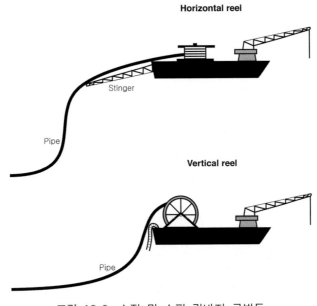

그림 12-9. 수직 및 수평 릴바지 공법들

대부분의 릴 파이프용 용접 및 코팅은 비용이 훨씬 적게 드는 육지에서 수행한다. 육상 작업은 그림 12-10과 같이 인근 대지의 길이가 긴 구간을 갖는 좋은 도크 설비(dockage)를 필요로 한다. 릴 바지선이 이미 육상에서 제작되어 길게 놓여있는 사전에 용접된 파이프를 가득 실을 준비를 한다. 그림 2-11은 글로벌 인더스트리(Global Industries) 릴 바지선 허큘리스(Hercules)호이며 멕시코만에서 부설 중인 모습을 보여 준다.

그림 12-10. 접안되어 있는 릴바지(Global Industries 제공)

그림 12-11. 파이프 설치선인 허큘리스 릴바지
(Global Industries 제공)

릴이 처리할 수 있는 파이프의 길이는 파이프의 직경에 따라 다르다. 일부 이송관 용도로 사용되는 6인치 파이프 30,000피트 이상은 릴로 보관할 수 있다. 대부분 이 정도 용량은 여러 이송관을 부설하는 설치선용으로 충분하다. 직경 18인치에 달하는 파이프는 릴에 감을 수는 있으나, 훨씬 적은 길이이다. 일부 부설선은 운송 바지선에서 적재 릴을 들어 올릴 수 있는 크레인이 있으며 작업을 완료하고 돌아온다. 그렇지 않 은 부설선은 파이프라인이나 이송관이 부근 보급 저장소에 있지 않다면, 릴을 교환하

심해석유 탐사 및 생산

기 위해 해변까지 왕복해야 하는 시간을 소모해야 한다.

부력의 장단점(The boon and bane of buoyance)

파이프 부설 중 파이프가 부설선의 선미로부터 해저에 도달할 때, 파이프의 전체 수직 하중이 바지선에 작용한다. 1인치 두께의 24인치 강관을 예로 들어보자. 이 경우 데크에 작용하는 1피트 길이의 무게는 약 250파운드이다. 수중에서 이는 무게가 50파운드가 되고, 200파운드의 부력이 수직으로 상쇄작용을 한다. 수심 3,000피트 수중에서 파이프를 부설 중이라면 선미 아래로 150,000파운드 이상의 무게를 지지해야 한다 – 실제로는 더 무거운데, 부설선에서 파이프의 착저점까지 궤도(trajectory)를 고려하면 그 길이는 수심 이상이기 때문이다. 만약 라인에 좌굴이나 다른 사고로 인해 물이 들어온다면 실제 무게는 750,000파운드로 증가한다. 이런 갑작스런 사고로 파이프라인을 포기하거나 부설선에 손상을 가져올 수 있다. 더 심각하게는 수심이 깊어질수록 수심 10,000피트에서 급속 분리 기능이 없다면 부설선은 위험해 빠질 것이다. 이러한 이유로 부설 과정은 구조의 안전성을 확보하기 위해 파이프라인 부설궤적의 신중하고 연속적인 모니터링을 포함한다.

아이러니하게도 파이프라인이 해저면에 있을 때 표류를 막기 위해 더 많은 **하향력**(*downwand force*)이 요구된다. 공기보다 훨씬 무거운 원유가 파이프라인의 무게를 증가시킨다. 그러나 가스는 원유처럼 추가적인 무게를 더하지 않는다. 파이프라인의 크기에 따라 라인을 계획된 위치에 유지하기 위해 여분의 밸러스트가 필요할 수 있다. 낮은 수심에서 무게를 추가하는 가장 비용 효율적인 방법은 콘크리트로 파이프를 코팅하는 것이다. 심해에서 수압을 견딜 수 있게 설계된 파이프라인 두께는 안정성에 필요한 무게를 대부분 만족시킨다.

예인(Tow-in)

그림 12-12와 같이 4가지 기본 종류의 파이프라인 예인 방법이 있다. **수면 예인법**(*surface tow approach*)의 경우 파이프라인은 일부 부력 모듈이 추가되어 표면에 뜰 수 있다. 길이가 길기 때문에 현장으로 이동 중일 때 파이프를 제어하기 위해 적어도

2척의 예인선이 필요하다. 현장에 도착하면 부력 모듈을 (조심스럽게) 제거하거나 침수시켜 파이프라인이 해저에 내려 앉도록 한다.

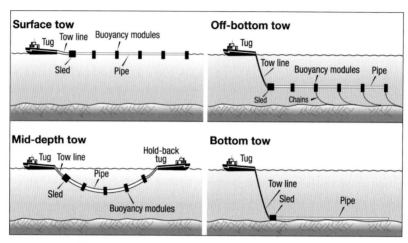

그림 12-12. 여러 가지 토우인 파이프라인 설치 공법

수중 예인법(*mid depth tow*) 또한 일부 부력 모듈이 필요하나, 그 수가 보다 적다. 파이프라인의 수면 깊이 및 형태가 예인의 전진 속도에 의해 제어된다. 이 경우 파이프라인은 예인선의 진행이 멈추면 자체적으로 바닥으로 가라앉는다.

세 번째 경우인 **해저면상 예인법**(*off bottom tow*)은 부력 모듈과 체인 형태의 부가적인 무게가 요구된다. 체인이 파이프라인을 바닥 근처로 가라앉도록 하나, 체인 고리들은 해저면에 쌓이게 되고, 이들 무게로 인해 부력이 감소하며, 부력 모듈에 의해 파이프라인은 해저면에 일정 거리를 갖고 떠 있게 된다. 현장에 도달하면 부력은 제거되고, 파이프라인은 해저에 가라앉는다.

마지막 종류는 **해저 예인법**(*bottom tow*)이다. 이 경우 파이프라인을 바닥에 가라 앉도록 하여 해저면을 따라 예인한다. 이 모든 방법에서 파이프라인의 끝은 대개 슬레드(sleds)라는 끝단에 연결되며, 한쪽 끝은 해저 매니폴드로 연결되어 다른 쪽 끝은 점퍼를 사용하여 호스트 플랫폼 라이저시스템에 연결될 수 있다(10장 참조).

이 모든 방법은 오랫동안 사용되어 왔으며, 보다 많은 육상 작업을 포함하고 있고 해양 기상 조건 노출을 최소화할 수 있다. 그러나 긴 예인 거리 또한 대상 지역의 날씨, 운송 및 기타 위험을 안고 있다.

설치 및 운용 하중

설치 과정에서 파이프라인은 내부 압력이 0일 때 주변 물 중량에 의한 압력을 받는다. 이는 설계한 파이프라인 두께가 이 압력에 충분하지 않은 상황을 발생시킬 수 있다. 파이프 두께가 증가하지 않는 한 외부 압력이 파이프 붕괴를 손상시킬 것이다. 또한 S-lay, J-lay, 또는 reel-lay 부설 과정에서 파이프는 높은 인장 응력(tensile stresses)뿐만 아니라 높은 굽힘 응력(bending stresses) 및 외부 압력을 받아 과도 응력으로 인한 붕괴나 손상과 불안정한 위험성을 갖고 있다.

부설 기간 동안 파이프라인이 앞에서 논의한 복잡한 하중으로 좌굴이 발생하는데(갑자기 튜브 형상에서 평면 형상으로 변화), 필요한 압력보다 외부 압력이 낮은 수심에 도달할 때까지 라인을 따라 전파될 것이다. 그러한 전파를 막기 위해 어떠한 수단을 사용하지 않는다면, 국부적인 좌굴을 유발시킨 하나의 실수로 인해 수 마일의 파이프를 무용지물로 만들 수 있음을 의미한다.

이러한 상황을 방지하기 위해 심해 파이프라인은 **좌굴 제동기**(*buckle arrestors*)가 장착된다. 이는 종종 전파 압력(propagation pressure)을 초과하도록 파이프라인 두께를 증가시키거나 파이프에 용접되는 강관 링이나 슬리브를 사용하는 등 간단히 대처할 수 있다. 제동기 간격은 설계자 및 설치자측이 판단한다. 즉, 각 특정 설치공사의 비용/리스크에 평가에 달려있다.

그 결과, 파이프의 내경은 유압조건 고려(hydraulics consideration)를 통해 결정되며, 재료 등급은 종종 유체 부식성 그리고 두께는 설치를 고려하여 결정된다.

유연 파이프

파이프라인 및 이송관의 대부분은 강관이지만, 열가소성 수지층 사이에 나선형으로 감긴 금속 와이어로 만들어진 유연 파이프도 대안이 될 수 있다. 각 층은 특정 기능을 갖고 있다(그림 12-13 참조). 이 **유연**(*flexible*) 파이프는 호칭 그대로, 우수한 굽힘 특성(bending characteristics)이 있으며, 종종 단단한 강관을 적용하기 어려운 곳에 사용된다. 유연 파이프는 라이저로 보다 많이 사용되는데, 이는 나중에 논의할 것이며, 이송관이나 점퍼로도 사용한다.

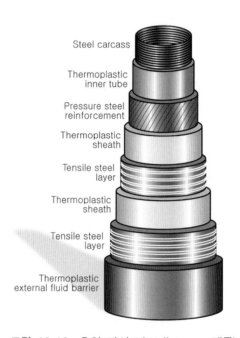

Steel carcass

Thermoplastic
inner tube

Pressure steel
reinforcement

Thermoplastic
sheath

Tensile steel
layer

Thermoplastic
sheath

Tensile steel
layer

Thermoplastic
external fluid barrier

그림 12-13. 유연 파이프(Wellstream 제공)

10장에 열을 유지하는 방법에 대한 기술이 있다. 단열, 파이프 인 파이프(pipe in pipe), 파이프 번들(pipe bundles) 및 직접 전기 가열이 포함된다. 이 장에서 부설법들은 이런 파이프에도 적용된다. 이런 단열시스템이 없는 파이프라인 부설은 물론 빠르고 경제적이나, 소개한 4가지의 부설방법으로 어떤 단열 방법을 적용한 파이프라인도 부설이 가능하다.

코팅 및 부식 방지

해수의 강관 파이프라인은 보호하지 않으면 부식된다. 실제로 이로 인해 모든 파이프라인은 보호코팅이나 효과적인 음극 방식시스템(cathodic protection system)으로 보호해야 한다.

단순하지만 견고한 희생양극 팔찌(bracelet anodes)는 파이프에 일정 간격을 두고 용접되는데 설치와 핸들링 시 발생하는 손상을 견딜 수 있고, 파이프라인 코팅에도 연결이 가능하다. 양극간 간격은 여러 코드에 의해 결정되고 코팅 전도도에 따른 명확한 해석에 의해 결정된다.

100년 이상 육상 및 침수 파이프라인에 사용되어 온 콜타르/아스팔트부터 에폭시, 폴리에틸렌, 폴리프로필렌, 열 스프레이 및 거품 코팅에 이르기까지 이용 가능한 다양한 코팅시스템이 있다.

심해 파이프라인에 대하여 논한 모든 부설 방법은 항상 연결부에 짧은 세그먼트 코팅을 현장에서 수행할 필요가 있다. S-lay의 경우 모든 더블 조인트(double joint), 또는 80피트마다 발생한다. J-lay의 경우, 약 240피트마다 발생하며, reel-lay 및 예인 부설은 필드 조인트(field joint) 연결 지점에서 발생할 것이다. 파이프 부설 방법이 무엇이든 파이프라인 보호 관련 문제가 되지 않도록 항상 발생하는 현장 코팅작업에 세심한 주의를 기울여야 한다. 이러한 필드조인트(field joint)에는 다양한 방법이 고안되어 왔으며, 콜타르, 폴리프로필렌 테이프(tape wrap polypropylene), 열 수축 슬리브, 에폭시, 사출 성형 폴리프로필렌 또는 폴리에틸렌 등이다.

해저 상태 고려

파이프라인 엔지니어에게 있어서 이상적인 해저 지형은 부드러운 점토 또는 진흙으로 만들어진 평탄하게 이어진 환경일 것이다. 심해의 경우 대부분이 이러한 환경을 갖고 있으나, 반드시 그러한 것은 아니다. 해저 지형은 도랑(gully), 노두(outcrop), 협곡(ravine), 급경사(escarpment) 등 육지 지형만큼이나 다양한 모습을 갖고 있다. 파이프라인 또는 이송관 설치 시 도급업체를 통해 수심 측정 음파(depth-finding sonar) 및 필요 시 ROV를 사용하여 사전 조사를 실시함으로써 가장 안전하고 경제적인 노선을 찾아야 한다.

해저의 미세한 기복(undulation)도 문제가 되기도 한다. 파이프라인이 해저면에 깊게 파인 지역을 지나가게 되면 충분한 지지를 확보받지 못하는 구간이 발생하고 견고하게 지탱이 안되거나 심지어 해저면에 닿지 않게 된다. 이런 지지를 못 받는 긴 스팬(span) 구간에는 해저면의 해류에 의해 심각한 진동을 유발할 수 있다.

강한 해류의 경우 많은 구간에서 수중 쇄굴을 유발하여 파이프라인이 더욱 취약해진다. 이러한 구간은 ROV를 사용하여 조사한다. 중량을 추가하거나 스크류(screw) 방식의 고정 장치(anchor)를 사용하여 라인을 안착시키거나 최소한 안정적으로 지탱하게 할 수 있다. 또한 이러한 구간에 와류방출 스트레이크(vortex-shedding strake)를 부착하여 진동 발생을 방지할 수도 있다.

파이프라인의 또 다른 잠재적 심해 위험요인 중에는 불안정한 경사도, 중력식 유동(gravity flows), 탁류(turbidity flows)를 들 수 있다. 이런 증거들은 대상 해저에 대해 실시되었던 노선 조사 데이터에서 발견된 과거 기록에서 찾아볼 수 있으며, 이를 근거로 향후 발생 가능성을 예상할 수 있다. 대부분의 경우 이러한 위험 지역을 피하여 대체 노선을 선택하는 것이 최상의 해결책이 될 수 있으며, 이 경우 경로 길이가 길어지게 된다. 이것이 불가능할 경우 또는 위험 요인 평가를 확신하기 힘든 경우, 배관의 방향을 신중히 설계함으로써 이러한 잠재적 위험요인을 줄일 수는 있을 것이다. 예를 들어, 해저 토양 또는 탁류가 배관의 측면보다 진행 방향으로 가해지는 것이 훨씬 영향을 줄일 수 있을 것이다.

매립(Burial)

파이프라인을 해저면에 설치할 경우 관이 묻히게 되는 경우가 종종 발생한다. 일부 해양 관할권 지역에서는 얕은 해역(500피트 이하)에서는 배관 매립을 의무화하고 있는데, 이는 트롤선 어망 훼손에 의한 배관 손상을 방지하기 위함이다. 심해까지도 매립을 지속 연장함으로써 온도를 일정하게 유지할 수도 있으며, 이는 10장에서 자세히 언급하였다. 경우에 따라서 구간별로 매립을 해주어 해저면을 매끄럽게 하거나, 지지가 안 된 경간(span)들을 없애거나 줄일 수도 있다.

도랑파기(digging a trench) 작업은 해저면의 환경에 따라 달라진다. 가장 간단하며 오랜기간 사용해온 기법은 파이프라인상에 장비를 부착하여 선박으로 예인하는 방식이다(그림 12-14 참조). 고압 물 분사기(high-pressure water jet)나 기계적 커팅헤드(mechanical cutting head)로 굴착한다. 이러한 트렌쳐(trencher)가 전진하면 뒤따라서 배관이 도랑 안에 설치된다. 매립은 이후 시간이 흐르면서 해저 해류가 주위 침전물이 배관 위를 덮거나, 배관 위로 바로 침전물을 쏟아 굴착을 메울 수 있다. 어떤 공법을 쓰던 간에 ROV가 매우 중요한 역할을 한다. ROV가 트렌쳐를 따라가며 운전자에게 해저면의 굴착 및 매립 작업 상태를 보여 준다.

그림 12-14. 파이프라인 매설용 트랜쳐(CTC Marine 제공)

연약 지반인 해저면일 경우 플라우(plow)를 끄는 방식으로 도랑을 팔 수 있다. 이 경우 선박의 견인력이 강해야 한다. 플라우 모듈의 무게는 대기 중 200톤 이상 될 수 있고, 부력탱크를 사용하여 수중 무게를 조정한다. 경토층(hard pan), 암석, 거석(boulder) 등을 제거할 경우 특수 장비(해당 공사를 위해 특수 설계된)를 개발해야 할 수도 있다. 암석 또는 자갈 등으로 해저 장애물을 덮어주어 노선을 평탄하게 만들 수 있다.

통제 안전시스템

감시 제어 데이터 수집(Supervisory Control and Data Acquisition, SCADA)은 컴퓨터 기반의 원격 모니터링 및 기기, 설비 작동시스템으로 운전 변수들(온도, 압력, 유량, 탱크 유체 수준, 밸브 개폐 상태)을 원거리에서 모니터 및 제어하며, 필요시 조정도 가능하다. 이러한 제어시스템은 보통 해양 플랫폼에 설치되며, 일반적으로 구조물의 운용시스템 제어기기와 통합되어 있다.

매일 운행 정보를 제공하는 기능 외에도 2가지 주요 감시요소인 과압(overpressure)과 누설검출(leak detection)을 감시하는 기기 및 제어시스템을 갖추고 있다. 과압은 유정 서지 압력(well surge pressure)의 증가, 폐쇄 배관(shut-in lines)에서 열압력의 증가, 프로세스 및 처리 제어 실패 등의 이유로 발생한다. 과압을 자동 제어하는 방법으로는 릴리프 밸브(relief valve)를 사용하여 가스의 경우 배관에서 가스를 플레어시스템(flare system)으로 배출하고, 액체의 경우 갑판 위 용기(vessel)로 액체를 배출하는 방법이 있다. 누설검출시스템 기술은 아직 초기 단계이므로, 시스템 운영 시 데이터 분석에 주의를 기울여 알람 오류 횟수를 최소한으로 유지하면서 누설을 감지할 수 있도록 해야 한다.

라이저

생산 플랫폼(production platform)에 연결된 생산 및 수송 라이저에는 부착식 라이저(attached riser), 풀 튜브 라이저(pull tube riser), 스틸 카티너리 라이저(steel catenary riser), 상부 장력 라이저(top tensioned riser), 유연 라이저(flexible riser configurations), 타워 라이저(tower riser) 등 6가지 형태가 있다.

부착식 라이저(Attached Risers)

고정 플랫폼(fixed platforms), 컴플라이언트 타워(compliant tower), 콘크리트 중력식 구조물(concrete gravity structures)의 경우 그림 12-15 우측에서와 같이 구조물의 외면에 라이저를 클램프로 고정한다. 라이저는 미리 제작된다. 라이저의 해저 바닥 끝부분은 근처의 유입이송관(inbound flowline) 또는 유출 파이프라인(outbound pipeline)에 부착하고, 조각별로 조립한 후 구조물에 있는 기 설치된 클램프(pre-placed clamps)로 삽입한다. 전기유체식(electro-hydraulic tools) 도구가 설치된 ROV가 연결하거나 잠수부가 연결하기도 한다.

풀 튜브(Pull Tubes)

그림 12-15 왼쪽과 같이 이송관 또는 파이프라인이 라이저가 되고, 문자 그대로 구조물의 중앙에 있는 튜브를 통해 끌려 올라간다. 풀 튜브는 이송관 또는 파이프라인보다 폭이 몇 인치 정도 더 넓으며, 일반적으로 구조물에 사전 설치된다. 해저면에 있는 이송관 또는 파이프라인은 풀 튜브를 통해 연결해 놓은 와이어 로프에 연결된다. 와이어 로프는 풀 튜브를 통해 상부까지 윈치(winch)로 감아 올려지며, 튜브 내부의 이송관 또는 파이프라인이 라이저가 된다. 파이프가 부설선에서 바로 끌어 당겨지고 풀 튜브 내부에 설치되는 방식이 가장 최선의 방법이다.

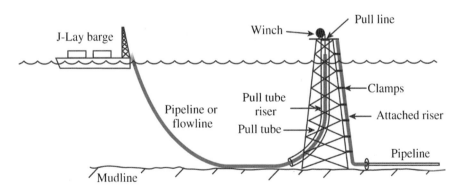

그림 12-15. 풀드인 튜브 라이저 설치

현수(스틸 카티너리) 라이저(Steel Catenary Risers)

세계적으로도 유명한 샌프란시스코의 금문교, 뉴욕의 베라자노 내로스교(Verrazano Narrows Bridge)는 고전적인 형상을 뽐낸다. 중심 타워에서 뻗어 나와 교량 상판을 지탱하는 케이블들은 쇠사슬 모양인 **현수선**(*catenary*) 형태이다. 또 하나의 인상적인 현수선 교량은 미국 미주리주 세인트루이스의 게이트웨이 아치(Gateway Arch)이다. 에로 사리넨(Eero Saarinen)가 설계한 것으로 미시시피강 위로 630피트 높이로 설치된 구조물이다. 그림 12-1에 나타낸 스틸 카티너리 라이저가 단순한 형태이기는 하나 이와 유사한 모양으로 해저면에서 플랫폼까지 연결된다. 교량 케이블에 더 많은 장력이 가해지면 늘어짐(sag)이 덜하며, 라이저의 경우 착저점과 더욱 멀어지게 된다.

현수 라이저는 심해에서 부유식 생산 플랫폼에 라이저를 연결하기 어려울 경우 세련된 해결책이다. 사전에 정확한 길이로 제작된 파이프를 내리면서 설치하면 상대적으로 쉽게 연결 작업을 할 수 있다. 어느 정도의 플랫폼 움직임을 견딜 수 있어 고정식 플랫폼, 유연 타워, 중력식 구조물뿐만 아니라 TLP, FPS, FPSO, 스파에도 유용하게 적용이 가능하다. 그러나 과도한 움직임은 착저점이나 상부 지지점 주변에 금속 피로를 유발한다.

상부 인장 라이저

TLP, 스파의 경우는 상부 인장 라이저(top tensioned risers)가 적합하며, 구조물 아래의 이송관 또는 파이프라인과 연결된다(그림 12-16 참조). 직선 라이저가 플랫폼에서 내려오고 동일한 연결 구조물 또는 자체 연결 구조물로 마무리가 되면, ROV를 사용하여 짧은 관을 설치하여 라이저와 이송관을 연결한다.

라이저가 해저에 고정되어 있고, TLP 또는 스파가 풍력, 파도, 해류의 영향으로 측면으로 움직이고 이로 인해 라이저의 상부와 TLP 또는 스파의 연결점 사이에 수직 변위가 발생한다. 라이저의 허용 응력 내에서 움직임을 통제하려면 운동 보상기(motion compensator)로 알려진 물리적 장치를 상부 장력시스템에 설치해야 한다. 이는 유압 실린더와 완충기(accumulator bottle)로 알려진 질소가 충전된 통으로 구성되어 있다(그림

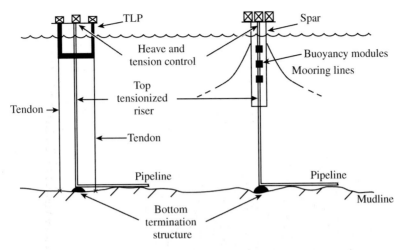

그림 12-16. 상부 인장 라이저

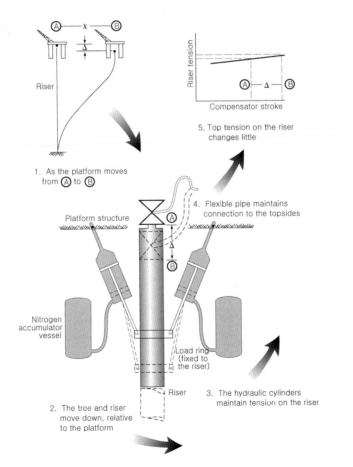

그림 12-17. 상부 인장 라이저의 운동 상쇄 원리

12-17). 유압액이 실린더와 완충기 사이를 이동하며 팽창 – 수축 작용으로 라이저의 장력을 거의 일정하게 유지시켜 준다. 스파의 경우 부력 캔(buoyancy cans)을 라이저 외부 둘레에 부착하는 간단한 방식을 사용한다.

라이저의 크리스마스 트리는 케이스를 씌우거나 그림 12-18과 같이 유연 파이프를 사용하여 시설 매니폴드에 연결한다. 유연 파이프는 운동 보상기(motion compensator)에서부터 상부시설까지 연결된다.

그림 12-18. Anger TLP의 라이저 연결. 운동 상쇄기 사이의 유연 호스 배치(FMC 제공)

라이저 타워(Riser Tower)

토탈피나엘프(TotalFinaElf)는 앙골라 연안의 기라솔 루안다(Girassol Luanda) 프로젝트에서 라이저 타워를 처음 사용하였다. 높이 4,200피트의 3개 철재 기둥탑을 각각 4,430피트 수심의 해저에 고정시킨다. 각각의 타워에는 4개의 생산 라이저, 4개의 가스 리프트 라이저(gas lift riser), 2개의 물분사 라이저(water injection riser), 2개의 서비스 라인 라이저가 설치되어 있다. 타워에는 부력 탱크(길이 130피트, 직경 15 ~ 26피트)가 있다. 부력 탱크가 생성하는 상승력(upward force)이 타워를 수직방향으로 안정되게 잡아준다(그림 12-19).

이송관은 해저 유정에서 타워 베이스로 연결되어 있고, 근처 FPSO로부터 나온 유연 라인이 타워 상부에서 여러 개의 라이저를 연결해준다.

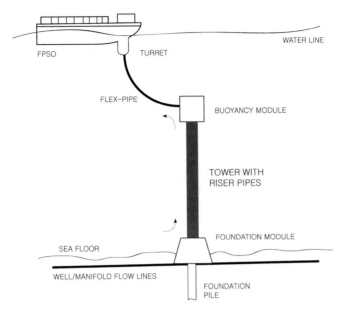

그림 12-19. 파이프점퍼와 연결된 부위 모듈로 세워진
라이저 타워

유연 라이저(Flexible risers)

1978년 페트로브라스(Petrobras)가 처음으로 유연 파이프를 라이저로 사용하기 시작했다. 유연성 파이프의 휘는 특성 때문에 수직, 수평 이동이 발생하는 부유식시스템에 매우 적합하다.

유연 파이프의 휘는 특성은 부유시스템 상의 생산 설비에서 생산 및 수송 라이저를 연결하는 데 종종 사용된다. 이러한 특성 덕분에 유연 파이프가 주라이저(primary riser)로 더욱 폭넓게 사용되고 있는 추세이다.

자연스럽게 매달린 현수 라이저(free-hanging catenary riser) 외에도 그림 12-20과 같이 lazy S형, steep S, step wave 그리고 lazy wave 등 다양한 형상이 있다. 생산 플랫폼(production vessel)과 설치 예정 설비의 예상 거동에 따라 배치 방법을 선택한다. 모든 형태는 정해진 형상을 유지하기 부력 모듈 또는 캔이 사용되는데 유연 파이프의 정해진 위치에 부착되고 터치다운 지점과 플랫폼 연결점에서 스트레스와 마모, 손상을 줄여주는 효과를 가져온다.

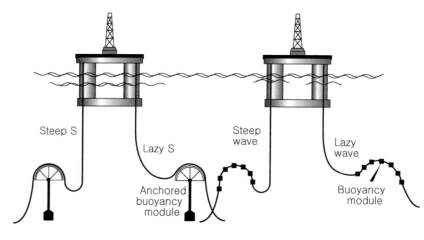

그림 12-20. 유연 라이저 형상들

라이저시스템의 선택

다양한 라이저들 중 몇 가지는 현재 폭넓게 사용된다. 고정식 플랫폼 및 유연 타워인 경우 부착식 및 풀 튜브 라이저(pull tube risers)가 가장 많이 사용된다. 콘크리트 중력 구조물의 경우 부착식 및 풀 튜브가 적합하다. 부유식시스템, FPS, TLP, FPSO, 스파에는 부착식 라이저와 풀 튜브 라이저는 측면 운동을 감당할 수 없어 부적합하다. 대부분의 부유식 구조물의 경우 현수 라이저, 유연 라이저가 적합하다. 상부 인장 라이저는 TLP, 스파에만 적합하다. 라이저 타워 방식은 다양한 변환이 가능하기 때문에 모든 부유식 구조물에 사용 가능하고, 특히 초심해에 적합하다.

파이프라인시스템의 운전

모든 관들이 연결되고 밸브를 개방하면 석유 및 가스가 시장으로 이송되고, 관을 따라 유체가 안정적으로 이동할 수 있도록 **유동 안정성**(*flow assurance*) 확보가 최우선 고려사항이다. 운전자는 압력, 유동을 모니터하고 잠재적 플러깅(plugging) 현상을 주의해야 하며, 필요시 억제제(inhibiting chemicals)를 주입하기도 한다. 가끔 특수 제작된 구 또는 짧은 실린더 형태의 **피그**(*pig*)를 주입하여 이송관 및 파이프라인을 따라 이동하며 내부를 청소해 준다. 피그는 경질 고무 소재(그림 12-21), 폴리우레탄, 스틸 또는 다른 재료를 사용하여 제작하고 봉합 부위는 폴리우레탄을 사용한다(그림 12-22). 원유 및 가스의 압력이 피그의 추진력 역할을 하여 이동시키고 파이프라인 내관에서 파라핀층을 긁어내거나 수화물(hydrates), 물, 침전된 모래 또는 이물질을 앞으로 밀고 나간다. ROV를 사용하여 피그를 발사, 회수한다. 폴리우레탄을 사용하여 단순한 형태의 피그를 사용할 수도 있고, 센서 등을 부착하여 두께 측정, 부식 모니터, 누출 또는 고장 감지 등의 기능을 추가할 수도 있다. 검사에 사용되는 피그는 다양한 직경으로 일정 길이로 제작이 가능하며, 센서, 저장 장치, 배터리 등을 부착하여 여러 기능을 수행할 수 있다. 그림 12-23은 최신 다기능 피그를 보여 준다.

피그 발사(pig launchers) 및 회수(receivers) 설비는 피그를 파이프라인 내부로 주입 또는 회수하는 용도로 사용되며, 파이프, 밸브 등을 특수 배치하여 파이프라인 내부 운전에 방해되지 않게 피그를 주입하고 회수한다. 회수 설비는 피그 트랩(pig trap)을 포함하는데 파이프라인을 이동하면서 피그 표면에 붙은 액체 또는 고형물을 회수한다.

피그 제거 작업 중 대기 중에 폭발성 가스가 방출될 수 있으므로 회수 장치 및 피그

그림 12-21. 고무 피그(Statoil 제공)

트랩의 위치를 신중하게 선정하여 폭발 또는 화재 발생 위험을 최소화해야 한다. 또한 안전한 피깅 작업 및 액체 유출 방지를 위해 작업 프로세스를 신중하게 구성해야 한다.

그림 12-22. 폴리우레탄 컵이 있는 스크래퍼 피그
(Statoil 제공)

그림 12-23. 다기능성 스마트 피그
(Baker Hughes 제공)

피그란?

피그(Pigs)란 명칭은 어디에서 유래했을까? 파이프라인 엔지니어링 회사 앤드류 마우드(Andrew Marwood)의 연구원은 다음 두 가능성을 제기하였다.

- PIG - Pipeline Injected Gadget(파이프라인 주입 장치의 영문 앞 문자를 따서 PIG)
- 초기에 파이프라인 설치 시 가죽볼(leather balls)을 사용하여 파이프라인을 닦아내었고, 관 내부를 이동하면서 돼지 울음 같은 소리가 발생한 것에 착안

마우드사는 이에 대해 사실에 대한 근거는 없으며 우스개 이야기로 생각하고 있다.

해양작업선 **13** ^{Chapter}

선단(The Fleet)
무인잠수정(Remotely Operated Vehicles)

그 혈관은 계속해서 여러 갈래로 나뉠 수 있다. 몸통이 그러하듯이.

―헨리 그레이(1827~1861)
그레이의 해부학

음식, 물, 디젤 연료, 장비, 사람들―그들 모두는 모든 해양 장비의 임무수행에서 매우 중요하다. 해양 탐사 및 생산 활동은 육상으로부터 사람들이 격리되기 때문에 해양 공급선 산업이 잉태되었다. 처음에는 업계에서 새우 보트, 트롤, 예인 보트와 같이 무엇이든 쓸모있는 보트를 임대하여 고용했다. 커-맥기가 1947년 육상에서 보이지 않는 먼 곳에서 역사적 발견을 한 이래, 업계는 미 해군의 남아도는 LCT(Landing Craft, Tank)를 동원하기 시작했으며, 훨씬 더 큰 LST(Landing Ship, Tank)까지 동원했다(그림 13-1 참조).

이러한 보트들은 임시방편이었기 때문에 바다에서 적하역 작업을 하기에는 특화되지 않았다. 1955년 미스터 찰리(1장 참조)라는 신선한 업적을 이룩했던 알덴 라보드 (Alden Laborde)가 나타나 다른 선박에서 부족한 무엇을 상상했다. 선수에 위치한 조

그림 13-1. 캘리포이나 연안에서 주갑판에 LCT-1018을 탑재한 USS LST-986(© David Buell.)

타실, 최대 공간을 갖는 중앙부와 후방의 넓직한 화물공간 그리고 시추선 또는 플랫폼 후방에서 안정적인 도킹을 위한 조종성 등.

라보드는 그 사양을 충족하기 위해 엡타이드(Ebb Tide)를 설계하고 자신의 회사, 타이드워터 마린(Tidewater Marine)을 설립했다(사례 연구 참조).

선단

해양서비스 선박산업에서는 운영자가 필요한 곳마다 전 세계에 수십 개에 달하는 회사가 사무실을 차려 운영하고 있다. 6,000척 이상 모든 종류의 선박이 전 세계적으로 해양서비스 산업 선단을 구성하고 있다. 가장 다수를 차지하는 선박은 플랫폼 공급선 (PSV: Platform Supply Vessel)이며 여전히 엡타이드와 같은 모양을 하고 있고, 여러 가지 공급 서비스의 대부분을 수행한다. 다른 유형으로는 고속 승무원 공급선(FCSV: Fast Crew Supply Vessel), 앵커설치예인선(AHTS: Anchor Handling Tug and Supply), 대용량 인양선(HLV: Heavy Lift Vessel) 및 다양한 특수 선박이 포함된다. PSV, AHTS 및 FCSV는 종종 같은 용도로 사용된다.

플랫폼 공급선(platform supply vessel)

PSV는 특별히 건설 현장, 해양설비, 플랫폼, FPSO와 그 보조선박 등에 보급품을 공급하도록 설계된다. 이 보트는 길이가 약 65피트에서 360피트까지 다양하게 걸쳐있다. 이 보트는 건조물품과 장비를 평평한 선미 갑판에 적재하여 운반한다. 갑판 아래에는 시추용 머드, 시멘트, 식수 및 잡용수, 디젤 연료 탱크 설비가 있다. 많은 선박이 시추 및 유정완료 프로세스에 사용되는 화학물질과 액체 탱크 및 건조물품 저장 설비를 가지고 있다. 또한 해저 유정과 이송관 내의 유동 안정성을 위해 사용되는 메탄올을 제공할 수 있다.

최근 년도에 건조된 PSV는 다음과 같은 용량을 가질 수 있다:

- 디젤 연료 150,000갤런

- 액체 드릴링 머드 12,000배럴
- 물 250,000갤런
- 갑판에 건조 화물 1,200톤

PSV는 보급품, 장비, 때때로 드릴링, 유정완료 및 건설 운영에 필요한 사람을 운반하고, 그 작업이 완료되면 모든 것을 다시 회수해 온다. 세계 대부분의 지역에서 시추선 및 플랫폼 운영자는 PSV를 통해 해안으로 쓰레기를 돌려보낸다.

심해 PSV는 적하역 작업을 하는 동안 플랫폼 또는 시추선과 충돌하지 않도록 동적 위치유지(DP: Dynamic Positioning) 기능을 가지고 있다. 이것은 일반적으로 해안에 서보다 먼 거리와 날씨 변화에 더 취약한 심해 작업에서 특히 중요하다. 불안정한 PSV로 인해 많은 비용을 지불하는 충돌사고로 상업적 계약 관계가 파기될 수도 있다.

동적 위치유지시스템에는 3가지 주요 구성 요소가 있다.

- 단지 수 피트의 오차를 갖는 정지궤도위성 위치확인시스템(GPS)
- 흘수선 아래의 펌프 및 추진기로 선박을 전후좌우로 이동할 수 있다. 일반적으로 전기 펌프는 현측 추진기(Z-드라이브)를 구동한다. 주추진시스템은 순방향/역방향 운동을 제어한다.
- 컴퓨터가 GPS 신호에 대한 응답으로 추진기를 구동하여 선박의 이동을 제어한다.

PSV에서 시추선 또는 플랫폼으로 건조화물 및 장비를 운반하는 것은 일반적으로 자신의 시설에서 크레인을 사용하는 시추선 또는 플랫폼 운영자의 책임이다. 액체를 펌핑하는 것은 일반적으로 PSV에 의해 이루어진다.

앵커설치 및 예인 공급선
(AHTS: Anchor Handling Towing Supply Vessels)

산업계에서 시추경험이 늘어남에 따라 앵커를 설치하는 작업은 외주로 해야 할 일이란 것이 명백하게 되었다. 고가의 복잡한 시추선을 조종하여 정확한 위치에 앵커를 설치하는 것보다 운영자는 적은 비용으로 민첩한 AHTS를 고용했다.

많은 반잠수식 플랫폼과 FPSO 등은(그림 1-16) 하나 이상의 AHTS를 사용하여 시추현장에 예인되어 온다. 그들이 GPS에 의해 선박의 위치를 잡으면 앵커 설치가 시작된다. 일반적인 반잠수식 플랫폼은 크기와 수심에 따라 8 ~ 12개의 앵커를 가진다. 각 앵커 체인은 거대할 수도 있는 링크로 구성된다. 예를 들어, 쉘의 페르디도 스파에서 체인 링크는 약 3피트 높이이며, 1,320파운드의 무게가 나간다. 그 체인은 반잠수식 플랫폼 윈치에 연결된 와이어 또는 폴리에스터 로프에 체결된다. 각각의 앵커는 AHTS에 의해 낙하되어 설치된 후 시추선은 자신의 윈치를 사용하여 앵커의 최종 위치에서 장력을 미세하게 조정한다(그림 13-2 참조).

전기 발전기(gensets)에 연결된 디젤 엔진은 자신의 목적지로 리그를 예인하기 위한 전원을 공급한다. 예인 능력은 정지 추력(bollard pull)으로 측정된다(볼라드: 호저, 견인 라인을 고정하는데 사용되는 일반적으로 상단이 넓은 수직 기둥). 대형 AHTS는 25,000마력 디젤 엔진과 100톤 이상의 정지 추력을 갖는다.

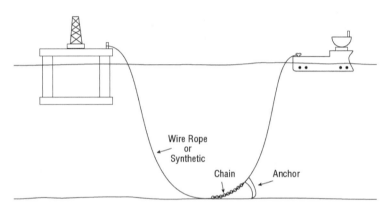

그림 13-2. AHTS와 반잠수식 시추선이 앵커를 설치하고 있다.

장거리 운반에서 해상 예인선은 때때로 반잠수식 시추선과 FPSO에 위치 결정 단계에서 부유 생산 플랫폼을 이동시키기 위해 견인 서비스를 제공하곤 한다.

승무원 보트(Crew boats)

시추선 및 플랫폼 승무원은 일반적으로 2주를 교대로 근무와 휴무를 반복한다. 수십 명의 사람들이 해안으로의 교통편을 필요로 한다. FCSV는 지역의 택시 서비스처럼 10~150명의 사람에게 아무 곳에나 데려다 주는데 태우거나 내려주기 위해 여러 곳의 플랫폼에 들를 수 있다. FCSV는 승무원과 운영자 모두가 원하는 빠른 수송을 위해 최대 35노트로 운항한다(그림. 13-3). 일부 FCSV는 밤새 장거리 이동을 위한 침대가 비치되어 있다.

그림 13-3. 승무원 보트 비키 타이드(Tidewater 제공)

해양구조물까지의 거리가 증가하면서 운영자가 헬리콥터를 사용할 가능성이 높아질 수 있다. 지역 운영자가 항공기를 제공한다. 헬기는 4 ~ 30명 또는 그 이상의 승객을 실어 나를 수 있다. 일부는 비상 상황에 대비해 추가 보급 및 장비를 위한 용량을 보유하고 있다. 승무원과 승객은 추위와 더위 모든 경우 바다에서 비상시 착수에 대비해 훈련을 받는다.

대용량 인양선(HLV, Heavy lift vessels)

생산 플랫폼(TLP, 반잠수식 플랫폼, 스파 등)의 건조 단계에서 때로는 하나의 건설 야드에서는 선체를, 다른 야드에서는 탑사이드 또는 생산 시설을 건조한다. 선체는 외양 항행 능력을 가진 예인선 또는 AHTS에 의해 설치 위치에 예인되거나 특수 자항 운반선, HLV 또는 대용량 크레인선에 선적되어 운반될 수 있다(그림 13-4 참조).

탑사이드는 건설 야드에서 인양되어 선체 위에 얹혀질 수 있고 최종 설치 위치에서 선체에 탑재하기 위해 HLV에 선적될 수 있다. 두 경우 모두 대용량 인양 크레인이 사용된다.

그림 13-4. 대용량 인양선으로 설치장소로 향하는 TLP 브루투스의 선체
(Dockwise USA 제공)

특수 선박(Specialty vessels)

다양한 해상작업이 앞서 언급하거나 특수 목적으로 건조된 일부 선박에 의해 수행
된다.

- 탄성파 탐지 보조, 특히 수신기가 바다 바닥에 배치된 경우
- 유정 작업 및 유지보수, 특히 선체 문풀을 통한 와이어라인 서비스인 경우(그림
  13-5)
- 원격조종 무인잠수정(ROV) 운영
- 해저에서 해저 장비(매니폴드, 점퍼, 프로세싱 모듈 등)를 설치하기 위한 작업선.
  이 선박은 일반적으로 크레인과 ROV 운용능력을 가지고 있다.
- 잠수작업 지원
- 라인 처리
- 플랫폼 유지보수
- 케이블 설치
- 엄빌리컬 설치
- 트렌칭 지원 선박(12장 참조)

그림 13-5. 경작업 유정작업선 사라(Marine Subsea 제공)

이들 선박의 대부분은 PSV처럼 보이지만, 크레인, 헬리포트, GPS, 데릭 및 기타 장비가 설치되면 다른 많은 작업을 처리할 수 있다.

그림 13-6에 나타낸 여러 가지 지원 선박은 최종 건조 및 개발 작업에 대한 다양한 서비스를 제공한다.

그림 13-6. 크로스비(Crosby) 프로젝트에서 동시에 작업 중인 다양한 작업선

1950년의 초기 해양산업은 파이프류, 머드, 연료, 식수, 장비, 사람 등의 운송을 위해 목재 낚시 보트, 유휴 새우트롤, 소형 굴채취선, 전쟁 잉여 LST, 예인선, 바지선 등과 같이 동물원을 연상케 하는 여러 가지 작은 선박에 의존하였다. 최초로 OSV 목적으로 건조된 선박을 설계한 라보드(A. J. Laborde)가 나타났다. 그와 그의 동생 존 라보드(John Laborde)는 타이드워터 마린(Tidewater)을 설립하고 1955년 새로운 개념의 OSV 엡타이드(Ebb Tide)를 진수하였다. 이 선박은 선수 조타실과 후방에 대형 평면 데크(그림 13-7 참조)를 갖췄으며, 심지어 거친 바다에서 플랫폼에 쉽게 하역할 수 있도록 선미 접안이 가능하였다. 이 배는 향후 50년 동안 OSV 설계를 위한 표준을 제시하였다(그림 13-8 참조).

타이드워터의 리더십을 인수한 후에도 멕시코만에서의 성장하는 활동만으로는 존 라보드(John Laborde)를 바쁘게 하기에는 충분치 않았다. 그는 재빨리 호수 마라카이보(Maracaibo)에서 이미 진행 중인 작업이 그의 더 커진, 새롭게 설계된 OSV 선단에게 기회를 제공할 것임을 깨달았다. 1966년까지 타이드워터는 200척 선박의 선단을 구축하여 멕시코, 남미, 중앙아메리카, 서아프리카, 호주에서 운영하였다. 특별한 설계로 사람과 상품의 수송 및 이동뿐 아니라 앵커 설치, 연결 및 예인 작업이 가능해졌다.

자신감에 넘친 타이드워터는 기회를 따라잡기 위해 1968년 광범위한 인수 프로그램에 착수했다 ─OSV 회사 트웨니그랜드마린사(Twenty Grand Marine)와 O.I.L. Ltd, 맥더머트

그림 13-7. 해양작업선 엡타이드-1955(Tidewater 제공)

그림 13-8. 해양작업선 대몬 뱅크스톤(Damon Bankston)-2006(Tidewater 제공)

(McDermott's) 해양건설선박, 혼베크 해양서비스(Hornbeck Offshore Services), ENSCO 의 해양선단, 가스 압축 회사, 힐리(Hilliard) O&G를 포함하고, 석유 및 가스 관심 회사 등. 심지어 다시 후마(Houma), 루이지애나의 조선 설비를 인수 통합함으로써 자신의 새로운 신조(新造) 활동을 계속했다. 1992년 존 라보드는 그의 가장 극적인 인수를 통해 자신의 선단 크기를 두 배로 키웠다. 그는 자신이 타이드워터의 가장 중요한 경쟁자인 사파타마린(Zapata Marine) 그룹을 인수했다.

다른 많은 회사들과 마찬가지로 타이드워터는 결국에는 그들의 핵심이 아닌 부수 사업으로 횡적 확장을 통해 달성한 매출 성장에 대해 재고하게 된다. 1997년 타이드워터는 OSV 사업에 집중하기 위해 석유와 가스 사업과 압축작업 부문을 매각했다.

1997년까지 타이드워터는 세계에서 가장 큰 OSV 회사로 700척 이상의 선박을 소유하고 운영했다. 다음 10년 동안 타이드워터는 새롭고 보다 생산적인 다목적 선박으로 선단을 재편하기 위해 연간 수억 달러를 지출하였다. 동시에 노화된 선박을 퇴역시켜 400척 미만으로 선단의 크기를 줄였지만, 동시에 기록적인 수준으로 수익을 증가시켰다. 한편, '돈을 쫓아' 타이드워터는 75% 이상의 선단을 멕시코만에서 세계 곳곳의 바다로 이동시켰다. 700개의 기업과 6,000척의 선박을 보유한 이 산업에서 타이드워터가 가장 큰 경쟁자로 성장했다. 타이드워터의 성장은 단계별 유기적 성장과 기회에 따른 인수 전략을 통해 이루어졌다(그림 13-9 참조). 종종 타이드워터는 기술 분야의 선구자는 아니었지만 오히려 기술 변화에 대해 시장의 이익 잠재력을 보여 주는 발빠른 추종자(fast follower)였다. 이 빠른 추종자 전략은 특히 어려운 시기 중에 기회가 따라올 때 상대적으로 더 나은 금융

안정성을 갖도록 했다.

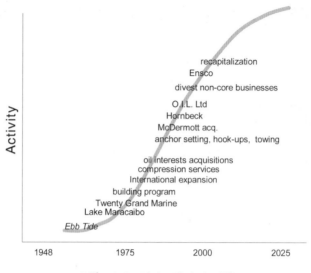

그림 13-9. 타이드워터 의 진화

무인잠수정

어떻게 트리는 수심 7,000피트 유정에 볼트로 고정될까? 어떻게 인양 바지선의 승무원은 계류 라인의 끝을 찾을 수 있을까? 어떻게 사람이 현장에 설치된 BOP의 바닥에 손상된 시일링(seal ring)이 대체될까? 어쨌든 어떻게 사람이 손상된 것을 알고 있을까? 이 모든 질문에 대한 대답 그리고 해저시스템의 필수요소는 ROV, 원격 조정 무인잠수정이다.

거의 모든 심해 드릴링 리그에는 ROV가 조수로 할당되어 있다. 대부분의 경우에 리그 오퍼레이터 이외의 회사가 ROV를 제공하고 운용한다. 이로부터 ROV 기술이 얼마나 전문화되었는지를 알 수 있다.

E&P 서비스에 쓰이는 ROV는 두 가지 일반적인 범주, **검사**(*inspection*) 및 **작업 클래스**(*work class*)로 나뉜다. 검사 클래스 ROV는 가격은 싸고, 크기는 작으며 잠수 수심에서 눈의 기능을 제공한다. 작업 클래스 ROV는 유압 및 전기 기계 도구 및 지원

공급장비 등 400파운드의 무게를 감당할 수 있다(그림 13-10 참조).

그림 13-10. 작업 클라스 ROV. 이 ROV는 10,000피트까지 잠수하여
작업한다(Oceaneering 제공).

검사 클래스 ROV는 상황에 따라 카메라를 사용하여 유정, 수중 구조 및 파이프라
인을 감시할 수 있다. 또한 정지하여 센서를 연결한 후 희생 음극 보호 및 구조 건전성
확인작업이 가능하다. 파이프라인에 연결하여 벽 두께를 확인할 수 있으며, 모래 입자
나 기타 연결 문제를 소리로 확인할 수 있다.

작업 클래스 ROV는 해저의 핸디맨12)으로, 더 다양한 작업을 수행한다. 사실 작업
클래스 ROV는 자체 공구 선반을 가지고 있으며 그 안에는 렌치, 토크공구, 케이블
커터, 송곳, 펜치 및 기타 주변 장치를 넣어 둔다. **매니퓰레이터**(*manipulator*, 관절 팔)
가 작업 요구에 따라 그것들을 선택하고 내려놓는다. 매니퓰레이터는 일반적으로 7자
유도 움직임, 회전, 밀기, 경첩달기, 잡기, 돌리기 등 인간의 팔이 하는 기능을 한다.

탑재화물로는 10,000 psi 이상의 압력을 받는 해저장비 대기 탱크에 배달하는 작동
유 등이 있다. ROV는 조명과 운영자의 플랫폼 탑재 콘솔에 합리적인 이미지를 중계
하는 텔레비전 카메라가 있다. 카메라 이미지가 운영자에게 난이도 높은 3차원 수중
작업 환경을 적절한 2차원의 영상으로 제공한다. 일부 작업의 경우, 작업 클래스 ROV
는 작업 파트너로 검사용 ROV를 함께 제공한다. 이러한 검사용 ROV는 3차원 영상은

역자 주 12) 집 안팎의 잔손질 보는 일을 잘하는 사람

아니지만 가려지거나 특별히 민감하게 접근하는 카메라의 다른 각도에서의 유용한 장면을 제공한다.

조종. 전기 모터 또는 전기 작동식 유압 펌프에 의해 구동되는 프로펠러가 ROV에 추진력을 제공한다. 75 ~ 100마력 모터가 약 1,000파운드의 추력을 제공한다. ROV는 거의 중성 부력이기 때문에 해류에 의해 떠내려갈 수 있는 거리를 최소화하고, 이동을 빠르게 하기 위해 대부분의 ROV는 엄빌리컬과 케이블에 매달려 있는 케이지로부터 작업 수심에서 위아래로 움직인다(그림. 13-11). 작업 수심에서 ROV는 케이지 밖으로 나오지만 테더(tether)에 의해 연결된 상태이다. 테더의 길이만큼 여기저기 움직일 수 있는데 3,000피트까지 가능하다. 케이지로 돌아오기 위해 테더, 수중 음파 탐지기와 케이지에 설치된 트랜스폰더를 사용한다. 운영자가 테더를 감아올리면 ROV는 잘 훈련된 래브라도 리트리버(Labrador retriever) 같이 케이지에 다시 돌아온다.

이와 같이 멋진 ROV도 그 재주에는 한계가 있는데, 그것은 안정적인 플랫폼이 없는 경우에 문제가 생긴다는 것이다. ROV를 가지고 정확한 작업을 하는 것은 떠 있는 헬리콥터에서 땅에 박힌 바늘에 실을 꿰는 것과 유사하다. 그 이유로 ROV와 해저장치 사이

그림 13-11. 진수 중인 게이지 안의 ROV
(Oceaneering 제공)

의 연결은 ROV의 평균적으로 낙후된 모터기술을 감안하여 가능한 한 거칠게 설계되어 있다. ROV는 대부분의 시간을 미세한 모터 기술로 전환하기 전에 해저장치(유정, 매니폴드, 트리)에 고정해야한다. ROV는 구조물을 붙잡기 위해 로봇팔 중 하나를 사용할 수 있다. 또는 대상 장비를 설계한 엔지니어가 바로 그것을 수행한 경우, ROV는 대기 중인 소켓에 고정되고 즉시 밸브를 돌리거나 어떠한 작업이든 순식간에 할 수 있다. 그림 13-12는 ROV가 해저 매니폴드에 파이프라인을 부착하는 작업의 순서를 보여 준다.

엄빌리컬 케이블과 테더. ROV는 테더를 통해 케이지에 연결된다. 케이지는 엄빌리컬을 통해 수면의 제어기에 연결된다. 와이어는 전력을 제공하기 위해 테더와 엄빌리컬 모두에 들어 있다. 카메라 이미지를 비롯해 ROV를 통하는 모든 신호는 디지털화되고, 모두 테더와 엄빌리컬 안의 광섬유 케이블을 통해 전달된다. ROV 장치를 작동하는 유압 유체는 엄빌리컬을 통해 이동하지 않는다. 대신에 ROV의 유압 저장소에 보관되어 있다. 장착된 전기 모터가 유압 펌프를 구동한다.

전송 이외에 엄빌리컬은 ROV와 케이지를 내리고 올리는 윈치 라인 역할을 한다. 엄빌리컬을 감싸는 **철갑 보호막**(*armor shield*)이 그 무게를 감당한다. ROV가 더 깊이

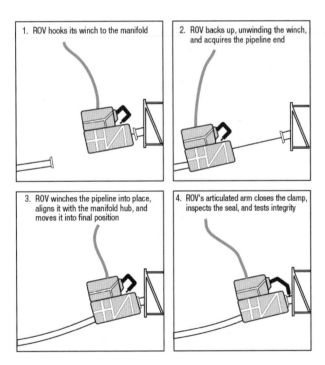

그림 13-12. 해저 매니폴드에 파이프라인을 연결하는 ROV 작업순서(Oceaneering 방법)

내려가면 엄빌리컬의 무게는 제한된다. 10,000피트에서 엄빌리컬은 철갑 보호막이 지탱할 수 있는 자체 중량의 허용치 한계에 접근한다. 15,000피트에서는 개인 방탄복에 사용되는 동일한 폴리머인 케블라는 강철을 대체할 수 있다. 그것은 같은 길이에서 무게가 적게 나가고 따라서 더 작은 강도가 요구된다. 그러나 그것은 스틸에 비해 4배 이상의 고가이고 취급에 더 세심한 주의를 요한다.

ROV 오퍼레이터. 오퍼레이터는 해저면에 설치된 수중음파탐지기 및 장비뿐만 아니라 ROV에 장착된 소나와 카메라 정보가 담긴 콘솔의 스크린을 보면서 조이스틱을 가지고 ROV를 조종한다. 음파 유도시스템은 수심 절반에 해당하는 플러스 마이너스 고유 오차가 있으므로 오퍼레이터는 소나/트랜스폰더와 텔레비전 이미지 모두에 의존한다. ROV 오퍼레이터는 정확한 지점에 ROV를 위치하는 것이 밤에 헬리콥터를 수중에 착륙시키는 것과 같다고 말한다. 비행조종사가 하는 것처럼 그들은 자신의 능력을 숙달시키기 위해 시뮬레이터에서 훈련을 받는다(그림 13-13).

그림 13-13. ROV 훈련 시뮬레이터(Oceaneering 제공)

ROV 오퍼레이터는 대부분의 시간을 항공 교통 관제사 타입의 스트레스 속에서 작업한다. 먼저 해저 환경은 장비, 이송관, 점퍼, 플라잉 리드, 심지어 ROV 테더와 같은 물리적인 장애물로 가득하다. 둘째, ROV는 제한된 가시성과 같이 그들이 작업하는 느린 환경 속에서 원격으로 작동되기 때문에 어쨌든 고통스럽게 느린 경향이 있다. 마지막으로 오퍼레이터는 연결, 고정, 조정 또는 무엇이든 자신의 전문 업무에 보내는 매순간에 일당 100만 달러짜리 놓고 있는 드릴링 장비의 금전 등록기가 울리고 있다는 사실을 알고 있다는 것이다. 한 ROV 관리자는 ROV의 이상적인 오퍼레이터는 헬리콥터 기사로 성장한 닌텐도 청소년이고, 취미로 스쿠버 다이빙을 하는 친구임을 당신에게 알려줄 것이다.

사례연구   **금지를 향하여**

다이빙 사업에서 세 명의 거물, 마이크 휴즈(Mike Hughes), 래드 핸들먼(Lad handleman), 필 뉴이튼(Phil Nuyten)이 자신의 세 회사를 하나로 합치면 더 잘 할 수 있을 것이라고 생각하여 1969년에 오셔니어링(Oceaneering)을 설립했다. 그들은 오셔니어링 설립 후 대부분의 다른 사람들이 가기를 선호하지 않는 곳, 바다 속 깊이를 향한 긴 역사를 시작했다. 몇 년 동안 오셔니어링의 핵심 사업은 멕시코만에서 유조선의 선체 검사 및 플랫폼 기둥 제작이었다. 그 모든 동안 그들은 자신의 다이버들이 포화잠수, 혼합 가스 다이빙, 결국에는 다이버리스(diverless) 작업과 같은 새로운 기술을 개척해 도달할 수 있는 깊이를 늘려나갔다.

지식의 증가, 성공적인 성장 그리고 낙관적인 명성은 그들로 하여금 더 많은 기회가 파도 아래에 있다는 것을 확신하고, 성장을 위한 지름길로 자신의 비즈니스와 관련된 인수를 포함해야 한다는 원칙을 갖게 했다.

- 1981 : 상업 다이빙 센터, 오셔니어링 대학으로 개명하고 거기에서 자신의 다이버 등을 훈련
- 1982 : Marinav, 해양 조사 회사
- 1983 : 스테드패스트 마린(Steadfast Marine), 가장 큰 클라이언트가 미국 해군인 해양 탐사 회사
- 1984 : 솔루스 해양시스템(Solus Ocean Systems), Ensearch의 수중 서비스 부문

1973년에서 1983년 동안의 견고한 성장은 유가와 해양 활동이 급증했을 때 이루어졌

고, 이로 인해 이러한 열정적인 인수가 가능했다. 1980년대 후반에 침체기가 도래하지만, 오셔니어링은 마침 확장된 미국 해군 사업에 크게 의존할 수 있어서 유지가 가능했다.

또한 이 기간 동안 개발된 기술과 기능이 석유가스가 아닌 다른 영역들에 적용될 수 있다는 것이 알려졌다. 주목할 만한 연구 및 복구 프로젝트로는 우주 왕복선 챌린저, 대한항공 007편 격추 사건이 있으며, 이후에 남부연합 잠수함 헌리(Confederate submarine Hunley) 인양이 포함된다.

1980년대 후반 다이빙 활동의 확장으로 오셔니어링은 제 3자로부터 구입한 몇 기의 ROV를 투입하기 시작했다. 동시에 다이버의 작업 – 공간 인식, 기계 적성, 위험 작업 등에 이 특별한 기술을 적용하기 시작했다. 이후 검사 및 유지 보수뿐 아니라 석유생산회사의 '미션 크리티컬' 해저 시설의 수리에 이르기까지 급속한 성장을 이끌었다. 1993년 ROV를 지원하기 위해 처음으로 특수 제작 선박 8척의 오셔니어링 보트 선단이 위험 지역에 대한 ROV 작업을 활성화함으로써 성장을 이끌었다.

1991년 새로운 부서인 오셔니어링 기술(Oceaneering Technology)은 내륙 대응 – 교량, 타워 및 기타 구조 플랫폼 다리에 대한 비즈니스를 시작하였다. 몇 년 후 다른 부서인 오셔니어링 우주시스템(Oceaneering Space Systems)은 우주의 유사한 환경에서 잠수장치, 생명 유지시스템, 회수 및 수리 능력을 적용했다.

그러나 1993 ~ 1994년 도버(Dover)의 스페이스시스템 사업부(the Space Systems Division of Dover), 이스트포트 인터내셔널(Eastport International) 및 멀티플렉스(Multiflex)의 인수는 해양에서 오셔니어링의 입지를 확고하게 했다. 이스트포트 또한 해저 탐사 및 복구 회사이지만 ROV의 개발에서 더 중요한 선구자였다, 스페이스시스템은 로봇 도구를 설계하였으며, 멀티플렉스는 엄빌리컬 케이블의 선두주자였다. 이러한 기능을 통해 오셔니어링은 매니폴드, 점퍼, 플라잉 리드와 그 모두를 제어하는 엄빌리컬 케이블과 같은 유정 밖의 장비를 설치하고, 이를 유지하기 위한 ROV 제공 서비스를 하기 시작했다. 이러한 모든 것은 복잡한, 유압, 전기 및 전자 시스템 및 전원 제어 개발에 의존했다. 1990년대 중반까지 오셔니어링은 60기의 ROV 선단을 보유함에 따라 이러한 모든 기술도 함께 갖추게 되었다(그림 13-14 참조). 2004년 스톨트오프쇼어(Stolt Offshore)로부터 44기의 ROV를 더 인수함으로써 아프리카, 브라질, 노르웨이 시장 위치를 확고히 했다.

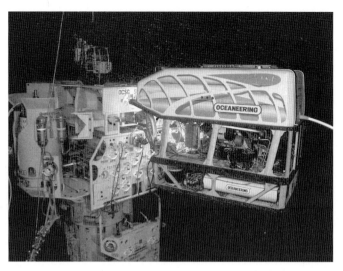

그림 13-14. 유정작업 중인 ROV(Oceaneering 제공)

　　몇몇 기업은 주목받는 시장에서 정상급 성능을 제공하여 성공적인 성장을 달성했다. 오
셔니어링의 경우는 해양 시장이 1980년대 후반에 붕괴되면서 재정적인 파멸을 맞을 수도
있었다. 하지만 오셔니어링은 자신의 초기 전문분야 발전을 통한 유기적 성장과 비즈니스
와 밀접하게 관련된 회사를 합병하여 핵심 역량을 확보하는 다른 과정을 택했다. 그러한
과정에서 다양한 시장을 개발하였지만, 그 시장은 오셔니어링의 기능과 역량에 부합하는
중요한 공통적인 특징을 가지고 있었다(그림 13-15 참조).

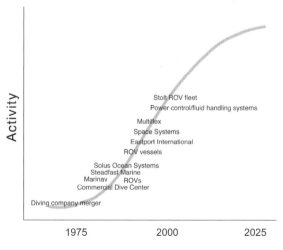

그림 13-15. 오셔니어링의 진화

기술과 제3의 파도 **14** Chapter

유망지(Prospects)
결국에는...(Ultimately)

그리고 가장 심연에서 더 깊은 곳

— 존 밀턴(1608~1674)
실락원

1947년 커－맥기(Kerr-McGee)가 멕시코만 수심 30피트 해역에 역사적인 크리올 (Creole) 플랫폼을 놓기까지 석유산업이 해양에서의 학습 곡선을 인치업하는데 50년 이 걸렸다. 그 후 50년 동안 놀라운 기술 이야기가 전개되었으며, 거의 학습 곡선의 최상단에 위치하여 쉘이 1,354피트 수심에서 해저석유를 생산하게 되었다.

더욱이 곡선이 평평해지기도 전에 해양 개척자들은 앞서서 뛰었다. 10년 안에 그들 은 일상적으로 멕시코만과 캄포스 분지 수심 2,000~3,000피트 유전에서 석유와 가스 를 생산했다. 곧 그들은 5,000~10,000피트에 유정을 뚫을 것이다. 석유와 가스 산업은 벌써 심해 학습 곡선의 가파른 부분, 제 3의 물결로 이동했다.

앞선 13개 장에서는 1970년부터 2011년까지 가장 최근의 성과를 기록했는데, 심해 에서의 생생한 성공에 관한 것이다. 일부는 성숙한 해양파에 속하는, 다른 일부는 완전 히 무르익은 첫 번째 물결, 육상의 이야기이며, 또 다른 일부는 심해에서 사용되는 몇 가지이다.

- 수평 유정
- 명점(bright spot)
- 대용량 컴퓨팅
- 4-D의 탄성파 탐사
- 해저 유정
- 인장각식 플랫폼(TLP)
- 스파 플랫폼(SPARS)
- FPSO와 FPDSO
- J-lay 파이프라인 선박
- S-lay 파이프라인 선박

- 대용량 크레인 바지선, 보급선 및 서비스 선박
- 타우트 앵커시스템
- 현수선 라이저
- FRAC팩 완결
- 섹션파일
- 이중 작업 리그
- 스마트/인텔리전트 유정
- 경작업 유정 개입(작업)
- 해저 분리 및 펌프

이 책이 출판되는 중에도 다음과 같은 기술들이 계속 등장되고 완성되고 있다

- **전단 탄성파 탐사.** 전단 파도, 음원에 직교한 입자의 진동은(일반적으로 해양 탄성파 탐사에 사용하는 p파), 물을 투과하지 않는다. s파를 포착하면 해저면 지하 속성에 대한 자세한 정보를 알 수 있다.
- **무라이저 시추(Riserless Drilling).** 라이저 내부 환형 공간의 시추 이수(drilling mud) 중량은 케이싱이 사용되어야 하는 빈도를 증가시킨다. 시추 플랫폼 해저면 바닥에서 별도로 회수 머드를 펌핑하면 케이싱 무게의 일부를 줄일 수 있다.
- **복합 재료.** 복합 재료 이용은 – 폴리머 및 강화수지 – 플랫폼, 케이싱, 라이저, 앵커 라인 및 기타 장비의 무게를 줄일 수 있다.
- **스마트 / 인텔리전트 유정.** 원격 조종 분석 장치를 장착한 유정 및 유정보어.
- **확장성, 모노보어 튜브(Expandable, monobore tubulars).** 유정 구멍(bore)에 삽입된 후 팽창될 수 있는 탄성 케이싱은 꼭대기부터 바닥까지 균일한 직경의 유정을 허용한다. 유정 상부 섹션에서 더 넓은 케이싱에 대한 필요성이 없으므로 재료비용을 감소시킨다.
- **이중 작업(듀얼 데릭) 시추선.** 드릴링 및 유정 완료를 동시에 하므로 장비의 효율을 향상시킨다.
- **수중 펌프.** 원격 플랫폼 전원에 연결된 해저 펌프는 해저 유정 완결에 대한 선택범위를 넓힘으로써 작은 규모 유전의 경제성을 높인다.
- **해저 분리.** 해저면 바닥에 오일/가스/물 분리기를 배치하는 경우 그 액체들 처리에 대한 선택이 넓어져 전체 오일과 가스의 생산량을 높인다.
- **해저 압축.** 탑사이드가 아닌 해저면 바닥에 가스 압축기를 배치.
- **건식 BOP(Surface blowout preventer).** 플랫폼에 BOP를 설치하면 유지 보수

(램 수리, 실링 교체 등)가 보다 효율적으로 되지만, 내압 라이저 및 해저 이중 안전 장치가 필요하다.

- **AUV.** 엄빌리컬을 가지고 있지 않은 자율 무인잠수정은 깊이와 조종에 제한을 받지 않는다. 단지 배터리 용량이 작업범위를 제한한다. AUV는 전력을 제공하는 플랫폼에 연결된 해저 스테이션에 연결함으로써 해상에 떠오르지 않고도 재충전이 가능하다.
- **경유정작업(Light well intervention).** 시추 장비를 사용하는 대신 훨씬 낮은 비용으로 특별히 설계된 PSV를 사용.

운영 회사가 심해 사이트에 위와 같은 기술을 적용함에 따라 몇몇 석유 및 가스 회사의 연구소와 수십 개의 서비스 회사에서 적극적으로 심해와 초심해에서 보다 더 황폐한 장소와 조건에서 탄화수소를 가져올 수 있는 방법을 추구하고 있다.

- **암염층 아래 탄화수소의 직접 검출.** 탄성파가 암염층을 통과하면서 발생하는 왜곡 처리
- **실시간 탄성파 취득, 처리 및 해석.** 취득부터 판단 결정까지 한 사이클 시간을 삭감
- **경량, 제로 배출 시추선 및 처리설비.** 규제 기관의 증가하는 요구를 해결
- **완전 복합 구조.** 스틸을 교체할 보다 강하고, 가볍고, 저렴한 시설
- **가스 수화물을 개발.** 깊은 메탄 하이드레이트 매장층에 갇힌 수조 입방피트 메탄의 회수
- **소규모 유전개발.** 효율적인 액세스 및 배출을 허용하는 여러 기술의 조합
- **해저 생산 설비.** 탑사이드 장비의 사용 없이 해저면 바닥에서 전체 작업을 수행
- **플로팅 가스 액화 설비 및 가스 – 액체 변환 기술.** 경제적인 시장까지의 수송수단을 사용하여 세계에 산재한 경제성 낮은 가스 유전을 개발
    - 메탄을 액화하여 LNG로 수송
    - 화학적으로 디젤 등급 오일로 변환

해양 산업이 역동적이기는 하지만 여전히 무어의 법칙에 따라 마이크로칩의 속도가 매 18개월에서 24개월마다 두 배로 빨라지는 전자산업만큼은 빠르게 변하지는 않는다. 저자는 8년 전 초판에서 새로운 기술의 목록을 검토했다. 놀라운 것은 오늘날의 목록이 그 이전 것과 대동소이하다는 것이다. 모든 것에서 진보가 이루어진 것은 맞지만 그것들이 거의 성숙된 기술이라고 할 수 없다.

유망지

지속적인 발전에도 불구하고 심해는 아직 미성숙한 한계지역이다. 이 책이 인쇄되는 동안에도 석유산업은 멕시코만, 브라질 해역, 서아프리카 해역 등 심해에서 70억 배럴 이상의 석유를 발견해왔으며, 하루 8만 배럴 이상의 세계 석유 생산의 약 10%를 생산하고 있다. 10여 개에 달하는 세계 다른 유망한 지역은 대부분 탐사되지 않은 상태이다(그림 14-1). 특별히

- 페로 제도(The Faroe Islands), 셸터랜드(Shetland)의 서쪽과 그린란드(Greenland)
- 모로코, 이집트, 아드리아해, 지중해 동부
- 남부 카스피해
- 트리니다드에서 포클랜드
- 노바스코샤
- 탄자니아와 모잠비크
- 남아프리카공화국 북서부 및 서부
- 북서 및 남부 오스트레일리아, 뉴질랜드
- 서부 및 동부 인도
- 보르네오와 필리핀 해
- 사할린

이들 지역 중 일부는 육상과 천해를 포함한 기존의 생산영역에서 바다쪽으로 뻗은

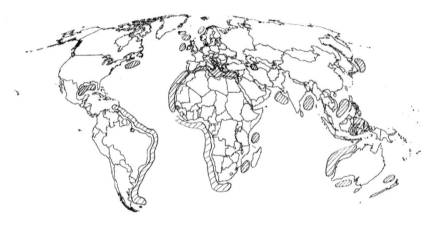

그림 14-1. 석유 매장 가능성을 가진 심해 지역

다운딥(down-dip, 더 멀리 뻗어나가, 더 깊은 물에서 깊은 침전층을 형성)이지만 다른 지역들은 완전히 새로운 유망지이다. 그중 많은 곳은 꽤 성공적이었던 기존 심해 벤처와 같이 생산성 높고 매장량이 많은 심해 퇴적층과 저류지를 가지고 있다.

결국에는…

아주 똑똑하지만 성미가 급한 지구물리학자인 킹 허버트(M. King Hubbert)는 1956년에 예측하기를 1970년을 기점으로 ±2년 사이에 미국의 석유생산은 피크를 칠 것이고 이어서 종 모양 곡선의 궤적을 따라갈 것이라고 했다. 그때 그는 그 곡선의 좌측만을 보았고 커브의 위쪽만을 본 것이었다. 믿을 수 없을 정도로 미국의 생산이 1971년 감소하기 시작했다. 알려진 대로 허버트의 곡선은 세계 석유 경제학자를 놀라게 했으며 크게 흥분시켰다.

수년 동안 허버트와 그의 제자들이 세계 석유 생산이 2000년까지 피크가 될 것이라고 예측하는 한정된 자원에 관한 자기 이론을 고수했다. **탄화수소 시대**(*hydrocarbon age*)가 끝날 것이라고. 그 시점에 가까워지자, 그 궁극적인 생산량인 허버트의 곡선 아래 구역의 면적이 증가했고, 허버트 이론 추종자들은 음울한 예측을 좀 더 먼 미래로 연기했다. 여전히 많은 사람들이 21세기의 첫 십년 안에 세계 기름 생산의 피크치가 올 것으로 전망했다.

여기서 논하는 기술의 학습 곡선, 이 책에서 그렇게 열정적으로 사용된 파도는 물론 수학적으로 종 모양의 곡선의 적분이다. 이것은 허버트의 이론을 어느 정도 지지하지만 다만 오일맨이 더 이상 새로운 파도와 새로운 학습곡선에 착수하지 않는다는 조건하에서이다. 허버트 추종자와의 끝없는 공개 토론에서 모리스 아델만(Morris Adelman) 교수와 MIT 에너지 및 환경 정책 센터의 그의 동료들은 석유와 가스의 공급을 제한하는 것은 어떤 종류의 유한한 자원 이론이 아니라 그 석유와 가스를 탐사하고 생산하는 사람들의 독창성이라고 주장했다. 그리고 계속 주장하기를 자원은 무한하다는 것이다. 아마도 심해 파도는 단지 우리가 무기한의 탄화수소 시대를 유지할 수 있는 여러 시리즈 중의 하나일 것이다.

찾아보기

찾아보기

심해석유 탐사 및 생산 제2판

2016년 11월 05일 제2판 1쇄 인쇄 | 2016년 11월 10일 제2판 1쇄 펴냄
지은이 Leffler · Pattarozzi · Sterling | 옮긴이 홍사영 · 조철희 · 장성형 | 펴낸이 류원식 | 펴낸곳 청문각출판

편집팀장 우종현 | 본문편집 네임북스 | 표지디자인 네임북스
제작 김선형 | 홍보 김은주 | 영업 함승형 · 박현수 · 이훈섭 | 인쇄 영프린팅 | 제본 한진제본

주소 (10881) 경기도 파주시 문발로 116(문발동 536-2) | 전화 1644-0965(대표)
팩스 070-8650-0965 | 등록 2015. 01. 08. 제406-2015-000005호
홈페이지 www.cmgpg.co.kr | E-mail ccmg@cmgpg.co.kr
ISBN 978-89-6364-298-7 (93450) | 값 20,300원

* 잘못된 책은 바꿔 드립니다.   * 역자와의 협의 하에 인지를 생략합니다.

불법복사는 지적재산을 훔치는 범죄행위입니다.
지작권법 제125조의 2(권리의 침해죄)에 따라 위반자는 5년 이하의 징역
또는 5천만 원 이하의 벌금에 처하거나 이를 병과할 수 있습니다.